普通高等教育"十三五"规划教材

建筑环境与能源应用工程实验教程

牛永红　李义科　编著

U0259198

中国水利水电出版社
www.waterpub.com.cn
·北京·

内 容 提 要

本书共分为实验基础知识、专业基础课程实验、专业课程实验三部分，包括 12 个章节，系统地介绍了建筑环境专业涉及的实验基础知识、常用的实验测试设备、技术原理和方法，以及传热学、工程热力学、流体力学 3 门专业基础课程及泵与风机、工业通风、供热工程、锅炉及锅炉房设备、空调工程、制冷技术 6 门专业课程共 76 个实验项目，内容包括实验目的、原理、装置及设备、方法及步骤、实验结果处理与分析等，部分实验为综合性实验，培养学生运用所学知识进行实验设计、分析及动手解决工程实际问题的能力，适应实验教学改革的发展趋势和对学生创新能力培养的要求。

本书可作为高等院校供热工程、建筑环境与能源应用工程、热能工程及其相关专业师生的实验教学指导用书，也可供土建、暖通、水利、热能、冶金、环保、化工等相关领域科研、设计及管理人员参考。

图书在版编目（ＣＩＰ）数据

建筑环境与能源应用工程实验教程 / 牛永红，李义科编著. -- 北京 : 中国水利水电出版社，2019.3
普通高等教育"十三五"规划教材
ISBN 978-7-5170-7524-0

Ⅰ. ①建… Ⅱ. ①牛… ②李… Ⅲ. ①建筑工程－环境管理－高等学校－教材 Ⅳ. ①TU-023

中国版本图书馆CIP数据核字(2019)第051427号

书　　名	普通高等教育"十三五"规划教材 **建筑环境与能源应用工程实验教程** JIANZHU HUANJING YU NENGYUAN YINGYONG GONGCHENG SHIYAN JIAOCHENG	
作　　者	牛永红　李义科　编著	
出版发行	中国水利水电出版社 （北京市海淀区玉渊潭南路 1 号 D 座　100038） 网址：www. waterpub. com. cn E-mail：sales@waterpub. com. cn 电话：（010）68367658（营销中心）	
经　　售	北京科水图书销售中心（零售） 电话：（010）88383994、63202643、68545874 全国各地新华书店和相关出版物销售网点	
排　　版	中国水利水电出版社微机排版中心	
印　　刷	清淞永业（天津）印刷有限公司	
规　　格	184mm×260mm　16 开本　19.5 印张　449 千字	
版　　次	2019 年 3 月第 1 版　2019 年 3 月第 1 次印刷	
印　　数	0001—2000 册	
定　　价	**49.00 元**	

课程实验是高等院校理工科学生进行综合能力和素质培养的重要实践性教学环节之一。建筑环境与能源应用工程专业课程实验是该专业学生接受系统实验方法、进行技能训练和科学研究的重要基础，是掌握专业知识、获得专业设计技能、增强独立工作能力的重要途径。

本书共分为实验基础知识、专业基础课程实验、专业课程实验三部分，包括12个章节，系统地介绍了建筑环境专业涉及的实验基础知识、常用的实验测试设备、技术原理和方法，以及传热学、工程热力学、流体力学3门专业基础课程及泵与风机、工业通风、供热工程、锅炉及锅炉房设备、空调工程、制冷技术6门专业课程共76个实验项目，内容包括实验目的、原理、装置及设备、方法及步骤、实验结果处理与分析等，部分实验为综合性实验，培养学生运用所学知识进行实验设计、分析及动手解决工程实际问题的能力，适应实验教学改革的发展趋势和对学生创新能力培养的要求。

本书可作为高等院校供热工程、建筑环境与能源应用工程、热能工程及其相关专业师生的实验教学指导用书，也可供土建、暖通、水利、热能、冶金、环保、化工等相关领域科研、设计及管理人员参考。

本书由内蒙古科技大学牛永红、李义科教授编著。编撰人员及分工为：内蒙古科技大学牛永红教授对绪论及其他11个章节进行了编撰；参与编撰的人员有内蒙古工业大学研究生陈佳艺（第3章），内蒙古科技大学顾洁教授（第5章），李义科教授、陈俊俊教授（第6章），董进忠高级工程师（第9章），西华大学吕原丽博士（第12章）。内蒙古科技大学研究生修诗博参与了本书各章节的编写，修诗博、刘琨琨、蔡尧尧、王倩倩、宋子嫛对本书进行了编辑和整理。本书由牛永红教授统稿，李义科教授主审。在撰写过程中参考了很多相关著作和文献资料，在此对原著作者表示衷心的感谢！

由于水平有限，编写过程中可能出现疏漏和错误，恳请读者批评指正。

　　本教程获得内蒙古科技大学教材基金项目，内蒙古科技大学 2017 年度教学（教改）研究项目（JY2017030）、内蒙古自治区教育科学"十三五"规划课题（NGJGH2017089）资助，特此感谢！

作者

于内蒙古科技大学

MULU / 目录

第 3 部分　专业课程实验

第 1 部分

实验基础知识

第 1 章

绪 论

1.1 概 述

教育部关于印发《普通高等学校本科专业目录（2012 年）》《普通高等学校本科专业设置管理规定》等文件的通知中，将建筑环境与设备工程专业和建筑节能技术与工程、建筑设施智能技术（部分）专业合并为建筑环境与能源应用工程专业（其早期名称为供热通风与空调专业）。新专业体现了现代建筑对舒适性控制和建筑节能并重的要求。建筑环境与能源应用工程专业（以下简称"建环专业"）主要培养能够从事以下 3 个方面的专业技术人才：①能从事建筑物采暖、空调、通风除尘、空气净化和燃气应用等系统与设备以及相关的城市供热、供燃气系统与设备的设计、安装调试与运行工作；②能够以工程技术为依托，以建筑智能化系统为平台，对工业建筑及大型现代化楼宇中环境系统和供能设施的设计、安装、估价、调试、运行、维护、技术经济分析和管理；③能适应低碳经济建设与社会可持续发展的需要，具备建筑节能设计、建造、运行管理的基本理论与专业技能，知识面宽，具有向土建类相关领域拓展渗透的能力，适应能力和实际工作能力。建环专业的教学培养目标非常注重理论与实践的结合，注重学生实践能力与工程能力及综合素质的培养。课程实验是高等院校理工科学生进行综合能力和素质培养的重要实践性教学环节之一。建环专业课程实验是该专业学生接受系统实验方法、进行技能训练和科学研究的重要基础，是掌握专业知识、获得专业设计技能、增强独立工作能力的重要途径。

《建筑环境与能源应用工程实验教程》（以下简称《实验教程》）是建环专业重要的实验教学指导用书。本书共分为实验基础知识、专业基础课程实验、专业课程实验三部分，包括绪论及 11 个章节，系统地介绍了建筑环境与能源应用工程专业涉及的实验基础知识、常用的实验测试设备、技术原理和方法，以及传热学、工程热力学、流体力学 3 门专业基础课程及泵与风机、工业通风、供热工程、锅炉及锅炉房设备、空调工程、制冷技术 6 门专业课程共 76 个实验项目，内容包括实验目的、原理、装置及设备、方法及步骤、实验结果处理与分析等，部分实验为综合性实验。

通过实验教学环节使学生在学校受到了工程应用的实际训练，掌握了专业相关系统及设备的操作、测试和分析方法，使学生将理论和实践结合起来，培养学生运用所学知识进行实验设计、分析及动手解决工程实际问题的能力，提高综合分析问题和解决问题的能力。同时通过实践性环节的教学，培养学生吃苦耐劳、团结协作的精神，激励学生的学习兴趣和创造能力，在工作中体现出"能力强、上手快"的特点。

1.2　实验教学特点及要求

当前用人单位对大学毕业生的要求更加注重其实际动手能力和创新能力。建环专业本科教学必须适应这些要求，才能使学生在激烈的就业市场竞争中拥有竞争力。实验教学环节无疑是完成培养目标，使学生知识、能力和素质得到提高的关键环节，完善实验教学内容是当前建环专业本科生实现培养目标的重要工作。适应实验教学改革的发展趋势和对学生创新能力培养的要求。

结合建环专业本科培养目标需求，搞好实践性教学环节，对培养学生良好的意志品质、提高学生综合素质与动手实践应用能力具有重要意义。

1.2.1　实验教学特点

实验教学环节具有以下特点。

（1）设置独立的实验教学环节。每一项实验都具有针对性，同时整个实验环节又组成一个系统工程，不仅巩固理论课教学知识，而且提高学生的动手能力及创造能力。

（2）每一个实验都要按理论知识的学习确定训练任务及方向，使理论与实践相结合落到实处，并逐项重点突破，使学生能够应用所学知识进行实验设计、分析及解决问题，使学生综合素质得到培养和提高。

1.2.2　实验基本要求

实验的基本要求如下。

（1）掌握正确使用仪器、仪表的基本方法；正确采集实验原始数据；正确进行实验数据处理的基本方法。

（2）熟悉常用的仪器仪表、设备及实验系统的工作原理；对实验结果具有初步分析能力，可以给出比较明确的结论。

（3）了解实验内容与知识单元课程教学内容间的关系。

实验教学应有完备的实验教学大纲、教学计划、任务书、实验指导书等教学文件。实验设备拥有率应保证操作性实验每组不多于 5 人，演示性实验每组不多于 20 人。实验内容可根据本校的专业方向和具体情况有所侧重，提倡开设综合性实验。

第 2 章

实验基础知识

测量是人类认识事物本质不可缺少的手段。通过测量和实验能使人们对事物获得定量的概念、发现事物的规律性。科学上很多新的发现和突破都是以实验测量为基础的。测量就是用实验的方法，将被测物理量与所选用作为标准的同类量进行比较，从而确定它的大小。

实验测量是实验技术的基础，通过一定的实验测量手段和测量方法，人们便可获得需要的未知参数。实验过程中由于实验设备的不完善，实验仪器精度的限制及周围环境的影响，以及实验测试人员的观察力、熟练程度、测量程序等限制，实验观测值和它的客观真实值之间总是存在一定的差异。因此，在测量实践中，尽管常常使用同一套仪表，但在相同的环境条件下采用同样的测量方法，对同一稳定参数多次测量却得不到相同的测量结果，这种情况的出现是因为存在测量误差的缘故，这个不同在数值上表现为误差。人们进行实验的目的，通常是为了获得尽可能接近真值的实验结果，如果实验误差超出一定限度，实验工作及由实验结果所得出的结论就失去了意义。

2.1　测量误差及分析

实验误差的存在具有必然性和普遍性，人们只能根据需要和可能，将其限制在一定范围内而不可能完全加以消除。为了评定实验数据的精确性或误差，认清误差的来源及其影响，需要对实验的误差进行分析和讨论。由此可以判定哪些因素是影响实验精确度的主要方面，从而在以后的实验中进一步改进实验方案，缩小实验观测值和真实值之间的差值，提高实验的精确性。

2.1.1　误差的基本概念

1. 真值与平均值

真值是指在某一时刻和某一状态下，待测物理量客观存在的确定值，也称理论值或定义值。要想得到真值，必须利用理想的量具或实验仪器进行无误差的实验，因此真值通常是无法测得的。若在实验中测量的次数无限多，根据误差的分布定律，正负误差的出现概率相等。再经过细致地消除系统误差，将测量值加以平均，可以获得非常接近于真值的数值。但是实际上实验测量的次数总是有限的，用有限测量值求得的平均值只能是近似真值，常用的平均值有下列几种。

（1）算术平均值。算术平均值是最常见的一种平均值。

设 x_1、x_2、$\cdots$、x_n 为各次测量值，n 代表测量次数，则算术平均值为

$$\overline{x} = \frac{x_1 + x_2 + \cdots + x_n}{n} = \frac{\sum\limits_{i=1}^{n} x_i}{n} \tag{2.1}$$

（2）几何平均值。几何平均值是将一组 n 个测量值连乘并开 n 次方求得的平均值，即

$$\overline{x}_{几} = \sqrt[n]{x_1 \cdot x_2 \cdot \cdots \cdot x_n} \tag{2.2}$$

（3）均方根平均值，即

$$\overline{x}_{均} = \sqrt{\frac{x_1^2 + x_2^2 + \cdots + x_n^2}{n}} = \sqrt{\frac{\sum\limits_{i=1}^{n} x_i^2}{n}} \tag{2.3}$$

（4）对数平均值。在化学反应、热量和质量传递中，其分布曲线多具有对数的特性，在这种情况下表征平均值常用对数平均值。

设两个量 x_1、x_2，其对数平均值为

$$\overline{x}_{对} = \frac{x_1 - x_2}{\ln x_1 - \ln x_2} = \frac{x_1 - x_2}{\ln \dfrac{x_1}{x_2}} \tag{2.4}$$

应该指出，两个量的对数平均值总小于算术平均值。当 $1/2 \leqslant x_1/x_2 \leqslant 2$ 时，可以用算术平均值代替对数平均值，引起的相对误差小于 4.4%。

以上介绍各平均值的目的是要从一组测定值中找出最接近真值的那个值。在建筑环境设备实验和科学研究中，数据的分布较多属于正态分布，所以通常采用算术平均值。

2. 误差的分类

根据误差的性质和产生的原因，一般分为系统误差、偶然误差、过失误差 3 类。

（1）系统误差。系统误差是指在一定的实验条件下，由某个或某些因素按照某一确定规律起作用而形成的误差。系统误差产生的原因很多：如测量仪器刻度不准，仪表零点未校正；周围环境如温度、压力、湿度的改变偏离校准值；实验人员的习惯和偏向使读数偏高或偏低等，也可来自实验方案本身的不完善引起的误差。当实验条件一经确定，系统误差就获得一个客观上的恒定值。当改变实验条件时，就能发现系统误差的变化规律。只有对系统误差产生的原因有了充分的认识，才能对其进行校正或设法消除。

（2）偶然误差。偶然误差也称随机误差，在已消除系统误差的一切量值的多次重复观测中，所测数据仍在末位数字上有差别，而且它们的绝对值和符号的变化没有确定的规律，时大时小、时正时负，这类误差称为偶然误差或随机误差。偶然误差产生的原因不明，因而无法控制和补偿。但是，对某一量值作足够多次的等精度测量后，就会发现偶然误差完全服从统计规律，误差的大小或正负的出现完全由概率决定。因此，随着测量次数的增加，随机误差的算术平均值趋近于零，所以多次测量结果的算术平均值将更接近于真值。

（3）过失误差。过失误差也称粗大误差，过失误差是一种显然与事实不符的误差，它往往是由于实验人员粗心大意和操作不正确等原因引起的。此类误差无规则可寻，只要加强责任感、多方警惕、细心操作，过失误差是可以避免的。确认含有过失误差的测得值称为坏值，坏值不能反映被测量的真实数值，应当剔除不用。

3. 精密度、准确度和精确度

误差的大小可以反映实验结果的好坏，但是这个误差可能是由于系统误差或偶然误差单独造成的，也有可能是两者都存在。反映测量结果与真实值接近程度的量，称为精度（也称精确度）。它与误差大小相对应，测量的精度越高，其测量误差就越小。精度应包括精密度和准确度两层含义。

（1）精密度。测量中所测得数值重现性的程度，称为精密度。它反映偶然误差的影响程度，精密度高就表示偶然误差小。

（2）准确度。测量值与真值的偏移程度，称为准确度。它反映系统误差的影响精度，准确度高就表示系统误差小。

（3）精确度（精度）。它反映测量中所有系统误差和偶然误差综合的影响程度。

在一组测量中，精密度高的准确度不一定高，准确度高的精密度也不一定高，但精确度高，则精密度和准确度都高。

为了说明精密度与准确度的区别，可用下述打靶例子来说明，如图 2.1 所示。

图 2.1（a）中表示精密度和准确度都很好，则精确度高；图 2.1（b）表示精密度很好，但准确度却不高；图 2.1（c）表示精密度与准确度都不好。在实际测量中没有像靶心那样明确的真值，而是设法去测定这个未知的真值。学生在实验过程中往往满足于实验数据的重现性，而忽略了数据测量值的准确程度。

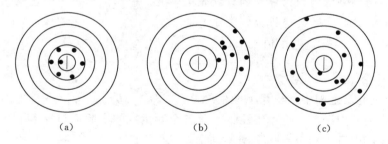

（a）　　　　　　　　（b）　　　　　　　　（c）

图 2.1　精密度和准确度的关系

（a）精密度和准确度均好；（b）精密度很好，准确度不高；（c）精密度和准确度均不好

4. 误差的表示方法

利用任何量具或仪器进行测量时，虽然测量值 X 可以无限地接近真值 A_0，但其却不能准确地等于真值 A_0，而只是它的近似值，两者间的差异程度称为测量误差。测量的质量高低以测量精确度作指标，根据测量误差的大小来估计测量的精确度。测量结果的误差愈小，则认为测量就愈精确。误差常用绝对误差、相对误差或有效数字来说明一个近似值的准确程度。

（1）绝对误差。测量值 X 和真值 A_0 之差为绝对误差，通常称为误差，记为

$$D = X - A_0 \qquad (2.5)$$

绝对误差 D 表示了测量误差在量值上的大小。测量结果记作 $X \pm D$。

由于真值 A_0 一般无法求得，因而上式只有理论意义。常用高一级标准仪器的

示值作为实际值 A 以代替真值 A_0。由于高一级标准仪器存在较小的误差，因而 A 不等于 A_0，但总比 X 更接近于 A_0。X 与 A 之差称为仪器的示值绝对误差，记为

$$d = X - A \tag{2.6}$$

与 d 相反的数称为修正值，记为

$$C = -d = A - X$$

通过检定，可以由高一级标准仪器给出被检仪器的修正值 C。利用修正值便可以求出该仪器的实际值 A，即

$$A = X + C \tag{2.7}$$

（2）相对误差。由于绝对误差仅表示出了测量误差数值的大小，而不能表示出测量的精确程度，为了表示出测量误差精确程度，一般用相对误差来表示。示值绝对误差 d 与被测量的实际值 A 的百分比值称为实际相对误差，记为

$$\delta_A = \frac{d}{A} \times 100\% \tag{2.8}$$

以仪器的示值 X 代替实际值 A 的相对误差称为示值相对误差，记为

$$\delta_X = \frac{d}{X} \times 100\% \tag{2.9}$$

一般来说，除了某些理论分析外，用示值相对误差较为适宜。

【例 2.1】 某样品质量的称量结果为 $80.8g \pm 0.1g$，试求其相对误差为多少？

解 依题意，称量的绝对误差为 $0.1g$，所以相对误差为

$$\delta_A = \frac{d}{A} \times 100\% = \frac{0.1}{80.8} = 1.2 \times 10^{-3}$$

（3）引用误差。为了计算和划分仪表精确度等级，提出引用误差概念。其定义为仪表示值的绝对误差与量程范围之比，即

$$\delta_A = \frac{\text{示值绝对误差}}{\text{量程范围}} \times 100\% = \frac{d}{X_n} \times 100\% \tag{2.10}$$

式中　　d——示值绝对误差；

　　　　X_n——标尺上限值与标尺下限值之差。

（4）算术平均误差。算术平均误差是各个测量点的实验值与算术平均值之间偏差的绝对值再进行平均得到的平均值。

$$\delta_{\text{平}} = \frac{\sum |d_i|}{n} \quad i = 1, 2, \cdots, n \tag{2.11}$$

式中　　n——测量次数；

　　　　d_i——第 i 次测量的误差。

（5）标准误差。标准误差也称为均方根误差、标准偏差，简称标准差。当实验次数 n 无穷大时，称为总体标准差，其定义为

$$\sigma = \sqrt{\frac{\sum d_i^2}{n}} \tag{2.12}$$

上式适用于无限测量的场合。实际测量工作中，测量次数是有限的，用样本标准差来表示，则改为

$$\sigma = \sqrt{\frac{\sum d_i^2}{n-1}} \tag{2.13}$$

标准误差不是一个具体的误差，σ 的大小只说明在一定条件下等精度测量集合所属的每一个观测值对其算术平均值的分散程度，如果 σ 的值越小则说明每一次测量值对其算术平均值分散度就小，测量的精度就高；反之精度就低。

在建筑环境与能源应用工程课程实验中最常用的 U 形管压力计、转子流量计、秒表、量筒等仪表原则上均取其最小刻度值为最大误差，而取其最小刻度值的一半作为绝对误差计算值。

5. 测量仪表精确度

测量仪表的精确等级是用最大引用误差（又称允许误差）来标明的。它等于仪表示值中的最大绝对误差与仪表的量程范围之比的百分数，即

$$\delta_{nmax} = \frac{最大示值绝对误差}{量程范围} \times 100\% = \frac{d_{max}}{X_n} \times 100\% \tag{2.14}$$

式中　δ_{nmax}——仪表的最大测量引用误差；

　　　d_{max}——仪表示值的最大绝对误差；

　　　X_n——标尺上限值—标尺下限值。

通常情况下是用标准仪表校验较低级的仪表。所以，最大示值绝对误差就是被校表与标准表之间的最大绝对误差。

测量仪表的精度等级是国家统一规定的，把允许误差中的百分号去掉，剩下的数字就称为仪表的精度等级。仪表的精度等级常以圆圈内的数字标明在仪表的面板上。例如，某台压力计的允许误差为 1.5%，这台压力计电工仪表的精度等级就是 1.5，通常简称 1.5 级仪表。

仪表的精度等级为 a，它表明仪表在正常工作条件下，其最大引用误差的绝对值 δ_{max} 不能超过的界限，即

$$\delta_{nmax} = \frac{d_{max}}{X_n} \times 100\% \leqslant a\% \tag{2.15}$$

由式（2.15）可知，在应用仪表进行测量时所能产生的最大绝对误差（简称误差限）为

$$d_{max} \leqslant a\% \cdot X_n \tag{2.16}$$

而用仪表测量的最大值相对误差为

$$\delta_{nmax} = \frac{d_{max}}{X_n} \leqslant a\% \cdot \frac{X_n}{X} \tag{2.17}$$

由式（2.17）可以看出，用指示仪表测量某一被测量所能产生的最大示值相对误差，不会超过仪表允许误差 $a\%$ 乘以仪表测量上限 X_n 与测量值 X 的比。在实际测量中为可靠起见，可用式（2.18）对仪表的测量误差进行估计，即

$$\delta_m = a\% \cdot \frac{X_n}{X} \tag{2.18}$$

当仪表的精度等级选定时，所选仪表的测量上限越接近被测量的值，则测量误差的绝对值越小。

【例 2.2】　欲测量约 90V 的电压，实验室现有 0.5 级 0～300V 和 1.0 级 0～100V 的电压表。问选用哪一种电压表进行测量好？

解　用 0.5 级 0～300V 的电压表测量 90V 的相对误差为

$$\delta_{m0.5} = a_1\% \times \frac{U_n}{U} = 0.5\% \times \frac{300}{90} = 1.7\%$$

用 1.0 级 0～100V 的电压表测量 90V 的相对误差为

$$\delta_{m1.0} = a_2\% \times \frac{U_n}{U} = 1.0\% \times \frac{100}{90} = 1.1\%$$

[例 2.2] 说明，如果选择得当，用量程范围适当的 1.0 级仪表进行测量，能得到比用量程范围大的 0.5 级仪表更准确的结果。因此，在选用仪表时，应根据被测量值的大小，在满足被测量数值范围的前提下，尽可能选择量程小的仪表，并使测量值大于所选仪表满刻度的 2/3，即 $X > 2X_n/3$。这样就可以达到既满足测量误差要求，又可以选择精度等级较低的测量仪表，从而降低仪表的成本。

2.1.2　误差的基本性质

在化工原理实验中通常直接测量或间接测量得到有关的参数数据，这些参数数据的可靠程度如何？如何提高其可靠性？为此必须研究在给定条件下误差的基本性质和变化规律的基础上才能得出答案。

1. 误差的正态分布

如果测量数列中不包括系统误差和过失误差，从大量的实验中发现偶然误差的大小有以下几个特征。

（1）绝对值小的误差比绝对值大的误差出现的机会多，即误差的概率与误差的大小有关。这是误差的单峰性。

（2）绝对值相等的正误差或负误差出现的次数相当，即误差的概率相同。这是误差的对称性。

（3）极大的正误差或负误差出现的概率都非常小，即大的误差一般不会出现。这是误差的有界性。

（4）随着测量次数的增加，偶然误差的算术平均值趋近于零。这叫误差的抵偿性。

根据上述的误差特征，可疑的误差出现的概率分布如图 2.2 所示。图中横坐标表示偶然误差，纵坐标表示各误差出现的概率，图中曲线称为误差分布曲线，以 $y = f(x)$ 表示。其数学表达式由高斯提出，具体形式为

$$y = \frac{1}{\sqrt{2\pi}\sigma} e^{-\frac{x^2}{2\sigma^2}} \tag{2.19}$$

或

$$y = \frac{h}{\sqrt{\pi}} e^{-h^2 x^2} \tag{2.20}$$

式（2.20）称为高斯误差分布定律，也称为误差方程。式中 σ 为标准误差，h 为精确度指数。σ 和 h 的关系为

$$y = \frac{1}{\sqrt{2}\sigma} \tag{2.21}$$

若误差按函数关系分布，则称为正态分布。σ 越小，测量精度越高，分布曲线的峰越高且越窄；σ 越大，分布曲线越平坦且越宽，如图 2.2 所示。由此可知，σ

越小，小误差占的比例越大，测量精度
越高；反之，则大误差占的比例越大，
测量精度越低。

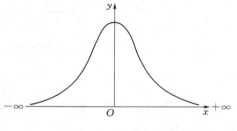

图 2.2　误差分布

2. 测量集合的最佳值

在测量精度相同的情况下，测量一
系列观测值 M_1，M_2，M_3，$\cdots$，M_n 所组
成的测量集合，假设其平均值为 M_m，则
各次测量误差为

$$x_i = M_i - M_m \quad i = 1, 2, \cdots, n$$

当采用不同的方法计算平均值时，所得到的误差值不同，误差出现的概率也不

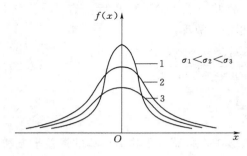

图 2.3　不同 σ 的误差分布曲线

同（图 2.3）。若选取适当的计算方法，
使误差最小，而概率最大，由此计算的
平均值为最佳值。根据高斯分布定律，
只有各点误差平方和最小，才能实现概
率最大。这就是最小乘法值。由此可见，
对于一组精度相同的观测值，采用算术
平均得到的值是该组观测值的最佳值。

3. 有限测量次数中标准误差 σ 的计算

由误差基本概念知，误差是观测值
和真值之差。在没有系统误差存在的情况下，以无限多次测量所得到的算术平均值
为真值。当测量次数有限时，所得到的算术平均值近似于真值，称为最佳值。因
此，观测值与真值之差不同于观测值与最佳值之差。

令真值为 A，计算平均值为 a，观测值为 M，并令 $d = M - a$，$D = M - A$，则

$$
\begin{cases}
d_1 = M_1 - a, D_1 = M_1 - A \\
d_2 = M_2 - a, D_2 = M_2 - A \\
\quad\quad\quad \vdots \\
d_n = M_n - a, D_n = M_n - A
\end{cases}
\tag{2.22}
$$

$$\sum d_i = \sum M_i - na \sum D_i = \sum M_i - nA \tag{2.23}$$

因为

$$\sum M_i - na = 0 \sum M_i = na \tag{2.24}$$

代入 $\sum D_i = \sum M_i - nA$ 中，即得

$$a = A + \frac{\sum D_i}{n} \tag{2.25}$$

将式（2.25）代入 $d_i = M_i - a$ 中得

$$d_i = (M_i - A) - \frac{\sum D_i}{n} = D_i - \frac{\sum D_i}{n} \tag{2.26}$$

将式（2.26）两边各平方，得

$$\begin{cases} d_1^2 = D_1^2 - 2D_1 \dfrac{\sum D_i}{n} + \left(\dfrac{\sum D_i}{n}\right)^2 \\ d_2^2 = D_2^2 - 2D_2 \dfrac{\sum D_i}{n} + \left(\dfrac{\sum D_i}{n}\right)^2 \\ \qquad\qquad \vdots \\ d_n^2 = D_n^2 - 2D_n \dfrac{\sum D_i}{n} + \left(\dfrac{\sum D_i}{n}\right)^2 \end{cases} \tag{2.27}$$

对 i 求和，有

$$\sum d_i^2 = \sum D_i^2 - 2\frac{(\sum D_i)^2}{n} + n\left(\frac{\sum D_i}{n}\right)^2 \tag{2.28}$$

因在测量中正负误差出现的机会相等，故将 $(\sum D_i)^2$ 展开后，有 $D_1 \cdot D_2$、$D_1 \cdot D_3$，…，为正为负的数目相等，彼此相消，故得

$$\sum d_i^2 = \sum D_i^2 - 2\frac{\sum D_i^2}{n} + n\frac{\sum D_i^2}{n^2} \tag{2.29}$$

$$\sum d_i^2 = \frac{n-1}{n}\sum D_i^2 \tag{2.30}$$

从式（2.30）可以看出，在有限测量次数中，自算术平均值计算的误差平方和永远小于自真值计算的误差平方和。根据标准误差的定义，有

$$\sigma = \sqrt{\frac{\sum D_i^2}{n}}$$

式中 $\sum D_i^2$ 代表观测次数为无限多时误差的平方和，故当观测次数有限时，有

$$\sigma = \sqrt{\frac{\sum d_i^2}{n-1}} \tag{2.31}$$

4. 可疑观测值的舍弃

由概率积分知，随机误差正态分布曲线下的全部积分相当于全部误差同时出现的概率，即

$$p = \frac{1}{\sqrt{2\pi}\sigma}\int_{-\infty}^{\infty} e^{-\frac{x^2}{2\sigma^2}}\,dx = 1 \tag{2.32}$$

若误差 x 以标准误差 σ 的倍数表示，即 $x = t\sigma$，则在 $\pm t\sigma$ 范围内出现的概率为 $2\Phi(t)$，超出这个范围的概率为 $1 - 2\Phi(t)$。$\Phi(t)$ 称为概率函数，表示为

$$\Phi(t) = \frac{1}{\sqrt{2\pi}}\int_0^t e^{-\frac{t^2}{2}}\,dt \tag{2.33}$$

$2\Phi(t)$ 与 t 的对应值在数学手册或专著中均附有对应积分表，读者需要时可自行查取。在使用积分表时，需已知 t 值。由表 2.1 和图 2.4 给出几个典型及其相应的超出或不超出 $|x|$ 的概率。

由表 2.1 知，当 $t = 3$、$|x| = 3\sigma$ 时，在 370 次观测中只有一次测量的误差超过 3σ 范围。在有限次的观测中，一般测量次数不超过 10 次，可以认为误差大于 3σ，可能是由于过失误差或实验条件变化未被发觉等原因引起的。因此，凡是误差大于 3σ 的数据点予以舍弃。这种判断可疑实验数据的原则称为 3σ 准则。

表 2.1　　　　　　　　　　　　　　　　**误差概率和出现次数**

t	$\|x\|=t\sigma$	不超出 $\|x\|$ 的 概率 $2\Phi(t)$	超出 $\|x\|$ 的概率 $1-2\Phi(t)$	测量次数 n	超出 $\|x\|$ 的 测量次数
0.67	0.67σ	0.49714	0.50286	2	1
1	1σ	0.68269	0.31731	3	1
2	2σ	0.95450	0.04550	22	1
3	3σ	0.99730	0.00270	370	1
4	4σ	0.99991	0.00009	11111	1

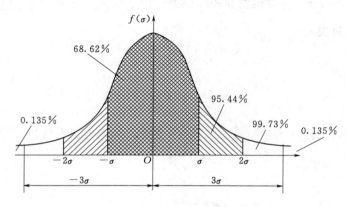

图 2.4　误差分布曲线的积分

5. 函数误差

上述讨论主要是直接测量的误差计算问题，但在许多场合下往往涉及间接测量的变量，间接测量在直接测量的基础上，通过直接测量与被测参数有已知函数关系的其他量而得到该被测参数量值的测量，如传热问题中的传热速率。因此，间接测量值就是直接测量得到的各个测量值的函数。其测量误差是各个测量值误差的函数。

（1）函数误差的一般形式在间接测量中一般为多元函数，而多元函数可用式(2.34)表示，即

$$y=f(x_1,x_2,\cdots,x_n) \tag{2.34}$$

式中　　y——间接测量值；

　　　　x_i——直接测量值。

由泰勒级数展开得

$$\Delta y=\frac{\partial f}{\partial x_1}\Delta x_1+\frac{\partial f}{\partial x_2}\Delta x_2+\cdots+\frac{\partial f}{\partial x_n}\Delta x_n$$

或

$$\Delta y=\sum_{i=1}^{n}\frac{\partial f}{\partial x_i}\Delta x_i$$

它的最大绝对误差为

$$\Delta y=\left|\sum_{i=1}^{n}\frac{\partial f}{\partial x_i}\Delta x_i\right| \tag{2.35}$$

式中　$\dfrac{\partial f}{\partial x_i}$——误差传递系数；

Δx_i——直接测量值的误差；

Δy——间接测量值的最大绝对误差。

函数的相对误差 δ 为

$$\delta = \frac{\Delta y}{y} = \frac{\partial f}{\partial x_1}\frac{\Delta x_1}{y} + \frac{\partial f}{\partial x_2}\frac{\Delta x_2}{y} + \cdots + \frac{\partial f}{\partial x_n}\frac{\Delta x_n}{y}$$
$$= \frac{\partial f}{\partial x_1}\delta_1 + \frac{\partial f}{\partial x_2}\delta_2 + \cdots + \frac{\partial f}{\partial x_n}\delta_n \tag{2.36}$$

（2）某些函数误差的计算。

1）函数 $y = x \pm z$ 绝对误差和相对误差。由于误差传递系数 $\frac{\partial f}{\partial x} = 1$，$\frac{\partial f}{\partial z} = \pm 1$，则函数最大绝对误差为

$$\Delta y = \pm(|\Delta x| + |\Delta z|) \tag{2.37}$$

相对误差为

$$\delta_r = \frac{\Delta y}{y} = \pm \frac{|\Delta x| + |\Delta z|}{x + z}$$

2）函数形式为 $y = K\dfrac{xz}{w}$，x、z、w 为变量，误差传递系数为

$$\begin{cases} \dfrac{\partial y}{\partial x} = \dfrac{Kz}{w} \\[2mm] \dfrac{\partial y}{\partial z} = \dfrac{Kx}{w} \\[2mm] \dfrac{\partial y}{\partial w} = -\dfrac{Kxz}{w^2} \end{cases} \tag{2.38}$$

函数的最大绝对误差为

$$\Delta y = \left| \frac{Kz}{w}\Delta x \right| + \left| \frac{Kx}{w}\Delta z \right| + \left| \frac{Kxz}{w^2}\Delta w \right| \tag{2.39}$$

函数的最大相对误差为

$$\delta_r = \frac{\Delta y}{y} = \left| \frac{\Delta x}{x} \right| + \left| \frac{\Delta z}{z} \right| + \left| \frac{\Delta w}{w} \right| \tag{2.40}$$

现将某些常用函数的最大绝对误差和最大相对误差列于表 2.2 中。

表 2.2　　　　　　　　　　　　某些函数的误差传递公式

函数式	误差传递公式	
	最大绝对误差 Δy	最大相对误差 δ_r
$y = x_1 + x_2 + x_3$	$\Delta y = \pm(|\Delta x_1| + |\Delta x_2| + |\Delta x_3|)$	$\delta_r = \Delta y/y$
$y = x_1 + x_2$	$\Delta y = \pm(|\Delta x_1| + |\Delta x_2|)$	$\delta_r = \Delta y/y$
$y = x_1 x_2$	$\Delta y = \pm(|x_1\Delta x_2| + |x_2\Delta x_1|)$	$\delta_r = \pm\left(\left|\dfrac{\Delta x_1}{x_1} + \dfrac{\Delta x_2}{x_2}\right|\right)$
$y = x_1 x_2 x_3$	$\Delta y = \pm(|x_1 x_2\Delta x_3| + |x_1 x_3\Delta x_2| + |x_2 x_3\Delta x_1|)$	$\delta_r = \pm\left(\left|\dfrac{\Delta x_1}{x_1} + \dfrac{\Delta x_2}{x_2} + \dfrac{\Delta x_3}{x_3}\right|\right)$

函数式	误差传递公式	
	最大绝对误差 Δy	最大相对误差 δ_r
$y = x^n$	$\Delta y = \pm (nx^{n-1}\Delta x)$	$\delta_r = \pm \left(n\left\| \dfrac{\Delta x}{x} \right\| \right)$
$y = \sqrt[n]{x}$	$\Delta y = \pm \left(\dfrac{1}{n} x^{\frac{1}{n}-1} \Delta x \right)$	$\delta_r = \pm \left(\dfrac{1}{n}\left\| \dfrac{\Delta x}{x} \right\| \right)$
$y = x_1/x_2$	$\Delta y = \pm \left(\dfrac{x_2\Delta x_1 + x_1\Delta x_2}{x_2^2} \right)$	$\delta_r = \pm \left(\left\| \dfrac{\Delta x_1}{x_1} + \dfrac{\Delta x_2}{x_2} \right\| \right)$
$y = cx$	$\Delta y = \pm \|c\Delta x\|$	$\delta_r = \pm \left(\left\| \dfrac{\Delta x}{x} \right\| \right)$
$y = \lg x$	$\Delta y = \pm \left\| 0.4343 \dfrac{\Delta x}{x} \right\|$	$\delta_r = \Delta y / y$
$y = \ln x$	$\Delta y = \pm \left\| \dfrac{\Delta x}{x} \right\|$	$\delta_r = \Delta y / y$

【例 2.3】 用量热器测定固体比热容时，采用的公式为

$$C_p = \frac{M(t_2 - t_0)}{m(t_1 - t_2)} C_{pH_2O}$$

式中　M——量热器内水的质量；

　　　m——被测物体的质量；

　　　t_0——测量前水的温度；

　　　t_1——放入量热器前物体的温度；

　　　t_2——测量时水的温度；

C_{pH_2O}——水的比热容，4.187kJ/(kg·K)。

测量结果如下：

$$M = (250 \pm 0.2)g \quad m = (62.31 \pm 0.02)g$$

$$t_0 = (13.52 \pm 0.01)℃ \quad t_1 = (99.32 \pm 0.04)℃$$

$$t_2 = (17.79 \pm 0.01)℃$$

试求测量物的比热容的真值，并确定能否提高测量精度。

解　根据题意计算函数的真值，需计算各变量的绝对误差和误差传递系数。为了简化计算，令 $\theta_0 = t_2 - t_0 = 4.27℃$，$\theta_1 = t_1 - t_2 = 81.53℃$，方程改写为

$$C_p = \frac{M\theta_0}{m\theta_1} C_{pH_2O}$$

各变量的绝对误差为

$$\Delta M = 0.2g \quad \Delta\theta_0 = \|\Delta t_2\| + \|\Delta t_0\| = 0.01 + 0.01 = 0.02$$

$$\Delta m = 0.02g \quad \Delta\theta_0 = \|\Delta t_2\| + \|\Delta t_1\| = 0.04 + 0.01 = 0.05$$

各变量的误差传递系数为

$$\frac{\partial C_p}{\partial M} = \frac{\theta_0 C_{pH_2O}}{m\theta_1} = \frac{4.27 \times 4.187}{62.31 \times 81.53} = 3.52 \times 10^{-3}$$

$$\frac{\partial C_p}{\partial m} = -\frac{M\theta_0 C_{pH_2O}}{m^2\theta_1} = -\frac{4.27 \times 4.187}{62.31^2 \times 81.53} = -1.41 \times 10^{-2}$$

$$\frac{\partial C_p}{\partial \theta_0} = \frac{MC_{pH_2O}}{m\theta_1} = \frac{250 \times 4.187}{62.31 \times 81.53} = 0.206$$

$$\frac{\partial C_p}{\partial \theta_1} = -\frac{M\theta_0 C_{pH_2O}}{m\theta_1^2} = -\frac{250 \times 4.27 \times 4.187}{62.31 \times 81.53^2} = -1.08 \times 10^{-2}$$

函数的绝对误差为

$$\Delta C_p = \frac{\partial C_p}{\partial M}\Delta M + \frac{\partial C_p}{\partial m}\Delta m + \frac{\partial C_p}{\partial \theta_0}\Delta\theta_0 + \frac{\partial C_p}{\partial \theta_1}\Delta\theta_1$$

$$= 3.52 \times 10^{-3} \times 0.2 - 1.41 \times 10^{-2} \times 0.02 + 0.206 \times 0.02 - 1.08 \times 10^{-2} \times 0.05$$

$$= 0.704 \times 10^{-3} - 0.282 \times 10^{-3} + 4.12 \times 10^{-3} - 0.54 \times 10^{-3}$$

$$= 4.00 \times 10^{-3} \text{J/(g·K)}$$

$$C_p = \frac{250 \times 4.27}{62.31 \times 81.53} \times 4.187 = 0.880 \text{J/(g·K)}$$

故真值 $C_p = (0.8798 \pm 0.0003)$J/(g·K)。

由有效数字位数并考虑以上的测量结果可知已满足要求。若不仅考虑有效数字位数，还需从比较各变量的测量精度确定是否有可能提高测量精度，则本例可从分析比较各变量的相对误差着手。各变量的相对误差分别为

$$E_M = \frac{\Delta M}{M} = \frac{0.2}{250} = 8 \times 10^{-4} = 0.08\%$$

$$E_m = \frac{\Delta m}{m} = \frac{0.02}{62.31} = 3.21 \times 10^{-4} = 0.032\%$$

$$E_{\theta_0} = \frac{\Delta\theta}{\theta_0} = \frac{0.02}{4.27} = 4.68 \times 10^{-3} = 0.468\%$$

$$E_{\theta_1} = \frac{\Delta\theta}{\theta_1} = \frac{0.05}{81.53} = 6.13 \times 10^{-4} = 0.0613\%$$

其中以 θ_0 的相对误差为 0.468%，误差最大，是 M 的 5.85 倍、是 m 的 14.63 倍。为了提高 C_p 的测量精度，可改善 θ_0 的测量仪表的精度，即提高测量水温的温度计的精度，如采用贝克曼温度计，分度值可达 0.002，精度为 0.001。则其相对误差为

$$E_{\theta_0} = \frac{0.002}{4.27} = 4.68 \times 10^{-4} = 0.0468\%$$

由此可见，变量的精度基本相当。提高 θ_0 精度后 C_p 的绝对误差为

$$\Delta C_p = 3.52 \times 10^{-3} \times 0.2 - 1.41 \times 10^{-2} \times 0.02 + 0.206 \times 0.002 - 1.08 \times 10^{-2} \times 0.05$$

$$= 0.704 \times 10^{-3} - 0.282 \times 10^{-3} + 0.412 \times 10^{-3} - 0.54 \times 10^{-3}$$

$$= 2.94 \times 10^{-4} \text{J/(g·K)}$$

系统提高精度后，C_p 的真值为 $C_p = (0.8798 \pm 0.0003)$J/(g·K)。

2.2　测量数据的处理

从测量所得到的原始数据中求出被测量的最佳估计值，并计算其精确程度。必要时还要把测量数据绘制或归纳成经验公式，以便得出正确结论。

2.2.1　有效数字及其运算规则

实验中从测量仪表上所读数值的位数是有限的，而取决于测量仪表的精度，其

最后一位数字往往是仪表精度所决定的估计数字，即一般应读到测量仪表最小刻度的 1/10 位。在对某一物理量实施测量的过程中，不同的测量者会读出不同的结果。例如，用分度值为 1℃的温度计来测量恒定的水，甲读数为 29.7℃，乙读数为 29.8℃，就说 29 是绝对可靠的，而其后面的 0.7、0.8 是估出来的，是可疑的，总是以一定位数的数字来表示，可见并非读数时估的位数越多越好。测量中规定，测量过程中所读的数只保留一位可疑数字，其余数字均为准确的可靠数字，这样所记录的数字为有效数字。数值准确度大小由有效数字位数来决定。

1. 有效数字的处理

一个数据，其中除了起定位作用的"0"外，其他数都是有效数字。例如，0.0049 只有两位有效数字，而 490.0 则有 4 位有效数字。一般要求测试数据有效数字为 4 位。要注意有效数字不一定都是可靠数字。如测流体阻力所用的 U 形管压差计，最小刻度是 1mm，但可以读到 0.1mm，如 382.4mmHg。又如二等标准温度计最小刻度为 0.1℃，可以读到 0.01℃，如 18.56℃。此时有效数字为 4 位，而可靠数字只有 3 位，最后一位是不可靠的，称为可疑数字。记录测量数值时只保留一位可疑数字。

为了清楚地表示数值的精度，明确读出有效数字位数，常用指数的形式表示，即写成一个小数与相应 10 的整数幂的乘积。这种以 10 的整数幂来记数的方法称为科学记数法。

如　34500　　有效数字为 4 位时，记为 3.450×10^5

　　　　　　　有效数字为 3 位时，记为 3.45×10^5

　　　　　　　有效数字为 2 位时，记为 3.4×10^5

　　0.00368　有效数字为 4 位时，记为 3.680×10^{-3}

　　　　　　　有效数字为 3 位时，记为 3.68×10^{-3}

　　　　　　　有效数字为 2 位时，记为 3.6×10^{-3}

2. 有效数字运算规则

（1）记录测量数值时，只保留一位可疑数字。

（2）当有效数字位数确定后，其余数字一律舍弃。舍弃办法是四舍六入，即末位有效数字后边第一位小于 5，则舍弃不计；大于 5 则在前一位数上增 1；等于 5 时，前一位为奇数，则进 1 为偶数，前一位为偶数，则舍弃不计。这种舍入原则可简述为："小则舍，大则入，正好等于奇变偶"。例如，保留 4 位有效数字：4.81729→4.817；6.25285→6.253；6.72356→6.724；9.47636→9.476。

（3）在加减计算中，各数所保留的位数应与各数中小数点后位数最少的相同。例如，将 25.65、0.0182、2.632 这 3 个数字相加时，应写为 25.65＋0.02＋2.63＝28.30。

（4）在乘除运算中，各数所保留的位数以各数中有效数字位数最少的那个数为准，其结果的有效数字位数也应与原来各数中有效数字最少的那个数相同。例如，$0.0121 \times 25.64 \times 1.05782$ 应写成 $0.0121 \times 25.64 \times 1.06 = 0.328$。上例说明，虽然这 3 个数的乘积为 0.3281823，但只应取其积为 0.328。

（5）在对数计算中，所取对数位数应与真数有效数字位数相同。

2.2.2　测量数据的处理

1. 一般处理步骤

对被测量进行一列等精度的测量之后，应根据所测得的一组数据 x_1，x_2，…，x_n 计算出算术平均值 $\overline{x}$ 和随机误差（$\hat{\sigma}$ 和 $\hat{S}$），最后给出测量结果，其处理过程一般如下。

（1）将测量得到的一列数据 x_1，x_2，…，x_n 排列成表。

（2）求出这一列测量值的算术平均值 $\overline{x}$，即

$$\overline{x} = \frac{1}{n} \sum_{i=1}^{n} x_i \tag{2.41}$$

（3）求出对应的每一测量值的剩余误差 $\triangle \overline{x_i}$，即

$$\triangle \overline{x_i} = x_i - \overline{x} \tag{2.42}$$

（4）求出标准误差 $\hat{\sigma}$，即

$$\hat{\sigma} = \sqrt{\frac{1}{n} \sum_{i=1}^{n} (x_i - \overline{x})^2} \tag{2.43}$$

在实际实验测量工作中，测量次数是有限的，需要计算样本标准差，$\sigma = \sqrt{\frac{1}{n-1} \sum_{i=1}^{n} (x_i - \overline{x})^2}$。

（5）判断无异常数据。

如发现有异常数据 x_i，则剔除 x_i 这一数据，然后重复（1）～（4）步骤再判定有无异常数据，直到无异常数据为止。

（6）剔除异常数据后，计算出算术平均值 $\overline{x}$ 的标准误差 $\hat{S}$，即

$$\hat{S} = \frac{\hat{\sigma}}{\sqrt{n}} \tag{2.44}$$

式中　n——不包括异常数据的测量次数。

（7）写出测量结果，即 $\overline{x} \pm 3\hat{S}$。

2. 举例

对某温度进行 16 次等精度测量。测量数据 x_i 中已计入修正值，列于表 2.3 中。要求给出包括误差（即不确定度）在内的测量结果表达式。

表 2.3　　　　　　　　　　　　　测量结果及数据处理表

n	x_i	v_i	v_i'	$(v_i')^2$
1	205.30	0.00	0.09	0.0081
2	204.94	-0.36	-0.27	0.0729
3	205.63	$+0.33$	$+0.42$	0.1764
4	205.24	-0.06	$+0.03$	0.0009
5	206.65	$+1.35$	—	
6	204.97	-0.33	-0.24	0.0576
7	205.36	$+0.06$	$+0.15$	0.0025

n	x_i	v_i	v_i'	$(v_i')^2$
8	205.16	-0.14	-0.05	0.0025
9	205.71	$+0.41$	$+0.50$	0.25
10	204.70	-0.60	-0.51	0.2601
11	204.86	-0.44	-0.35	0.1225
12	205.35	$+0.05$	$+0.14$	0.0196
13	205.21	-0.09	0.00	0.0000
14	205.19	-0.11	-0.02	0.0004
15	205.21	-0.09	0.00	0.0000
16	205.32	$+0.02$	$+0.11$	0.0121
计算值		$\sum v_i = 0$	$\sum v_i' = 0$	

解　（1）求出算术平均数 $\overline{x} = 205.30\,℃$。

（2）计算 v_i，并列于表 2.3 中。

（3）计算标准差（估计值），即

$$\sigma = \sqrt{\frac{1}{n-1}\sum_{i=1}^{n} v_i^2} = 0.4434$$

（4）按照 $\Delta = 3\sigma$ 判断有无 $|v_i| > 3\sigma = 1.3302$，查表中第五个数据 $v_5 = 1.35 > 3\sigma$，应将此对应 $x_5 = 206.65$ 视为坏值加以剔除，现剩下 15 个数据。

（5）重新计算剩余 15 个数据的平均值，即

$$\overline{x}' = 205.21$$

（6）重新计算各残差 v_i' 列于表 2.3 中。

（7）重新计算标准差，即

$$\sigma' = \sqrt{\frac{1}{14}\sum_{i=1}^{n} v_i'^2} = 0.27$$

（8）按照 $\Delta' = 3\sigma'$ 再判断有无坏值，$3\sigma' = 0.81$，各 $|v_i'|$ 均小于 Δ'，则认为剩余 15 个数据中不再含有坏值。

（9）计算算术平均值标准差（估计值），即

$$\sigma_{\overline{x}} = \sigma'/\sqrt{15} = 0.27/\sqrt{15} \approx 0.07$$

（10）写出测量结果表达式，即

$$x = \overline{x}' \pm 3\sigma_{\overline{x}} = (205.2 \pm 0.2)\,℃$$

第 3 章

常用测试用仪表

3.1 常用仪表概述

在建筑环境与能源应用工程中所涉及的供热、通风、空气调节、锅炉、制冷等的实验与测定中，需要测量大量的空气温湿度、烟气状态参数、冷热媒的物理参数以及系统工况等，而完成这些参数及工况的测定需要比较精确的测量仪表和正确的使用方法。

按测量的参数分类，常用的建筑环境与能源应用工程测试仪表大体有以下几种。

（1）温度测量仪表，包括膨胀式温度计（液体、固体膨胀）、热电式温度计、电阻式温度计等。

（2）相对湿度测量仪表，包括普通干湿球温度计、通风干湿球温度计、毛发湿度计、电阻湿度计等。

（3）流速测量仪表，包括叶轮风速仪、卡他温度计、热电风速仪、测压管等。

（4）压力测量仪表，包括 U 形管压力计、单管式压力计、斜管式压力计、补偿式微压计、膜盒式压力计、弹簧管式压力计等。

（5）流量测量仪表，包括转子流量计、进口流量管（双纽线集流器）、孔板流量计、喷嘴流量计、涡轮流量计等。

另外，常用的仪表等这里不再一一叙述。某些特殊用途的仪表将在有关的实验及测试中加以介绍。

各种测量仪表所测参数和仪表的结构与原理都不相同，而它们不论采用什么原理，其被测参数一般都要经过一次或多次的信号能量形式的转换，最后得到便于测量的信号能量形式，或指针摆动，或液面位移，或数字显示将被测参数表现出来。

为了保证测定的精确度，使仪表按技术要求工作，仪表应定期或在使用前进行校验，以确保其准确度和灵敏度。

在使用仪器仪表前，应仔细阅读有关产品样本及使用说明，以指导用户既能准确、顺利地完成测定，又能保证仪表的正常工作。

3.2　温度测量仪表

3.2.1　温度的基本概念和测温仪表分类

温度是表示物体冷热程度的物理量。从微观上讲是物体分子热运动的剧烈程度。温度只能通过物体随温度变化的某些特性来间接测量，而用来量度物体温度数值的标尺叫温标。它规定了温度的读数起点（零点）和测量温度的基本单位。国际单位为热力学温标（K）。目前国际上用得较多的其他温标有华氏温标（℉）、摄氏温标（℃）和国际实用温标。从分子运动论观点看，温度是物体分子运动平均动能的标志。温度是大量分子热运动的集体表现，具有统计意义。对于个别分子来说，温度是没有意义的。温度是根据某个可观察现象（如水银柱的膨胀），按照几种任意标度所测得的冷热程度。

温度常以符号 t 或 T 表示，单位分别为国际实用摄氏温度（℃）和绝对温度（热力学温度）的开氏温标（K），两者的关系为

$$t = T - 273.15 \tag{3.1}$$

温度测量仪表的种类繁多，但可按作用原理、测量方法、测量范围作以下分类。

（1）按作用原理分类。温度的测量是借助物体在温度变化时它的某些性质随之变化的原理来实现的，但并不是任意选择某种物理性质的变化就可做成温度计。用于测温的物体的物理性质要求连续、单值地随温度变化，不与其他因素有关，而且复现性好，便于精确测量。

目前按作用原理制作的温度计主要有膨胀式温度计、压力式温度计、电阻温度计、热电偶高温计和辐射高温计等几种。它们分别利用物体的膨胀，压力、电阻、热电势和辐射性质随温度变化的原理制成的。

（2）按测量方法分类。温度测量时按感温元件是否直接接触被测温度场（或介质）而分成接触式温度测量仪表（膨胀式温度计、压力式温度计、电阻温度计和热电偶高温计属此类）和非接触式温度测量仪表（如辐射高温计）两类。

接触式测温法的特点是测温元件直接与被测对象相接触，两者之间进行充分的热交换，最后达到热平衡，这时感温元件的某一物理参数的量值就代表了被测对象的温度值。这种测温方法的优点是直观可靠，缺点是感温元件影响被测温度场的分布，接触不良等都会带来测量误差。另外，温度太高和腐蚀性介质对感温元件的性能和寿命会产生不利影响。

非接触式测温法的特点是感温元件不与被测对象相接触，而是通过辐射进行热交换，故可避免接触式测温法的缺点，具有较高的测温上限。此外，非接触式测温法热惯性小，可达 0.001s，便于测量运动物体的温度和快速变化的温度。由于受物体的发射率、被测对象到仪表之间的距离以及烟尘、水汽等其他介质的影响，这种测温方法一般测温误差较大。

（3）按测量温度范围分类。通常将测量温度在 600℃ 以下的温度测量仪表叫温度计，如膨胀式温度计、压力式温度计和电阻温度计等。测量温度在 600℃ 以上的

温度测量仪表通常称为高温计，如热电高温计和辐射高温计。

温度计的测温方法、测温原理及常用温度计见表 3.1。接触式测温仪表的结构简单、成本低、精确可靠，但滞后性较大，测量上限低。非接触式测温仪表测量上限高，且可以测量运动中物体的温度，但误差较大。

表 3.1　　　　　　　　　**温度计的测温方法、测温原理及常用温度计**

测温方法	测温原理		温度计名称	测温范围/℃	使用场合
接触式	体积变化	固体热膨胀	双金属温度计	−200～700 0～300	轴承、定子等处的温度，作现场指示及易爆、有震动处的温度，传送距离不很远
		液体热膨胀	玻璃液体温度计、压力式温度计		
		气体热膨胀	压力式温度计（充气体）		
	电阻变化	金属热电阻	铂、铜、镍、铑、铁热电阻	−200～650	液体、气体、蒸汽的中、低温，能远距离传送
		半导体热敏电阻	锗、碳、金属氧化物热敏电阻		
	热电效应	普通金属热电偶	铜-康铜，镍铬-镍硅等热电偶	−200～2800	液体、气体、蒸汽的中、高温，能远距离传送
		贵重金属热电偶	铂铑、铂，铂铑-铂铑等热电偶		
		难熔金属热电偶	钨-铼、钨-钼等热电偶		
		非金属热电偶	碳化物-硼化物等热电偶		
非接触式	辐射测温	亮度法	光学高温计	600～3200	用于测量火焰、钢水等不能直接测量的高温场合
		全辐射法	辐射高温计		
		比色法	比色高温计		

3.2.2　玻璃管液体温度计

玻璃管液体温度计的结构基本上是由装有感温液（或称测温介质）的感温泡、玻璃毛细管和刻度标尺三部分组成。感温泡位于温度计的下端，是玻璃管液体温度计感温的部分，可容纳绝大部分的感温液，所以也称为储液泡。感温泡或直接由玻璃毛细管加工制成（称拉泡），或由焊接一段薄壁玻璃管制成（称接泡）。感温液是封装在温度计感温泡内的测温介质，具有体膨胀系数大、黏度小、高温下蒸汽压低、化学性能稳定、不变质以及在较宽的温度范围内能保持液态等特点。常用的有水银、甲苯、乙醇和煤油等有机液体。玻璃毛细管是连接在感温泡上的中心细玻璃管，感温液体随温度的变化在里面移动。标尺是将分度线直接刻在毛细管表面，同时标尺上标有数字和温度单位符号，用来表明所测温度的高低。

液体温度的变化引起的体积变化为

$$\Delta V = a_v V \Delta t \qquad (3.2)$$

式中　ΔV——液体的体积变化，m^3；

　　　a_v——液体的体积膨胀系数，$m^3/(m^3 \cdot ℃)$；

　　　V——液体体积，m^3；

　　　Δt——液体温度变化，℃。

通常水银温度计的测温范围为−30～700℃，酒精温度计的测温范围为−100～75℃。测定时多用水银温度计，下面重点加以介绍。

水银温度计是膨胀式温度计的一种，水银的凝固点是−39℃，沸点是

356.7℃，测量温度范围是－39～357℃，它只能作为就地监测的仪表。用它来测量温度，不仅简单直观，而且还可以避免外部远传温度计的误差。

实验室中，常用的水银温度计是由一个盛有水银的玻璃泡、毛细管、刻度和温标等组成的。

水银温度计刻度分度值有 2.0℃、1.0℃、0.5℃、0.2℃、0.1℃等，还有可用于高精度测量的分度值 0.05℃、0.02℃、0.01℃等。

水银温度计具有足够的精度且构造简单、价格便宜，所以应用相当广泛。它的缺点主要有：由于水银的膨胀系数小，致使其灵敏度较低；玻璃管易损坏，无法实现远距离测量；热惰性大等。

水银温度计的使用似乎很容易，其实许多人尤其是初学者往往因使用不当造成不应有的测量误差。使用水银温度计测温时应注意以下事项。

（1）使用前应进行校验（可以采用标准液温多支比较法进行校验或采用精度更高级的温度计校验）。

（2）不允许使用温度超过该种温度计的最大刻度值的测量值。

（3）温度计有热惯性，应在温度计达到稳定状态后读数。读数时应在温度凸形弯月面的最高切线方向读取，目光直视。

（4）水银温度计应与被测工质流动方向相垂直或呈倾斜状。

（5）水银温度计常常发生水银柱断裂的情况，消除方法有以下两种。

1）冷修法。将温度计的测温包插入干冰和酒精混合液中（温度不得超过－38℃）进行冷缩，使毛细管中的水银全部收缩到测温包中为止。

2）热修法。将温度计缓慢插入温度略高于测量上限的恒温槽中，使水银断裂部分与整个水银柱连接起来，再缓慢取出温度计，在空气中逐渐冷至室温。

用以上方法消除断柱后，温度计应校验以后方可再用。

玻璃管水银温度计的校验通常在恒温水浴中进行。把它们的指示值与标准水银温度计的指示值作比较，给出修正值。

3.2.3　热电偶温度计

1. 热电效应和热电偶测温原理

两种不同金属焊接成的闭合电路叫做热电偶。

由于不同金属自由电子的气密度不一样，在焊接处两种金属中的自由电子相互扩散出现差异，致使两金属接触处出现一个电势差，此为接触电动势。

接触电动势除了与两种金属性质有关外，还与温度有关，在温度相同的情况下，两接头处电动势数值相等、方向相反，总电动势为零。如果两接头处温度不同，两电动势数值不同，总电动势就不为零，闭合电路就会出现电流，这种由温差引起的电流称为温差电流。

用温差电偶测量温度的方法：令一个接头的温度已知，另一个接头插入待测温度的物体中，测出电偶内出现的温差电流，便可推知被测温度。

将 A、B 两种不同材质的金属导体的两端焊接成一个闭合回路，如图 3.1 所示。若两个接点处的温度不同，在闭合回路中就会有热电势产生，这种现象称为热电效应。两点间温差越大则热电势越大，在回路内接入毫伏表，它将指示出热电势

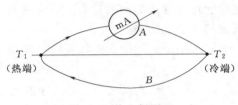

图 3.1 热电偶原理

的数值。热电偶就是根据这个关系来测量温度的。这两种不同材质的金属导体的组合体就称为热电偶，热电偶的热电极有正（＋）、负（一）之分。

当 $T_1 > T_2$ 时，电流方向如图 3.1 中箭头所示，在热端（T_1）和冷端（T_2）所产生的等位电势分别为 E_1、E_2，此时回路中的总电势为

$$E = E_1 - E_2 \tag{3.3}$$

当热端温度 T_1 为测量点的实际温度时，为了使 T_1 与总电势 E 之间具有一定关系，令冷端温度 T_2 不变，即 $E_2 = K$（常数），这样回路中的总电势为

$$E = E_1 - K \tag{3.4}$$

回路中产生的热电势仅是热端温度 T_1 的函数。

当冷端温度 $T_2 = 0℃$ 时，可得出图 3.2 所示的热电势-温度特性曲线（$E-t$ 特性曲线）。

根据上述原理，可以选择到许多反应灵敏准确、使用可靠耐久的金属导体来制作热电偶。测温时用热电偶种类较多，现以铜-康铜热电偶为例加以介绍。

2. 铜-康铜热电偶

铜-康铜热电偶以其灵敏度高、稳定可靠、抗震抗摔、互换性好、价格低廉、适用于远距离测温和自动控制等优势，在农业和制冷工程中发挥着重要作用。热电偶的制作常用以下两种方法。

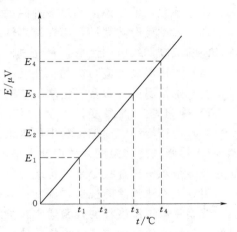

图 3.2 热电势（E）-温度（t）特性曲线

（1）电弧焊接法。如图 3.3 所示，先准备一台调压器，找两个废旧 1 号干电池取出炭棒（或用直径相近的炭棒），将炭棒一端磨成锥体，另一端用导线拧紧在炭棒上，并接到调压器的输出端。调压器的输入端接电源，输出电压调到 20V 左右。两根炭棒水平放置在工作台上，中间留有间隙，将待焊的热电偶端头放在炭棒中间，两只炭棒向热电偶缓缓靠近，当产生弧光时两根导线熔化形成光滑无孔的球形焊接点，这样即焊好一个热电偶。

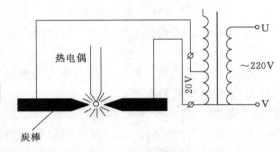

图 3.3 热电偶电弧焊接法

因焊接时弧光十分刺激人的眼睛，所以应戴上墨镜。工作电压过高，会使热电偶头部产生气孔或者焊接不牢；工作电压过低，金属熔化不好也会使焊接不牢。因此边焊边用放大镜检查，随时调整。不合格的焊头可剪掉重新焊接。若想得到比较理想的热电偶，需在焊接过

程中不断摸索总结经验。

（2）锡焊接法。它与一般用电烙铁、焊锡焊接导线的方法相同，但只许使用焊药而严禁使用"锥水"，焊点要小并且力求圆滑。

锡焊制作的热电偶性能相对比较稳定，因焊头比较牢固而不易损坏。但一般操作者难以达到对焊点的要求。

制作好的热电偶，为防止漆皮被磨破造成短路，应用两种颜色的塑料套管保护起来。

一般热电偶测温具有结构简单、使用方便、测量精度高、测量范围广等优点。常用的铜-康铜热电偶测温范围为－200～200℃，当热端温度为 100℃时，它所产生的热电势为 4.1mV，也就是温度变化 1℃时热电势变化为 0.041mV（41μV）。它的热惰性小，能较快反映被测温度的变化。热电偶测温最大的特点是可以远距离传送和自动记录，并且可以把多个热电偶通过转换开关接到仪表上进行集中检测。

对于特定的测温范围，铜-康铜热电偶所产生的热电势较小，用毫伏计不易准确测量，所以与铜-康铜热电偶配用的二次仪表通常为高精度的电位差计。

3. 电位差计

电位差计是用补偿原理构造的仪器，根据被测电压和已知电压相互补偿的原理制成的高精度测量仪表。分交流、直流两种，用以测量电压、电流和电阻。交流电位差计还可测量磁性。

常用的高精度电位差计最小分度值可到 0.001mV，即 1μV。用电位差计测量热电势应有检流计、标准电池、冰水保温瓶等配合。接线时需注意，当测量 0℃以上温度时，铜为正极，康铜为负极；测量 0℃以下温度时，由于热端的温度低于冷端的温度，故正、负极需对调。热电偶测温配用的二次仪表还有数字电压表等。

4. 热电偶校验

必须定期对热电偶进行校验，这是由于在使用过程中热电偶热端受氧化、腐蚀，其材料在高温下产生再结晶，导致热电特性发生变化，使测量产生误差。因此，为了使温度测量满足一定的精确度，必须对热电偶进行定期校验以后再使用。

热电偶校验方案如下。

（1）一般地，测量温度高于 300℃的热电偶，其校验原理及校验装置主要由管式电炉、冰点槽、切换开关、电位差计及标准热电偶等组成。

（2）管式电炉是用绕在一根陶瓷管子上的电阻丝加热的，管子的内径为 50～60mm、长度为 600～1000mm。要求管内温度场稳定，最好有 100mm 左右的恒温区。读数时要求恒温区的温度变化每分钟不得超过 0.2℃；否则不能读数。通过调自耦变压器改变电压来改变校验点温度。目前，也常用晶体管以及自动温控装量来控制校验温度点。电位差计的精确度等级不得低于 0.05 级。

（3）校验时，把被校热电偶与 S 分度号标准热电偶（其精确度等级视被校热电偶的要求而定）的热端放到管式电炉恒温区内测量温度，比较两者的测量结果。被校热电偶与标准热电偶的热端绑扎在一起，插到管式电炉的恒温区中。校验 K 分度号、E 分度号热电偶时套上石英套管，然后与被校热电偶用镍丝绑扎在一起，插到管式电炉内的恒温区。为保证被校热电偶与标准热电偶的热端处于同一温度，最好能把这两支热电偶的热端放在金属镍块的两个孔中，再将镍块放于炉中恒温区。

（4）热电偶放入炉中后炉口应用石棉绳堵严，热电偶插入炉中的深度一般为 300mm，长度较短的热电偶的插入深度可适当减小，但不得小于 150mm。将热电偶的冷端置于冰点槽中以保持 0℃。用自耦变压器调节炉温，当炉温达到校验温度点±1℃范围内，且每分钟的温度变化不超过 0.2℃ 时，就可用电位差计测量热电偶的热电动势了。

（5）在每一个校验温度点上，对标准热电偶和被校热电偶热电动势的读数顺序是：标准→被校 1→……→被校 n→……→标准，读数都不得少于 4 次，然后求取电动势读数平均值，并查分度表。最后通过比较得出被校热电偶在各校验温度点上的温度误差。计算时标准热电偶热电动势的误差也需补入。

3.2.4　电阻温度计

电阻温度计也称为电阻温度探测器（RTDs），是一种使用已知电阻随温度变化特性的材料所制成的温度传感器。因为它们几乎无一例外地由铂制造而成，所以它们通常被称为铂电阻温度计。在许多低于 600℃ 的工业应用场合它们正在慢慢地取代热电偶。

最常用的电阻温度计都采用金属丝绕制而成的感温元件，主要有铂电阻温度计和铜电阻温度计，在低温下还有碳、锗和铑铁电阻温度计。

1. 铂热电阻

铂热电阻是利用铂丝的电阻值随着温度的变化而变化的基本原理设计和制作

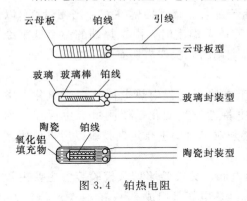

图 3.4　铂热电阻

的，按 0℃ 时的电阻值 $R(℃)$ 的大小分为 10Ω（分度号为 Pt10）和 100Ω（分度号为 Pt100）等，测温范围较大，适合于 $-200\sim850℃$、10Ω 铂热电阻的感温元件是用较粗的铂丝绕制而成，耐温性能明显优于 100Ω 的铂热电阻，主要用于 650℃ 以上的温区；100Ω 铂热电阻主要用于 650℃ 以下的温区，虽也可用于 650℃ 以上温区，但在 650℃ 以上温区不允许有 A 级误差，如图 3.4 所示。

一般热电阻温度计适用于中、低温且热惰性较大场合的测量，其测温范围为 $-20\sim+500℃$。它测温精度高，并可进行远距离和多点测量。它的灵敏度不及热电偶，不适用于波动大、时间常数小的测温对象。

与铂、铜等热电阻配套使用的二次仪表有比率计、不平衡电桥、自动平衡电桥及铂电阻数字温度计等。

其系统组成如下。

（1）热电阻。测温系统一般由热电阻、连接导线和显示仪表等组成。必须注意以下两点。

1）热电阻和显示仪表的分度号必须一致。

2）为了消除连接导线电阻变化的影响，必须采用三线制接法。

（2）铠装热电阻。铠装热电阻是由感温元件（电阻体）、引线、绝缘材料、不锈钢套管组合而成的坚实体，它的外径一般为 $\phi 1 \sim 8mm$，最小可达 $\phi 0.25mm$。与普通型热电阻相比，它具有下列优点。

1）体积小，内部无空气隙，热惯性小，测量滞后小。

2）力学性能好，耐振，抗冲击。

3）能弯曲，便于安装。

4）使用寿命长。

（3）端面热电阻。端面热电阻感温元件由特殊处理的电阻丝材绕制，紧贴在温度计端面。它与一般轴向热电阻相比，能更正确和快速地反映被测端面的实际温度，适用于测量轴瓦和其他机件的端面温度。

（4）隔爆型热电阻。隔爆型热电阻通过特殊结构的接线盒，把其外壳内部爆炸性混合气体隔绝。因受到火花或电弧等的影响，电阻体的断路修理必然要改变电阻丝的长短而影响电阻值，为此更换新的电阻体为好，若采用焊接修理，焊后要校验合格后才能使用。

2. 半导体热敏电阻

半导体热敏电阻通常由锰、镍、铜、钴、铁等金属氧化物的混合物烧结而成。按温度特性，热敏电阻可分为两类：随温度上升电阻增加的为正温度系数热敏电阻；反之，为负温度系数热敏电阻。

各种热敏电阻器的工作条件一定要在其出厂参数允许范围之内。热敏电阻的主要参数有十余项，即标称电阻值、使用环境温度（最高工作温度）、测量功率、额定功率、标称电压（最大工作电压）、工作电流、温度系数、材料常数、时间常数等。其中，标称电阻值是在 25℃ 零功率时的电阻值，实际上总有一定误差，应在 $\pm 10\%$ 之内。普通热敏电阻的工作温度范围较大，可根据需要从 $-55 \sim 315℃$ 中选择。值得注意的是，不同型号热敏电阻的最高工作温度差异很大，如 MF11 片状负温度系数热敏电阻器为 125℃，而 MF53-1 仅为 70℃（一般不要超过 50℃）。

粗测热敏电阻的值，宜选用量程适中的万用表且使用较小的电流通过热敏电阻加以测量。若热敏电阻在 $10k\Omega$ 左右，可以选用 MF10 型万用表，将其挡位开关拨到欧姆挡 $R \times 100$，用鳄鱼夹代替表笔分别夹住热敏电阻的两引脚。在环境温度明显低于体温时，读数为 $10.2k\Omega$，用手捏住热敏电阻，可看到表针指示的阻值逐渐减小；松开手后，阻值加大，逐渐复原。这样的热敏电阻最高工作温度不得超过 100℃。

3.3　相对湿度测量仪表

相对湿度测量仪适用的领域非常广泛，包括空气、氮气、惰性气体以及任何不含腐蚀性介质的气体的湿度测量，尤其适合于 SF_6 气体的湿度测量，电力、石化、冶金、环保、科研院所等部门均可采用。

相对湿度测量仪采用了原装进口湿度传感器作为湿度敏感元件。当被测气体中的微量水分进入传感器采样室，水蒸气被吸附到传感器的微孔中，使其容抗发生变化，传感器将这种变化进行放大转换成标准线性电信号，通过微处理器加以处理，最后送到液晶屏上显示。

湿空气的湿度包括绝对湿度、含湿量、饱和湿度和相对湿度等。

相对湿度是指空气中水蒸气的实际含量接近于饱和的程度，又称为饱和度，它以百分数来表示，即

$$\varphi = \frac{p_q}{p_{qb}} \times 100\% \qquad (3.5)$$

式中　　p_q——湿空气中水蒸气分压力，Pa；

　　　　p_{qb}——同温度下湿空气的饱和水蒸气分压力，Pa。

空气的相对湿度对人体的舒适与健康和某些工业产品的质量都有着密切的关系。为此，准确地测定和评价空气的相对湿度是十分重要的。常用的测量仪表有普通干湿球温度计等。

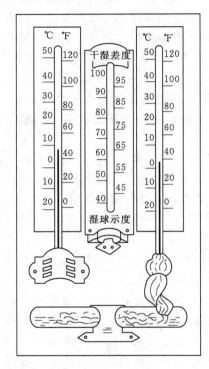

图 3.5　干湿球温度计

干湿球温度计（dry and wet bulb thermometer）是一种测定气温、气湿的一种仪器。它由两支相同的普通温度计组成：一支用于测定气温，称为干球温度计；另一支在球部用蒸馏水浸湿的纱布包住，纱布下端浸入蒸馏水中，称为湿球温度计，如图 3.5 所示。

干湿温度计的干球探头直接露在空气中，湿球温度探头用湿纱布包裹着，其测湿原理就是：湿球上裹了湿布，比热容比干球大，温度变化小，干球测出的是准确温度，其温度差与环境中的相对湿度有关，湿球温度计温包上包裹的潮湿纱布，其中的水分与空气接触时产生热湿交换。当水分蒸发时会带走热量使温度降低，其温度值在湿球温度计上表示出来。温度降低的多少取决于水分的蒸发强度，而蒸发强度又取决于温包周围空气的相对湿度。空气越干燥即相对湿度越小时，干湿球两者的温度差也就越大；空气越湿润即相对湿度越大时，干湿球两者的温度差也就越小。若空气已达到饱和，干湿球温度差等于零。

湿球温度下饱和水蒸气分压力和干球温度下水蒸气分压力之差与干湿球温度差之间的关系可由下式表达，即

$$p_s - p_q = A(t - t_s)B \qquad (3.6)$$

将 $\varphi = \dfrac{p_q}{p_{qb}} \times 100\%$ 代入 $p_s - p_q = A(t - t_s)B$ 得

$$\varphi = \frac{p_s - A(t - t_s)B}{p_{qb}} \times 100\% \qquad (3.7)$$

式中　　φ——相对湿度，%；

　　　　p_s——湿球温度下饱和水蒸气分压力，Pa；

　　　　p_q——湿空气的水蒸气分压力，Pa；

A——与风速有关的系数，$A=0.00001\left(65+\dfrac{6.75}{v}\right)$；$v$为流经湿球的风速，

　　m/s；

t——空气的干球温度，℃；

t_s——空气的湿球温度，℃；

B——大气压力，Pa；

p_{qb}——同温度下的饱和水蒸气分压力，Pa。

这样在测得干湿球温度后，通过计算或查表、查焓湿图（$i\text{-}d$ 图），便可求得被测空气的相对湿度。

普通干湿球温度计的使用、校验与玻璃液体温度计相同。

普通干湿球温度计结构简单、使用方便，但周围空气流速的变化，或存在热辐射时都将对测定结果产生较大影响。

3.4　流速测量仪

流速是建筑环境技术领域中非常重要的一个基本参数。流速计又称为流速仪，是一种用以测量管路中流体速度的仪表。测定流速后，再乘以流体截面换算成流量，因而也用于间接测量流量。有测速管、孔流速计、测速喷嘴和文臣里流速计等，流速单位常以 m/s 表示。

1. 叶轮风速仪

叶轮风速仪利用空气推动的转轮转速的快慢与风速成正比，来测量风口和空调设备的风速。

原理：该方式是应用风车的原理，通过测试叶轮的转数测试风速，用于气象观测等。其工作原理比较简单，价格便宜；但测试精度较低。所以，不适合微风速的测试和细小风速变化的测试。

叶轮风速仪也有不带计时装置的，测定中可用秒表计时。操作中要求两者开停要一致，以保证测定的准确。此时风速按下式计算，即

$$v=\frac{s}{\tau}\tag{3.8}$$

式中　v——测点的风速值，m/s；

s——叶轮风速仪指针示值，m；

τ——叶轮风速仪的有效测定时间，s。

叶轮风速仪测量的准确性与操作者的熟练程度有很大关系，使用前应检查风速仪的指针是否在零位、开关是否灵活可靠。测定时必须将叶轮风速仪全部置于气流中，气流方向应垂直于叶轮的平面；否则将引起测定误差。当气流推动叶轮转动20～30s 后再启动开关开始测量，测定完毕应将指针回零。读得风速值后还应在仪器所附的校正曲线上查得实际的风速值。

叶轮风速仪测得的是测定时间内风速的平均值。因此，它不适于测定脉动气流和气流的瞬时速度。

叶轮是风速仪的重要部件，由于暴露在外易受到损伤，使用中应注意不要

碰撞。

仪表的校验通常在标准风洞中进行。

2. 卡他温度计

卡他温度计是用来测定空气微小流速的仪器。将温度计的温包加热以后放置于测定地点，以温包散热所需的时间来确定空气的流速。

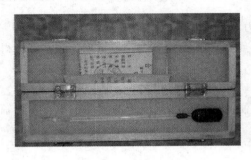

卡他温度计是一支酒精温度计，如图 3.6 所示。温包为圆柱形，容积较一般温度计大得多（长约 40mm、直径约 16mm），内充带有颜色的酒精。毛细管顶端连有一瓶状空腔。温度计刻度为 35℃和 38℃两个点，其平均值恰好为人体温度（36.5℃）。

图 3.6　卡他温度计

卡他温度计测速范围在 0.05～0.5m/s 之间。目前工程上很少使用，仅应用于实验室做散热率法测量风速的理论验证。

首先，将卡他温度计的温包放在不高于 70℃的热水中加热（酒精的沸点为 78℃），使酒精上升到端部空腔里约 1/3 处。擦干温包上的水，把温度计放在被测气流中，用秒表记录下酒精柱从 38℃下降到 35℃所需要的时间。

卡他温度计由 38℃降到 35℃的过程中，温包向空气中散发的热量是固定的，但所需要的时间则由周围空气的温度、湿度和空气流动速度所决定，其中主要因素为空气的流动速度。当温度由 38℃下降到 35℃时，温包上每平方厘米面积所散失的热量称为卡他温度计的冷却系数 F[cal/(cm^2 · 3℃ · s)]。每一支温度计因制作的原因，其 F 值是不等的，出厂时都分别给予标示。空气的冷却能力为

$$H = \frac{F}{\tau} \tag{3.9}$$

式中　H——空气的冷却能力，cal/(cm^2 · 3℃ · s)；

　　　　F——卡他温度计的冷却系数，cal/(cm^2 · 3℃ · s)；

　　　　τ——温度由 38℃下降到 35℃所需的时间，s。

其中：1cal＝4.1868J。

空气的流速可以根据下列经验公式求得。

（1）当 $v \leqslant 0.1$m/s 时，有

$$v = \left(\frac{\dfrac{H}{\Delta t} - 0.2}{0.4} \right)^2$$

（2）当 $v > 0.1$m/s 时，有

$$v = \left(\frac{\dfrac{H}{\Delta t} - 0.13}{0.47} \right)^2$$

式中　v——空气流速，m/s；

　　　　Δt——卡他温度计的平均温度（36.5℃）与周围空气温度的差值，℃。

　　测定中为避免对测点气流产生干扰，动作要轻，不得任意走动。温包的加热温度不可过高，酒精充入上部空腔不可太满；否则将会损坏温度计。测定前一定要擦干温包上的水，不然在散失热量中也包括了水蒸发所带走的一部分热量，会使测定产生误差。

3. 热电风速仪

　　热电风速仪是一种便携式、智能化的低风速测量仪表，在测量管道环境及采暖、空调制冷、环境保护、节能监测、气象、农业、冷藏、干燥、劳动卫生调查、洁净车间、化纤纺织以及各种风速实验等方面有广泛用途。

　　热电风速仪是由测头和指示仪表组成。测头内有电热线圈（或电热丝）和热电偶。当热电偶焊接在电热丝的中间时，称为热线式热电风速仪（简称为热线风速仪）；当热电偶与电热线圈不接触而是包裹上玻璃球固定在一起时，称为热球式热电风速仪（简称为热球风速仪）。两者除测头外其余部分基本相同。热球风速仪的构成原理如图 3.7 所示。它具有两个独立的电路：一个是电热线圈回路串联有直流电源 E（一般为 2～4V）、可调电阻 R 和开关 K，在电源电压一定时调节电阻 R 即可调节电热线圈的温度；另一个是热电偶回路，串联一只微安表可指示在电热线圈的温度下与热电势相对应的热电流的大小。

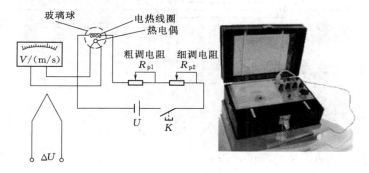

图 3.7　热球式热电风速仪原理

　　电热线圈（镍铬丝）通过额定电流时温度升高并加热了玻璃球。由于玻璃球体积很小（直径约为 0.8mm），可以认为电热线圈与玻璃球的温度是相同的。热电偶产生热电势，相对应的热电流由仪表指示出来。玻璃球的温升、热电势的大小均与气流的速度有关。气流速度越大，玻璃球散热越快，温升越小，热电势也就越小；反之，气流速度越小，玻璃球散热越慢，温升越大，热电势也就越大。热球风速仪即根据这个关系在指示仪表盘上直接标出风速值，测定时将测头放在气流中就可直接读出气流的速度。

　　热球风速仪操作简便、灵敏度高、反应速度快，测速范围有 0.05～5m/s、0.05～10m/s、0.05～20m/s 等几种。正常使用条件为 $t=-10\sim40℃$，$\varphi<85\%$。它既能测量管道内风速，也可测量室内空间的风速。但是它的测头连线很细，容易损坏而不易修复。

　　使用前应熟悉仪表的操作要求。调校仪表时测头一定要收到套筒内，测杆垂直头部向上，以保证测头在零风速状态下。测定时应将标记红色小点的一面迎向气流，因为测头在风洞中标定时即为该位置。风速仪指针在某一区间内摆动，可读取中间值；如果气流不稳定，可参考指示值出现的频率来加以确定。测得风速值后应对照仪表所附的校正曲线进行校正。

测定中应时刻注意保护好测头，严禁用手触摸，并防止与其他物体碰撞，测定完毕应立即将测头收到套筒内。

仪表精确的校验应在多普勒激光测速仪上进行，通常可在标准风洞中进行。

4. 测压管 (动压测速)

流体的压力是指垂直作用于单位面积上的力，有全压、静压和动压。

动压测速的压力感受元件为测压管。测压管分为全压管、静压管和动压管。测压系统由测压管、连接管和显示、记录仪表组成。测压管测得动压后经计算求得流体的流速。测压管既可对液体流动进行测量，又可对气体流动进行测量。

将测压管置于气流中，如图 3.8 所示。测压管头部 B 点处由于气流的绕流而完全滞止，产生临界点，气流速度 $v_1 = 0$，B 点的压力为滞止压力（即全压）。根据不可压缩流体的伯努利方程式，A、B 两点间的关系为

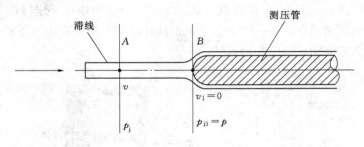

图 3.8　测压管

$$p_j + \frac{1}{2}\rho v^2 = p_{j1} + \frac{1}{2}\rho v_1^2 \tag{3.10}$$

式中　p_j，p_{j1}——A、B 的静压，Pa；

　　　　ρ——空气的密度，kg/m³；

　　v，v_1——A（即测点）、B 点的气流速度，m/s。

因为 $v_1 = 0$，故 $p = p_{j1}$。

$$p = p_j + \frac{1}{2}\rho v^2$$

$$v = \sqrt{\frac{2}{\rho}(p - p_j)} \tag{3.11}$$

$$\rho = \frac{p_B}{287 \times (273.15 + t_n)}$$

式中　p——B 点的全压力，Pa；

　　　p_B——当地大气压力，Pa；

　　　t_n——管道内空气温度，℃。

$v = \sqrt{\dfrac{2}{\rho}(p - p_j)}$ 中的 $(p - p_j)$ 即为该测点的动压值。这样测得动压值、空气温度、大气压力可计算求得气流速度。此为动压测速法。

但是，实际上流体流经测压管头部时总有能量损失，应给予修正，即

$$v = \sqrt{\frac{2}{\rho}(p' - p'_j)\xi}$$

$$\xi = \frac{p - p_j}{p' - p'_j} \tag{3.12}$$

式中　p'，p'_j——测压管全压孔、静压孔读数，Pa；

　　　　p，p_j——测点真实的全压和静压（由风洞实验确定），Pa；

　　　　　ξ——测压管的校正系数。

经合理设计的标准测压管，ξ 值可保持在 1.02～1.04 范围内，且在较大马赫数（M）、雷诺数（Re）范围内保持一定值。

当气流的马赫数 $M > 0.25$ 时，应考虑气体的压缩性，此时气流速度为

$$v = \sqrt{\frac{2}{\rho} \cdot \frac{p' - p'_j}{1 + \varepsilon}\xi} \tag{3.13}$$

式中　ε——气体的可压缩性系数。

ε 与 M 的关系见表 3.2。

表 3.2　　　　　　　　　可压缩性修正系数 ε 与马赫数 M 的关系

M	0.1	0.2	0.3	0.4	0.5	0.6	0.7	0.8	0.9	1.0
ε	0.0025	0.0100	0.0225	0.0400	0.0620	0.0900	0.1280	0.1730	0.2190	0.2750

标准动压测压管的结构如图 3.9 所示。在测头顶端开有全压测孔 1，由内管 5 接至全压引出接管 8。在水平测量段的适当位置开有静压测孔或条缝 4，由外管 3 接至静压引出接管 7。实际上，它是由静压测管套在全压测管外构成的。这种动压测压管又简称为比托管。

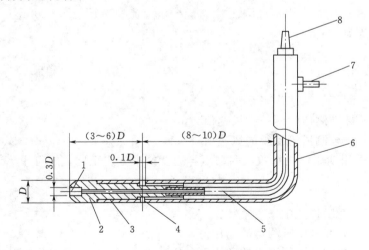

图 3.9　动压管

1—全压测孔；2—感测头；3—外管；4—静压测孔；5—内管；

6—管柱；7—静压引出接管；8—全压引出接管

国际标准化组织（ISO）规定测压管使用范围上限不得超过相当于马赫数 $M = 0.25$ 时的流速，下限则要求被测量的流速在全压测孔直径上的雷诺数 $Re > 200$，以避免造成大的误差。

　　测压管应尽可能与气流方向一致，当两者偏离超过 $\pm(6°\sim8°)$ 时，将会产生附加的测量误差。因此，正确操作显得十分重要。

　　使用时根据需要与压力计连接后即可测得全压、静压和动压。

　　还有一种可以自制的针状比托管（其测量段系用注射针头做成），是专门用来测量孔板送风口处压力的测压管。

　　（1）S 形测压管。普通的测压管若用于测量含尘气体时，测孔易被堵塞，造成测量误差，或者根本无法使用。这时可采用 S 形测压管，其形状如图 3.10 所示。它由两根相同的金属管组成，端部为两个方向相反而开孔面又相互平行的测孔。测定时，一个孔口面正对气流，即与气流方向垂直，测得的是全压。另一个孔口面背向气流，测得的是静压，由于 S 形测压管的开孔面积较大，减少了被粉尘堵塞的可能，可保证测定的正常进行。

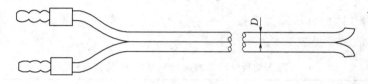

图 3.10　S 形测压管

　　S 形测压管的测孔具有方向性，使用时应与校正时的方向一致。当被测流速较低时，测定误差相应加大。

　　（2）测压管的校正。无论是普通测压管还是 S 形测压管使用前必须校正。尤其是 S 形测压管背向气流的测孔处有涡流影响，使得测定值大于实际值。不同的 S 形测压管的修正系数不同，即使同一根 S 形测压管在不同的流速范围内修正系数也略有变化。通常在风洞中用标准测压管进行校正，流速范围为 $5\sim20\text{m/s}$，修正可采用风速修正系数，即

$$K=\frac{v_0}{v} \tag{3.14}$$

式中　K——测压管风速修正系数；

　　　　v_0——标准测压管测得的风速值，m/s；

　　　　v——被校测压管测得的风速值，m/s。

　　也可以采用动压修正系数。因动压与速度的平方成正比，故可用 K^2 表示，即

$$K^2=\frac{P_{d0}}{P_d} \tag{3.15}$$

式中　K^2——测压管动压修正系数；

　　　　P_{d0}——标准测压管测得的动压值，Pa；

　　　　P_d——被校测压管测得的动压值，Pa。

　　一般用动压修正系数较为方便。普通测压管的修正系数 K^2 接近于 1，S 形测压管的修正系数 K^2 一般在 0.7 左右。

3.5　压力测量仪表

　　压力测量仪表是用来测量气体或液体压力的工业自动化仪表，又称为压力表或

压力计。压力测量仪表按工作原理可分为液柱式、弹性式、负荷式和电测式等类型。

工程上将垂直作用在物体单位面积上的压强称为压力。压力分绝对压力和工作压力。其关系为

$$p = P - B \tag{3.16}$$

式中　p——工作压力，也称表压，Pa；

　　　P——绝对压力，Pa；

　　　B——大气压力，Pa。

压力测量仪表以大气压力为基准，测量大气压力的仪表称为气压计；测量超过大气压力的仪表称为压力计；测量小于大气压力的仪表称为真空计，但通常将它们简称为压力计或压力表。根据使用要求的不同有指示、记录、远传变送、报警、调节等多种形式。按其测压转换原理又有平衡式、弹簧式和压力传感器等几种类型。压力表的精度等级从 0.005 级到 0.4 级，应根据测定的目的要求做适当的选择。某些压力计又需与测压管配合使用。

本节将对常用的几种压力计、压力表加以介绍。

3.5.1　液柱式压力计

液柱式压力计是以一定高度的液柱所产生的静压力与被测介质的压力相平衡来测定压力值的。常用工作液体有水、水银、酒精等。因其构造简单、使用方便，广泛应用于正、负压和压力差的测量中，在 $\pm 1.01325 \times 10^5$ Pa 的范围内有较高的测量准确度。

1. U 形管压力计

它是一根 U 形的玻璃管 1 和玻璃管 2，在 U 形管中间装有刻度标尺，读数的零点在标尺的中央，管内充液体到零点处。玻璃管 1 通过接头与被测介质相接通，玻璃管 2 则通大气。当被测介质的压力 p_x 大于大气压 p_d 时，玻璃管 1 中的工作液体液面下降，而玻璃管 2 中的工作液体液面上升，一直到两液面差的高度 h 产生的压力与被测压力相平衡时为止。

在 U 形管压力计中很难保证两管的直径完全一致，因而在确定液柱高度 h 时必须同时读出两管的液面高度；否则就可能造成较大的测量误差。

U 形管压力计的测量范围一般为 $0 \sim \pm 800$ mmH$_2$O 或 mmHg，精度为 1 级，可测表压、真空度、差压以及作校验流量计的标准差压计。其特点是零位刻度在刻度板中间，使用前无须调零，液柱高度须两次读数。

U 形管压力计是将一根直径相同的玻璃管弯成 U 形，管中充以工作液体（水或水银等），如图 3.11 所示。当管子一端为被测压力 P，另一端为大气压力 B，且 $P > B$ 时，P 侧的液柱下降，B 侧的液柱上升。当两侧压力达到平衡时，由流体静力学可知，等压面在 2-2 处，其平衡方程式为

$$P = B + \rho g(h_1 + h_2) = B + \rho g h \tag{3.17}$$

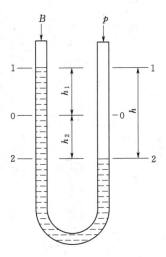

图 3.11　U 形管压力计

p—被测压力；B—大气压力

被测工作压力为

$$p = P - B = \rho g h$$

式中　P——被测绝对压力，Pa；

　　　B——大气压力，Pa；

　　　ρ——工作液体的密度，kg/m^3；

　　　g——重力加速度，m/s^2，$g = 9.81$；

h_1，h_2——管中工作液体上升和下降的高度，m；

　　　h——液柱高差，m。

从上述公式可以看出，当管内工作液体的密度已知时，被测压力的大小即可由工作液体柱的高差 h 来表示。

当 U 形管压力计测量液体压力时（图 3.12），应考虑工作液体上面液柱产生的压力，若两侧管中工作液体上面的液体密度分别为 ρ_1、ρ_2，对等压面 2－2 平衡方程为

$$p + \rho_1 g(H + h) = B + \rho_2 gH + \rho g h \tag{3.18}$$

其工作压力为

$$p_{工作} = p - B = (\rho_2 - \rho_1)gH + (\rho - \rho_1)gh \tag{3.19}$$

式中　ρ_1，ρ_2——工作液体上面液体的密度，kg/m^3；

　　　H——测压点距 B 侧工作液体面的垂直距离，m。

若测量同一种介质的压力差时，因 $\rho_1 = \rho_2$，$p_{工作} = p - B = (\rho_2 - \rho_1)gH + (\rho - \rho_1)gh$ 可写为

$$\Delta p = (\rho - \rho_1)gh \tag{3.20}$$

式中　Δp——两侧压力之差，Pa。

从式 $p_{工作} = p - B = \rho g h$ 可以看出，当被测压力为一定值时，U 形管压力计液柱高差 h 与工作液体的密度 ρ 成反比，这样选择密度较小的工作液体可提高 U 形管压力计的测量灵敏度。

U 形管压力计外观如图 3.13 所示。标尺零位在中同。

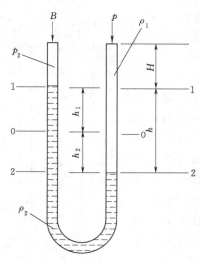
图 3.12　测量液体时 U 形管压力
计压力平衡原理

图 3.13　U 形管压力计外观

　　U 形管压力计的测量范围，以水为工作液体时一般为 $0 \sim \pm 7.8 \times 10^3\,\mathrm{Pa}$，以水银为工作液体时一般为 $0 \sim \pm 1.07 \times 10^5\,\mathrm{Pa}$。它适于测量绝对值较大的全压、静压，不适于测量绝对值较小的动压。

　　测压前首先将工作液体充入干净的 U 形管压力计中，调整好液面高度，使之处于零位。选择距测压点较近且不受干扰、碰撞的地方将 U 形管压力计垂直悬挂牢固。

　　测量时将被测点的压力用胶管接到压力计的一个接口，另一个接口与大气相通；若测量压差时将两个测点的压力分别接到压力计的两个接口上。读数时视线应与液面平齐，液面以顶部凸面或凹面的切线为准。测定完毕，应将工作液体倒出。

　　由于 U 形管压力计两侧玻璃管的直径难以保证完全一样，U 形管压力图和测量液体时 U 形管压力计压力平衡原理图中 $h_1 \neq h_2$，因为必须分别读取两边的液面高度值，然后相加得到 h。这样消除了两侧管子截面不等带来的误差，但两次读数又增加了读值的误差。

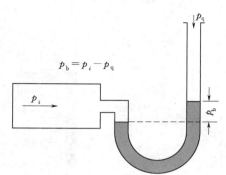

$$p_\mathrm{b} = p_i - p_\mathrm{q}$$

图 3.14　单管式压力计

2. 单管式压力计

　　为了克服 U 形管压力计测压时需两次读数的缺点，出现了方便读数从而减少读数误差的单管式压力计。

　　单管式压力计的工作原理与 U 形管压力计相同。它以一个截面积较大的容器取代了 U 形管中的一根玻璃管，如图 3.14 所示。

　　因为

$$h_1 f = h_2 F$$

　　所以

$$h_2 = h_1 \frac{f}{F}$$

将式 $h_2 = h_1 \dfrac{f}{F}$ 代入式 $p_{\text{工作}} = p - B = \rho g h$，得

$$p_{\text{工作}} = \rho g h = \rho g (h_1 + h_2) = \rho g h_1 \left(1 + \frac{f}{F}\right) \tag{3.21}$$

　　由于 $F \gg f$，故 $\dfrac{f}{F}$ 可忽略不计，式 $p_{\text{工作}} = \rho g h = \rho g (h_1 + h_2) = \rho g h_1 \left(1 + \dfrac{f}{F}\right)$ 改写为

$$p_{\text{工作}} = \rho g h_1 \tag{3.22}$$

式中　h_1，h_2——工作液体在玻璃管内上升和在大容器内下降的高度，m；

　　　　f，F——玻璃管和大容器的截面面积，m^2。

　　因此，当工作液体密度一定时只需一次读取玻璃管内液面上升的高度 h_1，即可测得压力值。

　　单管式压力计的组成如图 3.15 所示。测量玻璃管接在容器底部，标尺零位在下部。

单管式压力计的测量范围，以水为工作液体时一般为 $0\sim\pm1.47\times10^4\,Pa$；以水银为工作液体时一般为 $0\sim\pm2.0\times10^5\,Pa$。

使用方法与 U 形管压力计相同。测量负压时，被测压力与玻璃管相接，容器接口通大气，读值为负值。

多管压力计是将数根玻璃管接至同一较大容器上，可同时测量多点的压力值。

3. 斜管式压力计

因 U 形管压力计和单管式压力计不能测量微小压力，为此产生了斜管式压力计。它是将单管式压力计垂直设置的玻璃管改为倾斜角度可调的斜管，如图 3.16 所示。

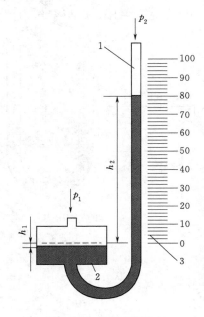

图 3.15　单管式压力计
1—测量玻璃管；2—容器；3—刻度标尺

图 3.16　斜管式压力计原理

所以也常称它为倾斜式微压计。当被测压力与较大容器相通时，容器内工作液面下降，液体沿斜管上升的高度为

$$h=h_1+h_2=l\sin\alpha+h_2 \tag{3.23}$$

因为

$$lf=h_2F$$

所以

$$h=l\left(\sin\alpha+\frac{f}{F}\right) \tag{3.24}$$

被测压力为

$$p_{工作}=\rho gh=\rho gl\left(\sin\alpha+\frac{f}{F}\right) \tag{3.25}$$

式中　l——斜管中工作液体向上移动的长度，m；

　　　α——斜管与水平面的夹角；

　f，F——玻璃管和大容器的截面面积，m^2。

从式 $p_{\text{工作}}=\rho g h=\rho g l\left(\sin\alpha+\dfrac{f}{F}\right)$ 中

得知，当工作液体密度 ρ 不变时，其在斜管中的长度即可表示被测压力的大小。斜管式压力计的读数比单管式压力计的读数放大了 $\dfrac{1}{\sin\alpha}$ 倍。因此，可测量微小压力的变化。常用的斜管式压力计的构造和组成如图 3.17 所示。通常斜管可固定在 5 个不同的倾斜角度位置上，可以得

图 3.17　斜管式压力计

到 5 种不同的测量范围。工作液体一般选用表面张力较小的酒精。

令

$$K=\rho g\left(\sin\alpha+\frac{f}{F}\right) \tag{3.26}$$

式中　K——仪器常数。

K 值一般定为 0.2、0.3、0.4、0.6、0.8 等 5 个，分别标在斜管压力计的弧形支架上。此时，式 $p_{\text{工作}}=\rho g h=\rho g l\left(\sin\alpha+\dfrac{f}{F}\right)$ 可写为

$$p_{\text{工作}}=Kl\quad(\text{mmH}_2\text{O})$$

斜管式压力计结构紧凑、使用方便，适宜在周围气温为 $+10\sim+35℃$、相对湿度不大于 80%，且被测气体对黄铜、钢材无腐蚀的场合下使用，其测量范围为 $0\sim\pm2.0\times10^3\text{Pa}$，由于斜管的放大作用提高了压力计的灵敏度和读数的精度，最小可测量到 1Pa 的微压。

使用前首先将酒精（$\rho=0.81\text{g/cm}^2$）注入压力计的容器内，调好零位。压力计应放置平稳，以水准气泡调整底板，保证压力计的水平状态。根据被测压力的大小选择仪器常数 K，并将斜管固定在支架相应的位置上。按测量的要求将被测压力接到压力计上，可测得全压、静压和动压。

根据实验，斜管的倾斜角度不宜太小，一般以不小于 15°为宜；否则读数会困难，反而增加测量的误差。应注意检查与压力计连接的橡皮管各接头处是否严密。测定完毕应将酒精倒出。

4. 液柱式压力计的校验

液柱式压力计除了定期更换工作液体、清洗测量玻璃管外，一般不需要校验。如有特殊要求或者需精确测量时，可用 0.5 级标准液柱式压力计与被校压力计比较，计算出误差。

将标准压力计和被校压力计注入相同的工作液体，均调好零位。U 形管压力计、单管式压力计应保证垂直放置，斜管式压力计应保证水平放置。用三通接头和橡皮管把标准压力计和被校压力计连接。加压校验时，U 形管压力计、单管式压力计可每隔 50mmH₂O 校对一点；对于斜管式压力计可分几段进行，25mmH₂O 以下这段每 1mm 都应校对，$25\sim80$mmH₂O 这段可每隔 5mm 校对一点，80mmH₂O 以上这段可每隔 10mm 校对一点。应当指出的是，每个校验点都应做正、反两个

行程的校验。

3.5.2 波纹管压力计

用波纹管作为感受压力的敏感元件的压力计，叫做波纹管压力计。

波纹管又称皱纹箱，它是一种表面有许多同心环状波形皱纹的薄壁圆管。

波纹管可以分成单层的和多层的。在总的厚度相同的条件下，多层波纹管的内部应力小，能承受更高的压力，耐久性也有所增加。由于各层间的摩擦，使多层波纹管的滞后误差加大。

在压力或轴向力的作用下，波纹管将伸长或缩短，由于它在轴向容易变形，所以灵敏度较高。当波纹管作为压力敏感元件时，将波纹管开口的一个端面焊接于固定的基座上，压力由此传至管内，在压力差的作用下，波纹管伸长或压缩，一直到压力为弹性力平衡为止，这时管的自由端就产生一定位移，通过传动放大机构后使指针转动。管的自由端的位移与所测压力成正比。

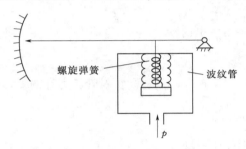

图 3.18 波纹管压力计

波纹管对于低压力比弹簧管和膜片灵敏得多，而且所产生的用以转动指针或记录笔的力也有所增大，其缺点是迟滞值太大（5％～6％），因而在用作压力敏感元件时常和刚度比它大 5～6 倍的弹簧一起使用，这样可使迟滞值减少至 1％，其结构示意如图 3.18 所示。

3.5.3 霍尔式压力计

霍尔式压力计是利用霍尔效应制成的压力测量仪器。霍尔式压力计的原理如图 3.19 所示。

被测压力由弹簧管 1 的固定端引入，弹簧管自由端与霍尔片 3 相连接，在霍尔片的上下垂直安放着两对磁极，使霍尔片处于两对磁极所形成的非均匀线性磁场中，霍尔片的 4 个端面引出 4 根导线，其中与磁钢 2 相平行的两根导线与直流稳压电源相连接，另两根用来输出信号。当被测压力引入后，弹簧管自由端产生位移，从而带动霍尔片移动，改变了施加在霍尔片上的磁感应强度，依据霍尔效应进而转换成霍尔电势的变化，达到了压力—位移—霍尔电势的转换。

1. 压力—霍尔片位移转换

将霍尔片固定在弹簧管自由端。当被测压力作用于弹簧管时，把压力转换成霍尔片的线性位移。

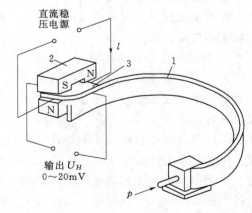

图 3.19 霍尔式压力计
1—弹簧管；2—磁钢；3—霍尔片

2. 非均匀线性磁场的产生

为了达到不同的霍尔片位移，施加在霍尔片上的磁感应强度 B 不同，又要保证霍尔片位移—磁感应强度 B 的线性转换，就需要一个非均匀线性磁场。非均匀线性磁场是靠极靴的特殊几何形状形成的。

3. 霍尔片位移—霍尔电势转换

当霍尔片处于两对极靴间的中央平衡位置时，由于霍尔片左、右两半所通过的磁通方向相反、大小相等、互相对称，故在霍尔片左、右两半上产生的霍尔电势也大小相等、极性相反。因此，从整块霍尔片两端导出的总电势为零，当有压力作用时，霍尔片偏离极靴间的中央平衡位置，霍尔片两半所产生的两个极性相反的电势大小不相等，从整块霍尔片导出的总电势不为零。压力越大，输出电势越大。沿霍尔片偏离方向上的磁感应强度的分布呈线性状态，故霍尔片两端引出的电势与霍尔片的位移呈线性关系，即实现了霍尔片位移和霍尔电势的线性转换。

霍尔压力计应垂直安装在机械振动尽可能小的场所，且倾斜度小于 3°。当介质易结晶或黏度较大时应加装隔离器。通常情况下，以使用在测量上限值 1/2 左右为宜，且瞬间超负荷应不大于测量上限的 2 倍。由于霍尔片对温度变化比较敏感，当使用环境温度偏离仪表规定的使用温度时要考虑温度附加误差，采取恒温措施（或温度补偿措施）。此外，还应保证直流稳压电源具有恒流特性，以保证电流的恒定。

3.6　流 量 测 量 仪 表

流量测量仪表英文名称是 flowmeter，全国科学技术名词审定委员会把它定义为：指示被测流量和（或）在选定的时间间隔内流体总量的仪表。简单来说，就是用于测量管道或明渠中流体流量的一种仪表。

流量测量仪表又分为有差压式流量计、转子流量计、节流式流量计、细缝流量计、容积流量计、电磁流量计、超声波流量计等。按介质分类，有液体流量计和气体流量计。

流量以体积单位表示的为体积流量（m³/h）；流量以质量单位表示的为质量流量（kg/h）。质量流量与体积流量的关系为

$$G = \rho L \tag{3.27}$$

式中　G——流体的质量流量，kg/h；

　　　ρ——流体的密度，kg/m³；

　　　L——流体的体积流量，m³/h。

其中密度 ρ 是随流体的状态参数而变化的，所以在给出体积流量的同时也应给出流体的状态参数。

流量的测量有直接法和间接法。直接法是以标准体积和标准时间为依据，准确测量出某一时间内流过的流体总量，计算出单位时间的平均流量。间接法是通过测量与流量有对应关系的物理变化而求出流量，这是工程上和科学实验中常采用的方法。间接法测量流量的仪表有很多，大体分为容积式和速度式两大类。

本节主要就常用的几种速度式流量计加以介绍。

3.6.1　差压式流量计

差压式（也称节流式）流量计是基于流体流动的节流原理，利用流体流经节流装置时产生的压力差而实现流量测量的。它是目前生产中测量流量最成熟、最常用的方法之一。通常是由能将被测流量转换成压差信号的节流装置和能将此压差转换成对应的流量值显示出来的差压计以及显示仪表所组成。在单元组合仪表中，由节流装置产生的压差信号经常通过差压变送器转换成相应的标准信号（电的或气的），以供显示、记录或控制用。

图 3.20　转子流量计

1. 转子流量计

转子流量计是根据节流原理测量流体流量的，但它是改变流体的流通面积来保持转子上下的差压恒定，故又称为变流通面积恒差压流量计，也称为浮子流量计。

转子流量计如图 3.20 所示。它由一个向上渐扩的圆锥管和在管内随流量大小而上下浮动的转子（也称浮子）组成。当流体流经转子与圆锥管之间的环形缝隙时，因节流产生的压力差 p_1-p_2 的作用使转子上浮。当作用于转子的向上力与转子在流体中的重力相平衡时，转子就稳定在管中某一位置。此时若加大流量，压差就会增加，转子随之上升，因转子与圆锥管间的流通面积的增大，从而又使压差减小恢复到原来的数值，这时转子却已平衡于一个新的位置。若流量减小，上述各项变化亦相反。总之，在测量过程中因转子位置的变化而使环形流通面积发生了变化；因转子的重量是不变的，无论其处于任何位置，其两端的压差均是不变的。转子流量计就是利用转子平衡时位置的高低求得流量值的。

经分析，转子流量计的流量方程为

$$L=h[\varepsilon\alpha\pi(R+r)\tan\varphi]\sqrt{\frac{2}{\rho}\Delta p} \tag{3.28}$$

$$\Delta p=\frac{V}{f}(\rho_\mathrm{j}-\rho)g \tag{3.29}$$

式中　L——被测流体的流量；

$\qquad h$——转子平衡位置的高度；

$\qquad \varepsilon$——流体膨胀修正系数；

$\qquad \alpha$——流量系数；

$\quad R，r$——圆锥管 h 处截面半径和转子最大处的截面半径；

$\qquad \varphi$——圆锥管的夹角；

$\quad \rho，\rho_\mathrm{j}$——流体和转子的密度；

$\qquad \Delta p$——转子前后的压差；

$\qquad V$——转子的体积；

f——转子最大截面积。

转子流量计中转子的材料依被测流体的化学性质而定，有铜、铝、铅、不锈钢、塑料、硬橡胶、玻璃等。圆锥管的材料，对直读式多用玻璃管（又称为玻璃转子流量计），对远传式多用不锈钢的。

转子流量计是非标准化仪表，通常经实测来标记刻度值，标尺标以流量单位，如 m^3/h 等。转子流量计适宜测量各种气体、液体和蒸汽等的流量。其测量范围，对液体可从每小时十几升到几百立方米，对气体可达几千立方米。其基本测量误差约为刻度最大值的 $\pm 2\%$。转子流量计应垂直安装，不允许有倾斜，被测流体应自下而上，不能反向。必须注意转子直径最大处是读数处。使用时应缓慢旋开控制阀门，以免突然开启转子急剧上升而损坏玻璃管。

转子流量计出厂时已经标定。标定时水的参数为 $T_0 = 273°C + 20°C$，$p_j = 101325Pa$，$\rho = 998kg/m^3$，$\mu = 1.0 \times 10^{-3} Pa \cdot s$。空气的参数为 $T_0 = 273°C + 20°C$，$\varphi = 80\%$，$p_j = 101325Pa$，$\rho = 1.2kg/m^3$，$\mu = 1.73 \times 10^{-6} Pa \cdot s$。

转子流量计的校验，通常是使标准状态下的水（或空气）流过流量计，测出水（或空气）注满容器所需的时间，按下面两式求出实际流量值，即

$$L_1 = \frac{60V}{\tau} \tag{3.30}$$

或

$$L_2 = \frac{3.6V}{\tau} \tag{3.31}$$

式中　L_1——经过流量计的实际流量，L/min；

L_2——经过流量计的实际流量，m^3/h；

V——容器的体积，L；

τ——流体注满容器所需的时间，s。

将实际流量值与转子流量计指示值进行比较，从而可确定被校转子流量计的误差。

使用时，若所测流体的密度、温度、压力与标定状态不同，应予以修正。

（1）测量液体时，有

$$L = L_N \sqrt{\frac{\rho_0(\rho_j - \rho)}{\rho(\rho_j - \rho_0)}} \tag{3.32}$$

当 $\rho_j \gg \rho_0$，$\rho_j \gg \rho$ 时，$L = L_N \sqrt{\dfrac{\rho_0(\rho_j - \rho)}{\rho(\rho_j - \rho_0)}}$ 可简化为

$$L = L_N \sqrt{\frac{\rho_0}{\rho}} \tag{3.33}$$

（2）测量气体时，有

$$L = L_N \sqrt{\frac{\rho_0}{\rho}} \sqrt{\frac{p_0 T}{p T_0}} \tag{3.34}$$

当被测气体与标定气体相同时，$L = L_N \sqrt{\dfrac{\rho_0}{\rho}} \sqrt{\dfrac{p_0 T}{p T_0}}$ 可简化为

$$L = L_N \sqrt{\frac{p_0 T}{p T_0}} \tag{3.35}$$

式中　L——实际流量值；

L_N——刻度流量值（标定流量值）；

ρ_0——标定时介质的密度；

ρ_j——转子的密度；

p_0——标准状态下空气的绝对压力；

T_0——标准状态下空气的绝对温度；

p——被测空气的绝对压力；

T——被测空气的绝对温度。

2. 孔板流量计和喷嘴流量计

孔板流量计是将标准孔板与多参数差压变送器（或差压变送器、温度变送器及压力变送器）配套组成的高量程比差压流量装置，可测量气体、蒸汽、液体及引的流量，广泛应用于石油、化工、冶金、电力、供热、供水等领域的过程控制和测量。节流装置又称为差压式流量计，是由一次检测件（节流件）和二次装置（差压变送器和流量显示仪）组成，广泛应用于气体、蒸汽和液体的流量测量，具有结构简单、维修方便和性能稳定的特点。

喷嘴流量计是测量流量的差压发生装置，配合各种差压计或差压变送器可测量

图 3.21　孔板流量计

管道中各种流体的流量。标准喷嘴节流装置与差压变送器配套使用，可测量液体、蒸汽、气体的流量，广泛应用于石油、化工、冶金、电力、轻工等部门。

流体流经节流装置（如孔板）时其现象如图 3.21 所示。当流体遇到节流装置时，流体的流通面积突然缩小使流束收缩，在压头的作用下流体的流速增大，在节流孔后，由于流通面积又变大，使得流束扩大、流速降低。

与此同时，节流装置前后流体的静压力出现压力差 Δp，$\Delta p = p_1 - p_2$，并且 $p_1 > p_2$，这就是节流现象。流体的流量越大，节流装置前后的压差也就越大。因此即可通过测得压差来求得流量的大小。

不可压缩流体的体积流量方程式为

$$L = \alpha F_0 \sqrt{\frac{2(p_1 - p_2)}{\rho}} \tag{3.36}$$

质量流量方程式为

$$G = \alpha F_0 \sqrt{2\rho(p_1 - p_2)} \tag{3.37}$$

式中　L——流经节流装置的体积流量，$\mathrm{m^3/s}$；

　　　G——流经节流装置的质量流量，$\mathrm{kg/s}$；

　　　α——流量系数，一般由实验确定；

　　　F_0——节流装置开孔截面积，$\mathrm{m^2}$；

　　　ρ——流体的密度，$\mathrm{kg/m^3}$；

p_1，p_2——节流装置前、后的静压，Pa。

在工程中为了简化计算，给出实用流量方程。如孔板为

$$L = 0.04\alpha\varepsilon d^2 \sqrt{\frac{\Delta p}{\rho}} = 0.04\alpha\varepsilon mD^2 \sqrt{\frac{\Delta p}{\rho}}$$

$$G = 0.04\alpha\varepsilon d^2 \sqrt{\rho\Delta p} = 0.04\alpha\varepsilon mD^2 \sqrt{\rho\Delta p} \quad (3.38)$$

$$m = \frac{F_0}{F} = \frac{d^2}{D^2}$$

式中　L——体积流量，m^3/h；

　　　G——质量流量，kg/h；

　　　ε——流体膨胀校正系数，对于不可压缩流体 $\varepsilon = 1$，对于可压缩流体 $\varepsilon < 1$；

　　　Δp——孔板前后的静压差，Pa；

　　　m——孔板开孔面积与管道内截面积之比；

　　　F——管道内截面积，mm^2；

　　　F_0——孔板开口面积，mm^2；

　　　D——管道内径，mm。

　　流量方程中流量系数的确定是个十分重要的问题。当采用标准节流装置和取压方式（角接取压）后，流量系数取决于雷诺数 Re 和截面比 m，这些可从有关设计、使用手册中查出。

　　常用的标准孔板是一块开有与管道同心的圆孔且直角入口边缘非常尖锐的金属薄板，如图 3.22 所示。用于不同管道直径的标准孔板，其结构呈几何相似形状。一般孔板边缘厚度 $e = (0.005 \sim 0.02)D$（管道内径），当孔板厚度 $E > 0.02D$ 时，出口侧应有一个向下游扩散开的光滑锥面，其斜角应为 $30° \sim 45°$。安装孔板时与管道轴线的垂直偏差不得超过 $\pm 1°$。

图 3.22　标准孔板

　　标准喷嘴是由两个圆弧曲面构成的入口收缩部分和与之相接的圆筒形喉口部分组成的，如图 3.23 所示。用于不同管道直径的标准喷嘴其结构也呈几何相似形状。

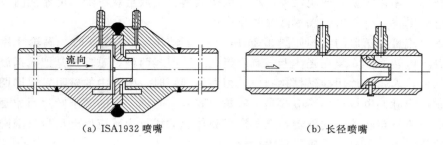

(a) ISA1932 喷嘴　　　　　　　　　(b) 长径喷嘴

图 3.23　标准喷嘴

　　喷嘴型线包括进口端面 A、下游侧端面 B、第一圆弧曲面 C_1、第二圆弧曲面 C_2、圆筒形喉部 e、喉部出口边缘保护槽 H 等几部分。

　　型线 A、C_1、C_2、e 之间必须相切，不能有不光滑部分，C_1、C_2 的圆弧半径 r_1、r_2 的加工公差如下。

　　当 $\beta \leqslant 0.5$ 时，　　　　$r_1 = 0.2d \pm 0.022d$，$r_2 = \dfrac{d}{3} \pm 0.03d$　　　　　(3.39)

当 $\beta > 0.5$ 时，$\qquad r_1 = 0.2d \pm 0.006d, r_2 = \dfrac{d}{3} \pm 0.01d \qquad\qquad (3.40)$

其中，$\beta = \dfrac{d}{D}$，即 β 为孔口直径 d 与管道直径 D 之比。

当 $\beta > \dfrac{2}{3}$ 时，直径为 $1.5d$，大于管道内径 D，应将喷嘴上游侧端面去掉一部分，即图 3.23（b）中 ΔL 部分，即

$$\Delta L = \left[0.2 - \left(\frac{0.75}{\beta} - \frac{0.25}{\beta^2} - 0.5225 \right)^{\frac{1}{2}} \right] d \qquad\qquad (3.41)$$

喷嘴厚度 $E < 0.1D$。保护槽 H 的直径至少为 $1.06d$，轴向长度最大为 $0.03d$。

根据国际标准化组织（ISO）的建议，对于单个喷嘴的空气流量计算式为

$$L = 1.41CF_n \sqrt{\frac{2}{\rho_n} \Delta p_n}$$
$$G = 2CF_n \sqrt{\Delta p_n \rho_n} \qquad\qquad (3.42)$$

式中　L——流经喷嘴的空气流量，$\mathrm{m^3/s}$；

$\quad\quad G$——流经喷嘴的空气质量流量，$\mathrm{kg/s}$；

$\quad\quad C$——喷嘴的流量系数；

$\quad\quad F_n$——喷嘴喉口面积，$\mathrm{m^2}$；

$\quad\quad \rho_n$——空气的密度，$\mathrm{kg/m^3}$；

$\quad\quad \Delta p_n$——喷嘴前后的静压差，Pa。

采用标准节流装置时应注意以下几点，被测流体应是单相、均匀、无旋转且是满管、连续、稳定地流动，流束与管道轴线平行。所接管道应是直的圆形管道，节流装置前后应有足够长度，具体可参阅有关资料。

3.6.2　涡轮流量变送器

涡轮流量变送器是采用先进的超低功耗单片微机技术研制的涡轮流量传感器与显示积算一体化的新型智能仪表，具有机构紧凑、读数直观清晰、可靠性高、不受外界电源干扰、抗雷击、成本低等明显优点。

涡轮流量变送器的结构如图 3.24 所示。当流体经过变送器时，涡轮叶片 5 旋转。磁—电转换器 6 装在壳体上，有磁阻式和感应式两种。磁阻式是把磁钢放在感应线圈内，涡轮叶片用导磁材料制成，当涡轮旋转时，磁路中的磁阻发生周期性变化，感应出脉冲电信号。感应式是在涡轮内腔放一磁钢，它的转子叶片用非磁性材料制成，磁钢与转子一同旋转，在固定于壳体上的线圈内感应出电信号。因磁阻式装置比较简单、可靠，故应用较为广泛。

感应电信号的频率与被测流体的体积流量成正比。

涡轮流量计的显示仪表通常为脉冲频率测量和计数的仪表，可将涡轮流量变送器输出的单位时间内的脉冲总数按瞬时流量和累计流量显示出来。

由于涡轮流量变送器的信号能远距离传送、精度高、反应快、量程宽、线性好，且具有体积小、耐高压、压力损失小等特点，它得到了广泛的应用。

涡轮流量变送器应水平安装，在仪器前应装设过滤器。为保证流场稳定，流量变送器前后应有 15 倍的变送器内径的直管段。

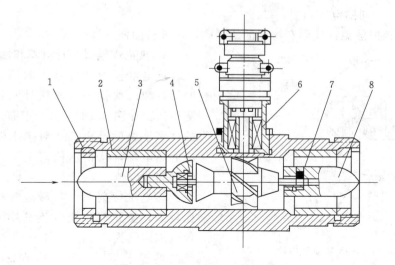

图 3.24　涡轮流量变送器结构

1—紧固环；2—壳体；3—前导流器；4—止推片；5—涡轮叶片；

6—磁—电转换器；7—轴承；8—后导流器

3.7　辐 射 热 测 量 仪 表

辐射热测量仪表是热能辐射转移过程的量化检测仪器，是用于测量热辐射过程中热辐射迁移量的大小、评价热辐射性能的重要工具，即热辐射的大小表征热辐射能量转移的程度。换句话说，热辐射计是测量热辐射能量传递大小和方向的仪器。

1. 辐射热温计

辐射热温计通常作为测定平均辐射热强度的仪器，其组成如图 3.25 所示。它是由一个体积较大的黑球和温度计组成。黑球为一直径 150mm 左右、厚约 0.5mm 的中空铜球，外表面用胶液混合煤烟涂成黑色，温度计用橡皮塞固定在黑球上，其温包位于黑球的中心位置。

图 3.25　辐射热温计

测定时将黑球挂于被测地点，待温度计稳定后读取温度值。同时需测出黑球附近的气流速度和气温。测气温时，要对温度计加以屏蔽，防止辐射。

被测地点的平均辐射热强度为

$$E=0.4\times\left[\left(\frac{273.15+t_f}{100}\right)^4+2.45\sqrt{v_k}(t_f-t_k)\right]\qquad(3.43)$$

式中　E——平均辐射热强度，$kcal/(m^2 \cdot h)$；

　　　t_f——黑球温度，℃；

　　　v_k——周围空气流速，m/s；

t_k——周围空气温度，℃。

一般辐射热温计还附有特制的线解图，可进行简便运算。

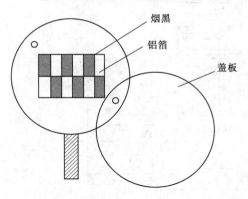

图 3.26　热电堆辐射热计（单相）

2. 热电堆辐射热计（单相辐射热计）

热电堆辐射热计是由敏感元件（热电偶）和二次仪表（毫伏计）组成。其测头构造如图 3.26 所示。正面黑白相间的许多小块就是由 240 对热电偶串联组成的热电堆，从指示仪表上可直接读得辐射热强度值。

热电堆辐射热计灵敏度和稳定性都比较高，测定时不受气流的影响。其测量范围通常为 $0 \sim 10cal/(cm^2 \cdot min)$。当热电堆置于 $E > 7.5cal/(cm^2 \cdot min)$ 的

场合时，不宜超过 3s，以免损坏元件。当辐射热源的温度不超过 2200℃ 时，其测量误差一般不超过 $0.5cal/(cm^2 \cdot min)$。热电堆表面不能碰撞和触摸，不用时应注意将盖板盖好。

3.8　GDYK‐206 甲醛测定仪

甲醛测定仪是一款全新的室内甲醛与 TVOC 二合一监测仪器，产品内置电化学甲醛传感器和 TVOC 传感器，通过微电脑处理后，以 LCD 数字方式显示测量结果，同时具有温度、湿度、时钟功能，可对室内甲醛和 TVOC 浓度提供全天 24h 不间断实时监测。

1. 应用领域

适用于环境和室内空气中甲醛的测定。

2. 技术指标

(1) 测定下限：$0.01mg/m^3$（采样体积为 5L）。

(2) 测定范围：$0.00 \sim 3.50mg/m^3$（采样体积为 5L）。

(3) 测量精度：±5%。

(4) 测量方法：《室内环境空气中甲醛测定方法》（GB/T 18204.26—2000）酚试剂法。

(5) 光源：波长为 630nm。

3. 所需试剂

(1) 去离子水或蒸馏水。

(2) 甲醛试剂（一）、（二）。

4. 操作步骤

(1) 安装大气采样器。

(2) 配制吸收液。

(3) 采样。

(4) 显色。

（5）测量。

5. 空气中甲醛标准方法浓度计算公式

$$C = \frac{C_0}{V_0} \times 5 \tag{3.44}$$

式中　C——空气中甲醛的浓度，mg/m^3；

　　　C_0——甲醛测定仪显示值；

　　　V_0——标准状态下的采样体积，L；

　　　5——吸收液的体积，mL。

6. 结构判定

（1）显色后样品比色瓶中溶液显淡蓝色或蓝色，说明空气中可能含有甲醛，颜色越深说明甲醛含量越高。

（2）根据仪器测量结果，与国际限量进行比较，判断出空气中的甲醛是否超标。《室内环境空气中甲醛测定方法》（GB/T 18883—2002）中规定，空气中甲醛国标限量为 $0.10mg/m^3$。

3.9　testo 885 热成像仪

红外热像科技源于军用，逐渐转为民用。在民用中一般叫热像仪，主要用于研发或工业检测与设备维护中，在防火、夜视及安防中也有广泛应用。

热成像仪是利用红外探测器和光学成像物镜接收被测目标的红外辐射能量并反映到红外探测器的光敏元件上，从而获得红外热像图，这种热像图与物体表面的热分布场相对应。通俗地讲，热像仪就是将物体发出的不可见红外能量转变为可见的热图像。热图像上面的不同颜色代表被测物体的不同温度。

1. 使用

testo 885 是一款坚固耐用的手持式热成像仪，它通过非接触式测量来显示表面温度场的分布。

（1）典型的应用。

1）建筑检测：建筑能耗评估以及暖通空调系统的检查。

2）预防性维护（检修）：系统和机器的机械电气检查。

3）生产监控（质保）：监控生产过程。

4）专业能耗咨询，检漏。

5）检测太阳能组件。

（2）testo 885 类型。

1）testo 885 - 1。高质量广角镜头 32°×23；探测器（像素）320×240；NETD<30mK（在 30℃ 时）；2GB SD 卡储存约 2000～3000 张图片；最小焦距 0.1m；触摸屏；内置可见光拍摄组件，带 LED 照明灯；自动对焦；等温区域显示；区域最小/最大/平均值；图片拼接向导；可旋转手柄；可折叠、可旋转显示屏。

2）testo 885 - 2。更多/不同的功能/特性：长焦镜头（选配），通过输入环境温湿度获得表面湿度分布成像；测量地址自动识别功能；录音功能；高温测量（选配）。

2. 红外热像仪的构成

（1）红外镜头。接收和汇聚被测物体发射的红外辐射。

（2）红外探测器组件。将热辐射信号变成电信号。

（3）电子组件。对电信号进行处理。

（4）显示组件。将电信号转变成可见光图像。

（5）软件。处理采集到的温度数据，转换成温度读数和图像。

3.10   PTH－A24 精密温湿度巡检仪

巡检仪是一种工业测控仪表，它可以与各类传感器、变送器配合使用，可对多路温度、压力、液位、流量、重量、电流、电压等工业过程参数进行巡回检测、报警控制、变送输出、数据采集及通信。

1. 仪器特点

PTH－A24 型精密温湿度巡检仪具有以下特点。

（1）测量准确度高，抗干扰能力强。

（2）采用进口 Pt100（铂）电阻做测温传感器，测温准确、稳定。

（3）采用通风干湿球法测量相对湿度，避免了风速对湿度测量的影响。

（4）铂电阻传感器与仪表采用四线制连接，消除引线电阻。

（5）采用 Wexler 方法处理湿度转换，使湿度测量范围更宽、更准确。

（6）开机无需预热，系统具有自动开机校准功能，可以输入并保存 30 组传感器修正系数，并消除传感器因偏离 IEC 分度表而引起的误差。

（7）带 160×80 点阵液晶显示屏，可显示 24 通道温度及 4 通道湿度数据。

2. 仪器指标

（1）测量范围温度（1）：$-200 \sim 500℃$。

（电测部分）：湿度：$10\% \sim 100\% RH$。

电阻：$0 \sim 300\Omega$。

测量范围温度（2）：$0.01℃$。

湿度：$0.01\% RH$。

电阻：0.0001Ω（100Ω 以上 0.001Ω）。

（2）准确度：（电测部分）温度最高达 $\pm 0.01℃$。

（$23℃ \pm 3℃$）电阻：$0.002\% F.S. + 0.005\%$ 读数。

整体误差（电测＋传感器）：温度：$\pm(0.1 \sim 0.2)℃$。

湿度：$\pm 1.5\% RH$。

测量通道数：24 路铂电阻温度测量＋4 路湿度测量。

使用环境条件：$0 \sim 4℃$，$20\% \sim 90\% RH$。

仪表外形尺寸/质量：$310mm \times 260mm \times 110mm/3kg$。

仪表供电电源：交流 $220V^{+10\%}_{-15\%}$、$50Hz \pm 2Hz$、$10W$。

3.11　空气质量检测仪

随着经济的发展、人民生活品位的提高，越来越多的人开始注重健康和环保。空气质量检测仪可以用来检测甲醛、PM2.5、TVOC 和温湿度。

空气质量检测仪侧面带有光敏传感器，能自动感应环境中光线的强弱，从而自动调节屏幕的亮度。当外界光线非常强时，检测仪显示屏会自动提高亮度，以保证显示画面清晰。而在光线昏暗的晚上会自动降低亮度，保证不刺眼。

空气质量检测仪内部自带 1000mAh 的可充电锂电池，配备标准 Micro USB 充电口进行充电。侧面带有充电指示灯，充电时显示红色，充满时显示绿色。实测充满电后能持续使用 2～3h。

空气质量检测仪采用 4.7 英寸彩色液晶屏，可实时清晰地显示污染物浓度和报警状态。

1. 空气质量检测仪原理

空气质量检测仪是一款能实时检测甲醛、PM2.5、TVOC 和温湿度的产品，其小巧精致、携带方便。通过其内部的原装进口传感器，能准确测量出污染物浓度，并计算出空气质量指数 AQI，当浓度超标时报警。空气质量检测仪原理为检测前端甲醛传感器、PM2.5 传感器、TVOC 传感器以及温湿度传感器的信号，通过运算放大器将传感器的微弱信号放大，并通过滤波电路去除噪声干扰，然后通过 A/D 采集，采用 32 位高精度 CPU 处理计算，并转化为污染物浓度值，并在液晶屏上加以显示。

2. 空气质量检测仪配套的传感器

空气质量检测仪内部配备了多种气体传感器，分别有甲醛传感器、PM2.5 传感器、TVOC 传感器及温湿度传感器。

(1) 甲醛传感器原理和技术指标。采用英国达特两电极电化学传感器，通过扩散原理，不需要气泵抽取，是一款能真正实现连续测量的甲醛传感器，已被国际甲醛检测领域权威部门认可。

当有甲醛存在时会产生很小的直流电流，结合高精度放大电路和 A/D 采样，可测量甲醛浓度。

技术指标如下。

测量范围：$0.00～5.00mg/m^3$。

分辨率：$0.01mg/m^3$。

测量精度：$\pm5\%$。

测量原理：电化学。

(2) PM2.5 传感器原理和技术指标。PM2.5 传感器使用韩国进口传感器，采用光散射原理，其内部对角安放着红外线发光二极管和光电晶体管，它们的光轴相交，当带灰尘的气流通过光轴相交的交叉区域时，粉尘对红外光反射，反射的光强与灰尘浓度成正比。

技术指标如下。

测量范围：$0～999\mu g/m^3$。

分辨率：$1\mu g/m^3$。

测量精度：$\pm 5\%$。

测量原理：光散射。

（3）TVOC 传感器原理和技术指标。TVOC 是总有机挥发物的总称，TVOC 可有臭味，具刺激性，能引起机体免疫水平失调，影响中枢神经系统功能，出现头晕、头痛、嗜睡、无力、胸闷等自觉症状；还可能影响消化系统，出现食欲不振、恶心等症状，严重时可损伤肝脏和造血系统，出现变态反应等。

测量传感器采用韩国进口传感器。

技术指标如下。

测量范围：$0.00\sim 9.99mg/m^3$。

分辨率：$0.01mg/m^3$。

测量精度：$\pm 10\%$。

测量原理：半导体。

（4）温湿度传感器原理和技术指标。温湿度传感器采用美国进口 Honeywell（霍尼韦尔）温湿度传感器，经过原厂出厂校准，精度高，稳定性好。

技术指标如下。

温度范围：$-40\sim 100℃$。

测量精度：$0.5℃$。

湿度范围：$0\sim 99\%RH$。

测量精度：$\pm 4\%$。

第 2 部分

专业基础课程实验

实验一　稳态球体法测定粒状材料导热系数

一、实验目的

（1）在稳定状态下，学会用圆球法测定颗粒状材料的导热系数，巩固傅里叶定律分析一维稳态导热问题的基本理论。

（2）掌握实验原理、实验装置的结构和系统以及所用仪表及测量方法。

（3）学会使用电位差计。

二、测试原理方法

1. 热量的测量

在有关传热的实验中，测量热量是十分必要的。最简单而又最精确的测量热量的方法是用电流加热物体，即在研究的物体内安装一个电热器，以电流通过电阻而使电能转化为热能（如电炉等），只要量出通过电加热器的电流和电压降就可以根据焦耳-楞次定律把热量计算出来，即

$$R = \frac{U}{I} \tag{4.1}$$

式中　I——电加热器的电流，A；

　　　U——电加热器的两端电压，V。

2. 温度的测量

传热学实验中温度测量常用水银温度计和热电偶。水银温度计使用方便，价格便宜，测量结果准确，但只是用于测量流体的温度，测量壁温时误差较大。所以在实验中广泛使用热电偶测温。用热电偶测温的优点是使用方便、灵敏度高、测点容易布置，适宜于测量表面温度。下面简单介绍热电偶测温原理。

图 4.1 所示为两种导体 A 和 B 连成的闭合回路。良导体的连接点 1 和 2 用电容焊接。由于导体 A 和 B 的自由电子密度不同，在接点处便发生了电子扩散

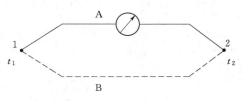

图 4.1　热电偶测温原理

作用，若金属 A 的自由电子密度大于金属 B 的自由电子密度，于是金属 A 失去电子带正电荷，金属 B 获得电子而带负电荷，在接点上就产生了电动势，自由电子的扩散随着温度的升高而加剧。当接点 1 和接点 2 存在温差 $t_1 > t_2$ 时，则 1 点电势大于 2 点电势，因而回路中有电流通过，若在回路中接上电位差计，其指针就偏转。当 $t_1 - t_2 = \Delta t$ 且越大时，电动势也就越大，指针偏转角度也越大。利用这一原理借助热电偶及电位差计测量温度。导体 A、B 的组合体称为热电偶，导体 A、B 称为热电级，两个接点中高温的一端称为热端，低温的一端称为冷端。

由于热电偶测量是以电动势（电位差）显示出来，它不能直接显示出所测温度数值，因此需通过查阅热电偶分度表得出一定电势差值下对应的温度数值。

3. 导热系数 λ 的测量

圆球法是以空心球壁的一维稳态导热规律为基础的。设有一空心球壳，如果其内壁与外壁温度均为 t_1 和 t_2，空心球壳内外直径分别为 d_1、d_2，则按傅里叶定律，有

$$Q = -\lambda F \frac{dt}{dr} = -4\lambda\pi r^2 \frac{dt}{dr} \tag{4.2}$$

对于大多数材料来说，这一狭窄的温度范围内可能认为导热系数 λ 随温度 t 作直线变化，即

$$\lambda = \lambda_0(1 + bt) \tag{4.3}$$

式中　λ_0——0℃时材料的折算导热系数；

　　　b——比例常数。

将式（4.3）代入式（4.2）中得

$$Q = -\lambda_0(1 + bt) \cdot 4\lambda\pi r^2 \frac{dt}{dr}$$

分离变量后积分，得

$$t + bt^2 = \frac{Q}{4\pi\lambda_0} \cdot \frac{1}{r} + C$$

当 $r = r_1$、$t = t_1$ 时有

$$t_1 + \frac{b}{2}t_1^2 = \frac{Q}{4\pi\lambda_0} \cdot \frac{1}{r_1} + C \tag{4.4}$$

当 $r = r_2$、$t = t_2$ 时有

$$t_2 + \frac{b}{2}t_2^2 = \frac{Q}{4\pi\lambda_0} \cdot \frac{1}{r_2} + C \tag{4.5}$$

用式（4.5）减去式（4.4），消去 C 得

$$t_2 - t_1 + \frac{b}{2}(t_1^2 - t_2^2) = \frac{Q}{4\pi\lambda_0} \cdot \left(\frac{1}{r_1} - \frac{1}{r_2}\right)$$

因此得到球体稳定导热时傅里叶定律的积分形式为

$$Q = \frac{2\pi\lambda_{av}(t_2 - t_1)}{\frac{1}{d_1} - \frac{1}{d_2}} \quad W \tag{4.6}$$

其中

$$\lambda_{av} = \lambda_0\left(1 + b\frac{t_1 + t_2}{2}\right) = \lambda_0(1 + bt_{av})$$

$$t_{av}=\frac{t_1+t_2}{2}$$

因此测得 λ_{av} 只需测出球的内外径 d_1、d_2，热量 Q 及试件内外表面温度 t_1、t_2，代入式（4.6）即可求得。若要求系数 b，调节在不同的 t_1'、t_2' 下至另一 t_{av}' 下，利用式（4.3），得

$$\lambda_{av1}=\lambda_0(1+bt_{av1})$$
$$\lambda_{av2}=\lambda_0(1+bt_{av2})$$

可得

$$b=\frac{\frac{\lambda_{av1}}{\lambda_{av2}}-1}{t_{av1}-\frac{\lambda_{av1}}{\lambda_{av2}}\cdot t_{av2}}\lambda_0=\frac{\lambda_{av1}t_{av2}-\lambda_{av2}t_{av1}}{t_{av2}-t_{av1}}$$

三、实验装置

如图 4.2 所示，实验装置由两个很薄的同心圆球组成，内球外径 $d_1=80mm$，外球内径 $d_2=160mm$，内球内部装有电加热器，两球间填满粒状物质，当系统达到稳定后，由电热器产生热量 $Q=IU(\text{W})$，将全部通过中间粒状物质面传给外球铜壳，然后通过外球表面和空气之间的对流传给空气。

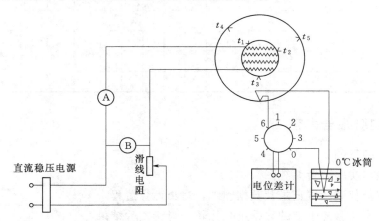

图 4.2　实验装置

内球表面有 t_1、t_2、t_3 这 3 组热电偶测内球外表面温度，外球内表面有 t_4、t_5、t_6 这 3 组热电偶测外球内表面温度。

四、实验步骤

（1）观察设备，了解球导仪的内部结构，记录仪表参数。

（2）将热电偶接线端子、电位差计、电压表、电流表按图 4.2 接好，将热电偶冷端插入冰筒。测冰筒温度如高于 0℃，应对冷端进行电势补偿。校正电位差计零点。

（3）将圆球内电加热器预热 2h 以上，以进入稳定导热状态。当内、外球表面的温度不再改变时记录数据，每隔 10min 记录一次，取 3 次的平均值进行计算。

（4）改变加热量，也就是改变输入圆球电加热器允许范围内的输出输入电压，

即所接可调稳压电源的输出电压值，重复上述实验，计算相应状态下的 λ 值。

（5）将两组实验数据整理即可算出 b、λ_0 值，得出该材料的导热系数与温度之间的线性变化关系。

五、数据整理

（1）原始数据。原始数据见表 4.1。

表 4.1　　　　　　　　　　　原　始　数　据

试材名称	内球外径 d_1/mm	外球内径 d_2/mm	备　　注
黄砂	80	160	

（2）测量数据及计算结果。将测得数据及计算结果填入表 4.2 中。

表 4.2　　　　　　　　　　　数　据　记　录　表

实验组数	次数	t_1		t_2	t_3	t_4	t_5	t_6		t_{av}	I	U	λ	b	λ_0
一	1														
	2									t_{av1} =					λ_{av1} =
	3														
二	1														
	2									t_{av2} =					λ_{av2} =
	3														

六、实验报告内容

（1）实验目的。

（2）画出实验装置系统图。

（3）测量仪表读数记录及数据整理，写出计算过程。

（4）与有关参考书上的数据进行比较，讨论实验结果。

（5）对实验方法提出自己的改进建议。

（6）回答思考题。

七、思考题

（1）为什么要待稳定后的数据才能记录？

（2）为什么以热电偶读数变化后作为设备是否达到稳定的依据？

（3）试分析材料厚薄的利弊。

（4）如何保证实验是在一维稳态导热条件下进行？

（5）支承杆对一维稳态温度场影响如何？何时最小？

（6）能不能用这个设备来测量金属或液体或气体的导热系数？

（7）能不能用这个设备来测量高温下绝热材料的导热系数？最高温度能达到多少？

（8）绝热材料导热系数的数量级是什么？

（9）物体导热系数越大，达到稳定的时间越短，对吗？为什么？

（10）若将实验装置做成方块套行不行？为什么？

实验二　非稳态（准稳态）法测量材料的导热性能

一、实验目的

（1）快速测量绝热材料的导热系数和比热容。

（2）掌握使用热电偶测量温差的方法。

二、实验原理

本实验是根据第二类边界条件，无限大平板的导热问题来设计的。设平板厚度为 2δ。初始温度为 t_0，平板两面受恒定的热流密度 q_c 均匀加热（图 4.3）。求任何瞬间沿平板厚度方向的温度分布 $t(x,\tau)$。平板中心面 $x=0$ 处和平板加热面 $x=\delta$ 处两面的温差为

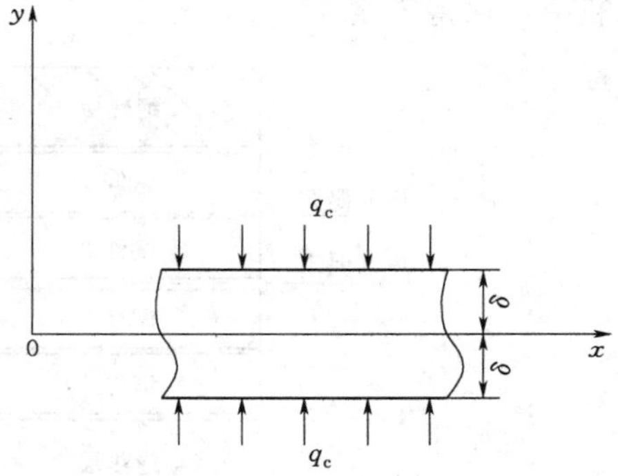

$$\Delta t = t(\delta,\tau) - t(0,\tau) = \frac{1}{2}\frac{q_c\delta}{\lambda}$$

得出导热系数为

图 4.3　第二类边界条件无限大平板
导热的物理模型

$$\lambda = \frac{q_c\delta}{2\Delta t} \tag{4.7}$$

式中　λ——平板的导热系数，$W/(m\cdot ℃)$；

　　　q_c——沿 x 方向给平板加热的恒定热流密度，W/m^2；

　　　δ——平板的厚度，m；

　　　Δt——两面的温差，℃。

根据热平衡原理，在准稳态下有

$$q_c F = \rho C\delta F\frac{\mathrm{d}t}{\mathrm{d}\tau} \tag{4.8}$$

式中　F——平板的横截面积；

　　　ρ——试件材料的密度；

　　　C——试件材料的比热容；

　　　$\dfrac{\mathrm{d}t}{\mathrm{d}\tau}$——准稳态时的温升速率。

由式（4.8）可求得比热容为

$$C = \frac{q_c}{\rho\delta\mathrm{d}t/\mathrm{d}\tau}$$

实验时，$\dfrac{\mathrm{d}t}{\mathrm{d}\tau}$ 以试件中心处为准。

三、实验装置

图 4.4 所示为准稳态平板法测试装置。利用 4 块表面平整、尺寸为 200mm×200mm×10mm 且完全相同的被测试件［材料为有机玻璃，其导热系数一般为 0.140～0.198W/(m·℃)］，每块试件厚度为 δ。将 4 块试件叠在一起并装入 2 个同样的高电阻康铜箔平面加热器，加热器面积和试件的相同。用导热系数比试件小得多的材料作绝缘层，力求减少通过试件的热量，使试件 1、4 与绝缘层的接触面接近绝热。这样可假定 q_c 等于加热器发出的热量的 1/2，即 $q_c = \dfrac{1}{2}\dfrac{Q}{F} = \dfrac{UI}{2F}$。利用热电偶测量试件 2 两面的温差及 2、3 接触面中心处的温升速率。热电偶冷端放在冰瓶中，保持零度。

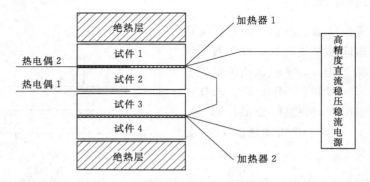

图 4.4　准稳态平板法测试装置

四、实验步骤

（1）按要求连接线路，接好热电偶与 SY821 型转换开关的导线及转换开关与 PZ158A 型直流数字电压表的连接。

（2）开启直流稳压稳流电源开关，先将稳压调节旋钮顺时针方向调节到最大，同时将稳流调节旋钮按逆时针方向调到最小。接上所需负载，再顺时针方向调节稳流旋钮使输出电流达到所需稳定电流值，电流值一般在 0.2A 左右，以保证恒定电流加热试件。

（3）启动秒表，每隔 1min 测量一次。经过一段时间后（一般在 10～20min）系统进入准稳态。待进入准稳态后记录数据，并记录电流和电压值。

（4）实验完毕后切断电源。

五、注意事项

（1）直流数字电压表使用前必须预热 1h（经剧烈条件变化或长期不用时预热时间在 2～3h）。在插上电源线前必须关闭电源开关，以免烧断熔丝。

（2）在使用直流数字电压表时，一般采用 200mV 量程测量，注意不要用手触摸其中一个金属端子，并保证测量两端子的热平衡后再进行调零或测量。

（3）必须把直流稳压稳流电源作为恒流源使用，电流一般在 0.2A 左右，加热功率在 10W 左右。

（4）测量时一定按下测量按钮，以免带来较大误差。同时测量应先测加热面温度，然后旋转转换开关测量中心面温度，并要求复位。

（5）实验要求一次成功，如中途失败需待试件冷却至室温后才能进行第二次测量。

实验三　强迫对流表面传热系数的测定

一、实验目的

（1）了解实验装置，熟悉空气流速及管壁温度的测量方法，掌握测试仪器、仪表的使用方法。

（2）测定空气横掠单管时的表面传热系数，掌握将实验数据整理成准则方程式的方法。

（3）通过对实验数据的综合整理，掌握强迫对流换热实验数据的处理及误差分析方法。

二、实验原理

根据牛顿冷却公式，壁面平均传热系数为

$$h = \frac{Q}{F(t_w - t_f)} \qquad (4.9)$$

式中　t_w——管壁平均温度，℃；

$\quad\quad t_f$——流体的平均温度，℃；

$\quad\quad F$——管壁的换热面积，m^2；

$\quad\quad Q$——对流换热量，W。

由相似原理知，流体受迫外掠物体时的放热系数与流速物体几何形状及尺寸物性参数间的关系可用准则方程式描述，即

$$Nu = f(Re, Pr)$$

研究表明，流体横向冲刷单管表面时，准则关联式可整理成指数形式，即

$$Nu_m = CRe_m^n \cdot Pr_m^m$$

下标 m 表示用空气膜平均温度作特征温度，有

$$t_m = 0.5(t_w + t_f)$$

又有特征数准则方程如下。

Nu，努塞尔（Nusselt）准则数，即

$$Nu = \frac{hd}{\lambda}$$

Re，雷诺（Reynolds）准则数，即

$$Re = \frac{ud}{\nu}$$

Pr，普朗特（Prandtl）准则数，即

$$Pr=\frac{\nu}{a}$$

式中　h——表面传热系数，W/(m² · K)；

　　　d——定性尺寸，取管外径，m；

　　　λ——流体导热系数，W/(m · ℃)；

　　　a——流体导温系数，m²/s；

　　　ν——流体运动黏度，m²/s；

　　　u——流体运动速度，m/s。

实验中流体为空气，因而 $Pr=0.7$，准则式可简化成

$$Nu=CRe^n \tag{4.10}$$

本实验通过测定流速、温度及物性参数的值来确定 C、n 的值，便可求得平均换热系数 h。因此，首先使流速一定，测定电流、电压、管壁温度、空气来流温度值，查出物性参数 λ、ν、a 的值，计算出 u、d 的值，得到一组数据后可计算出一组 Nu、Re 的值，通过改变流速来改变 Re 值，重复测量便可得到一系列数据，在以 Nu、Re 为纵、横坐标的双对数坐标系中描点，并用光滑的曲线连接各测点可得到一直线，直线方程为

$$\lg Nu=\lg C+n\lg Re \tag{4.11}$$

式中　$\lg C$——截距；

　　　n——斜率。

从而可确定 C、n 的值，知道 C、n 的值后，由准则式

$$Nu=CRe^n$$

$$Nu=\frac{hd}{\lambda}$$

可求出表面传热系数 h。

三、实验设备

实验本体为一立式鼓风式风洞，仪器有离心风机、直流电源、毕托管、微差压变送器、直流电位差计、试件（表面镀铬）、水银温度计及热电偶等。

空气经整流后进入风洞，气流稳定，因而用一个毕托管即可测定平均流速。管壁温度用几对热电偶测量取平均值，空气来流温度用热电偶测量。

实验风洞测试系统如图 4.5 所示。控制箱操作面板如图 4.6 所示。

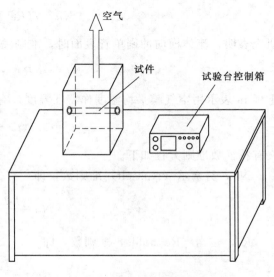

图 4.5　实验风洞测试系统

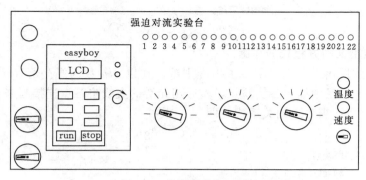

图 4.6　控制箱操作面板

四、实验步骤

（1）连接毕托管与微压变送器，并校验零点值。

（2）连接热电偶与电位差计，检查冰水混合物温度是否为零，将热电偶零端放入冰水混合物中。

（3）连接试件与直流电源，经指导教师检查线路连接正确后进行下一步骤。

（4）检查风机电路连接是否正确，启动风机，然后调节风机变频器到所需流速。风机变频器频率的范围在 $30\sim50\mathrm{Hz}$ 之间，在 $30\sim50\mathrm{Hz}$ 之间取 5 个频率来调节空气流速。

（5）合试件电源开关，加热试件。加热试件时先调节电流旋钮到最大，再调节电压旋钮至 $10\sim25\mathrm{V}$ 之间。做实验时当电压旋钮调节到 $10\mathrm{V}$ 时，风机变频器的频率应调节到 $30\mathrm{Hz}$。当电压旋钮调节到 $25\mathrm{V}$ 时，风机变频器的频率应调节到 $50\mathrm{Hz}$。

（6）改变加热功率，同时相应改变风机风量可测出几组实验数据（加热量可以不变）。

（7）实验完毕后先切断实验管电源，待冷却后再切断风机电源，停止实验。

（8）仪器归零，归位。

五、数据整理与计算

1. 计算流速

根据不可压缩流体的伯努利方程，$p+\dfrac{\rho u^2}{2}=p_0$，则有

$$u=\sqrt{\frac{2(p_0-p)}{\rho}} \tag{4.12}$$

式中　p_0——流体总压，Pa；

p——流体静压，Pa；

ρ——流体密度，$\mathrm{kg/m^3}$；

u——流体流速，$\mathrm{m/s}$。

2. 确定壁面的平均放热系数

电加热所产生的总热量 Q 为

$$Q=I \cdot U \tag{4.13}$$

由牛顿冷却公式，有

$$h = \frac{Q}{F(t_w - t_f)} \tag{4.14}$$

3. 确定出准则方程式并作图

将所测数据代入方程式中，求出准则数。在以 Nu 数为纵坐标、Re 数为横坐标的双对数坐标系中描出各实验点，然后用光滑的直线将各点连接起来。

因 Nu 和 Re 满足下列关系式，即

$$\lg Nu = \lg C + n \lg Re \tag{4.15}$$

式中　$\lg C$——截距；

　　　n——斜率。

n 及 $\lg C$ 用最小二乘法计算，则有

$$n = \frac{(\sum x_i)(\sum y_i) - N(\sum x_i y_i)}{(\sum x_i)^2 - N \sum (x_i)^2}$$

$$\lg C = \frac{(\sum x_i y_i)(\sum x_i) - (\sum y_i) \sum (x_i)^2}{(\sum x_i)^2 - N \sum (x_i)^2} \tag{4.16}$$

式中　x_i——第 i 个测量点的横坐标的对数值；

　　　y_i——第 i 个测量点的纵坐标的对数值；

　　　N——总工况数。

通过计算可得准则方程式 $Nu = CRe^n$ 的具体形式。

实验四　空气在水平管外自然对流时表面传热系数的测定

一、实验目的

（1）测定空气在水平管外自然对流时的表面传热系数 h，并根据相似原理整理出准则方程式。

（2）掌握热电偶测温的方法与原理。

（3）了解电位差计的工作原理，并正确使用高精度电位差计和直流稳压电源。

二、实验原理

对实验用水平横管试件进行电加热，热量应是以对流和辐射两种方式散发的，所以对流换热量为总热量与辐射换热量之差，即

$$Q = Q_r + Q_c$$

总热量为

$$Q = IU$$

辐射换热量为

$$Q_r = C_0 \varepsilon F \left[\left(\frac{T_w}{100} \right)^4 - \left(\frac{T_f}{100} \right)^4 \right]$$

对流换热量为

$$Q_c = h F (t_w - t_f)$$

可得表面传热系数为

$$h = \frac{IU}{F(t_w - t_f)} - \frac{C_0 \varepsilon}{t_w - t_f} \left[\left(\frac{T_w}{100} \right)^4 - \left(\frac{T_f}{100} \right)^4 \right] \tag{4.17}$$

式中　ε——试管表面黑度，试管表面镀铬抛光，取 ε＝0.25；

C_0——黑体的辐射系数，$C_0 = 5.67 \mathrm{W/(m^2 \cdot K^4)}$；

t_w——管壁平均温度，℃，根据平均热电势查出；

t_f——室内空气温度，℃，根据平均热电势查出；

F——管表面积，$\mathrm{m^2}$。

定性温度取空气边界层平均温度 $t_\mathrm{m} = 0.5(t_\mathrm{m} + t_\mathrm{f})$，在教科书上查得空气的导热系数 λ、热膨胀系数 β（空气的热膨胀系数 $\beta = \dfrac{1}{T_\mathrm{m}}$）、动力黏度 μ 和普朗特数 Pr。运动黏度 $\nu = (\mu/\rho)$，其中 ρ 为空气密度，可根据理想气体方程式 $[\rho = p/(R_\mathrm{g}T)_\mathrm{m}$，$R_\mathrm{g} = 287.1 \mathrm{J/(kg \cdot K)}$，$p$ 为当地大气压$]$ 求出。

根据相似理论，对于自然对流换热，努塞尔数 Nu 是格拉晓夫数 Gr、普朗特数 Pr 的函数，即

$$Nu = f(Gr \cdot Pr)$$

可表示成

$$Nu = C(Gr \cdot Pr)n$$

其中 C、n 是通过实验所确定的常数。为了确定上述关系式的具体形式，根据所测数据和计算结果求准则数，即

$$Nu = \frac{hd}{\lambda}$$

$$Gr = \frac{g \Delta t \beta d^3}{\nu^2}$$

将 4 种试管管径的数据标示在坐标纸上，得到以 $\lg Nu$ 为纵坐标、以 $\lg(Gr \cdot Pr)$ 为横坐标的一系列点，画一条直线，则大多数点落在这条直线上或周围，根据

$$\lg Nu = \lg C + n \lg(Gr \cdot Pr)$$

则这条直线的斜率即为 n、截距为 $\lg C$，可以得到准则方程的具体形式。

三、实验装置

如图 4.7 所示，实验装置有试验管（为降低辐射散热量的影响，试管表面镀铬抛光），放试验管的支撑架、转换开关盒等。测量仪表有电位差计、直流电源。试验管上有热电偶（4 对）嵌入管壁，可反映出管壁的热电势；电位差计上的"未知"接线柱按极性和转换开关盒上的接线柱（红正、黑负）相连，用于测量室内空气和管壁的热电势；直流电源可输入稳定的电压和电流，使加热功率保持恒定。

四、实验步骤

（1）接好线路，调整直流电源，对试件加热，根据试件管径大小，加热功率可取 7～15W。

（2）稳定加热 6h 后开始测管壁温度，记下数据。

（3）间隔 0.5h 再记一次，如两组数据很接近，则可认为试管已平衡。

（4）把两组接近的数据取平均值，作为计算依据。

（5）实验完毕后将直流电源调整回零位，切断电源。

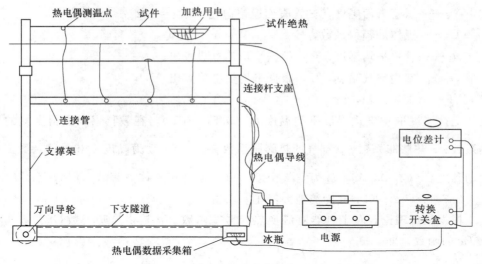

图 4.7　实验系统简图

五、实验数据的整理

（1）已知数据，见表 4.3。

表 4.3　　　　　　　　　　　已　知　数　据

管径	$d_1=80\text{mm}$	$d_2=60\text{mm}$	$d_3=40\text{mm}$	$d_4=20\text{mm}$
管长	$L_1=800\text{mm}$	$L_2=800\text{mm}$	$L_3=800\text{mm}$	$L_4=800\text{mm}$

黑度：$\varepsilon=0.25$。

（2）测试数据。

管壁热电势：mv_1，mv_2，…，mv_n。

空气热电势：mv_1、mv_2。

（3）整理数据。对于每种管径的试管，计算过程是一样的。根据所测热电势算出平均值 $mv_\mathrm{m}=\dfrac{mv_1+mv_2+\cdots+mv_n}{n}$，根据标定热电偶时拟合的公式 $T=\dfrac{mv_\mathrm{m}+0.1543558}{0.0434815}$ 计算出对应的温度，用同样的方法可求出空气的温度。计算加热器的热量 $Q=IU$，其 I、U 的值可直接从直流电源上读出。

1）求每种管径的对流换热系数。

$$h=\frac{IU}{F(t_\mathrm{w}-t_\mathrm{f})}-\frac{C_0\varepsilon}{t_\mathrm{w}-t_\mathrm{f}}\left[\left(\frac{T_\mathrm{w}}{100}\right)^4-\left(\frac{T_\mathrm{f}}{100}\right)^4\right]$$

2）查出物性参数。定性温度取空气边界层平均温度 $t_\mathrm{m}=0.5(t_\mathrm{w}+t_\mathrm{f})$，根据定性温度在教科书上查出空气的导热系数 λ、热膨胀系数 β、动力黏度 μ 和普朗特数 Pr。

3）计算每种管径的准则数。

$$Nu=\frac{hd}{\lambda}$$

$$Gr=\frac{g\Delta t\beta d^3}{\nu^2}$$

4）整理出准则方程并作图。把求得的数据标在坐标轴上，可以得到以 $\lg Nu$

为纵坐标、以 $\lg(Gr \cdot Pr)$ 为横坐标的一条直线，此直线的斜率为 n，截距为 $\lg C$，n 及 $\lg C$ 用最小二乘法计算，则

$$n = \frac{(\sum x_i)(\sum y_i) - N(\sum x_i y_i)}{(\sum x_i)^2 - N\sum(x_i)^2}$$

$$\lg C = \frac{(\sum x_i y_i)(\sum x_i) - (\sum y_i)\sum(x_i)^2}{(\sum x_i)^2 - N\sum(x_i)^2}$$

式中　x_i——第 i 个测量点的横坐标的对数值；

　　　y_i——第 i 个测量点的纵坐标的对数值；

　　　N——总工况数。

可得准则方程 $Nu = C(Gr \cdot Pr)^n$ 的具体形式。

六、实验注意事项

（1）由于加热功率的限制，一个试件能达到的葛拉晓夫数 Gr 是有限的，为了增大 Gr 的范围，取 4 种管径的试管，在不同的加热功率下测量各自的壁温 t_w，计算 Gr、Pr 及 Nu，处理数据时在同一个坐标系上进行。

（2）对试管进行加热时取一根比单管长度稍短的细管，缠上一层绝缘材料，再缠上电阻丝，电阻丝外面再缠上绝缘材料，两端套隔热板，将之塞入试管即可。

（3）为减少辐射散热的影响，保持试件表面光洁，使试件黑度 $\varepsilon \leqslant 0.25$。

（4）试件和支架的连接处用绝热材料连接。

实验五　用平板法测材料导热系数实验

一、实验目的

（1）巩固和深化稳定导热过程的基本理论，学习用平板法测定绝热材料导热系数的实验方法和技能。

（2）测定实验材料的导热系数。

（3）确定实验材料导热系数与温度的关系。

二、实验原理

导热系数是表征材料导热能力的物理量。对于不同的材料，导热系数是不同的；对同一材料，导热系数还会随着温度、压力、湿度、物质结构和重度等因素而变化。各种材料的导热系数都用实验方法来测定，如果要分别考虑因素的影响，就需要针对各种因素加以实验，往往不能只在一种实验设备上进行。稳态平板法是一种应用一维稳态导热过程的基本原理来测定材料导热系数的方法，可以用来进行导热系数的测定实验，测定材料的导热系数及其和温度的关系。

实验设备是根据在一维稳态情况下通过平板的导热量 Q 和平板两面的温差 Δt 成正比、和平板的厚度 δ 成正比，以及和导热系数 λ 成正比的关系来设计的。众所周知，通过薄壁平板（壁厚小于 1/10 壁长和壁宽）的稳定导热量为

$$Q = \frac{\lambda}{\delta} \cdot \Delta t \cdot F \tag{4.18}$$

测定时，如果将平板两面的温差 $\Delta t = t_R - t_L$、平板厚度 δ、垂直热流方向的导热面积 F 和通过平板的热流量 Q 测定以后，就可以根据式（4.19）得出导热系数，即

$$\lambda = \frac{Q\delta}{\Delta t \cdot F} \tag{4.19}$$

需要指出的是，式（4.19）所得的导热系数是在当时的平均温度下材料的导热系数值，此平均温度为

$$\bar{t} = \frac{1}{2}(t_R + t_L) \tag{4.20}$$

在不同的温度和温差条件下测出相应的 λ 值，然后将 λ 值标注在 $\lambda - \bar{t}$ 坐标系内，就可以得出 $\lambda = f(\bar{t})$ 的关系曲线。

三、实验装置及测量仪表

稳态平板法测定绝热材料导热系数的实验装置如图 4.8 所示。

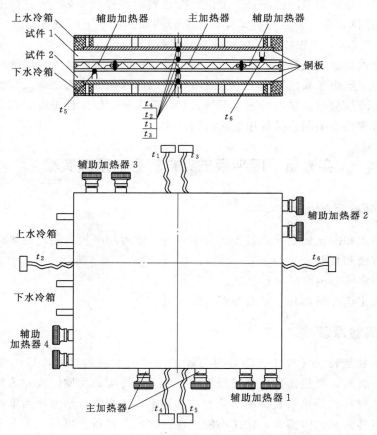

图 4.8　实验台的电路连接

（用电位差计测温，未示出）

被实验材料做成两块方形薄壁平板试件，面积为 300mm×300mm，实际导热计算面积 F 为 200mm×200mm，板的厚度为 δ，平板试件分别被夹紧在加热器的上下热面和上下水套的冷面之间。加热器的上下面和水套与试件的接触面都设有铜板，以使温度均匀。利用薄膜式加热片实现对上、下试件加热面的加热，而上、下

导热面积水套的冷却面是通过循环冷却水（或通过自来水）来实现的。在中间 200mm×200mm 部位上安设的加热器为主加热器。为了使主加热器的热量能够全部单向通过上、下两个试件，并通过水套的冷水带走，在主加热器四周（即 200mm×200mm 之外的四侧）设有 4 个辅助加热器（1～4），利用专用的温度跟踪控制器使主加热器以外的四周保持与中间主加热器的温度一致，以免热流量向旁侧散失。主加热器的中心温度 t_1（或 t_2）和水套冷面的中心温度 t_3（或 t_4）用 4 个热电偶（埋设在铜板上）来测量：辅助加热器 1 和辅助加热器 2 的热面也分别设置两个辅助电偶 t_5 和 t_6（埋设在铜板的相应位置上），其中一个辅助电偶 t_5（或 t_6）接到温度跟踪控制器上，与主加热器中心接来的主热电偶 t_2（或 t_1）的温度信号相比较，通过跟踪器使全部辅助加热器都跟踪到与主加热器的温度相一致。而在实验进行时，可以通过热电偶 t_1（或 t_2）和热电偶 t_3（或 t_4）测量出一个试件的两个表面的中心温度。也可以再测量一个辅助热电偶的温度，以便与主热电偶的温度相比较，从而了解主、辅加热器的控制和跟踪情况。温度是利用电位差计和转换开关来测量的，主加热器的电功率可以用电功率表或电压表和电流表来测量。

四、实验方法和步骤

（1）将两个平板试件仔细地安装在加热器的上、下面，试件表面应与铜板严密接触，不应有空隙存在。在试件、加热器和水套等安装入位后，应在上面加压一定的重物，以使它们都能紧密接触。

（2）连接和仔细检查各接线电路。将主加热器的两个接线端用导线接至主加热器电源，而两个辅助加热器经两两并联后再串联组成串联电路（实验台上已连接好），并按图 4.8 所示连接到辅助加热器上。电压表和电流表（或电功率表）应按要求接入电路。将主热电偶之一的 t_2（或 t_1）接到跟踪控制器面板上左侧的主热电偶接线柱上，而将辅助热电偶之一的 t_5（或 t_6）接到跟踪控制器上的相应接线柱上。把主热电偶 t_1（或 t_2）、水套冷面热电偶 t_3（或 t_4）和辅助热电偶 t_5（或 t_6）都接到热电偶转换开关上，转换开关与电位差计的"未知"端相接。

（3）检查冷却水水泵及其通路能否正常工作，各热电偶是否正常完好，校正电位差计的零位。

（4）接通加热器电源，并调节到合适的电压开始加温，同时开启温度跟踪控制器。在加温过程中，可通过各测温点的测量来控制和了解加热情况。开始时可先不启动冷水泵，待试件的热面温度达到一定水平后再启动水泵（或接通自来水），向上、下水套通入冷却水。实验经过一段时间后，试件的热面温度和冷面温度开始趋于稳定。在这个过程中可以适当调节主加热器电源、辅助加热器电源的电压，使其更快或更利于达到稳定状态。待温度基本稳定后就可以每隔一段时间进行一次电功率 W（或电压 U 和电流 I）读数记录和温度测量，从而得到稳定的测试结果。

（5）一个工况实验后，可以将设备调到另一工况，即调节主加热器功率后再按上述方法进行测试，得到另一工况的稳定测试结果。调节的电功率不宜过大，一般以 5～10W 为宜。

（6）根据实验要求，进行多次工况的测试（工况以从低温到高温为宜）。

（7）测试结束后先切断加热器电源，并关闭跟踪器，经过 10min 左右再关闭水泵（或停放自来水）。

五、实验结果处理

实验数据取实验进入稳定状态后的连续 3 次稳定结果的平均值。导热量（即主加热器的电功率）为

$$Q=W（或 I \cdot U）$$

式中 W——主加热器的电功率值，W；

I——主加热器的电流值，A；

U——主加热器的电压值，V。

由于设备为双试件型，导热量向上、下两个试件（试件 1 和试件 2）传导，所以

$$Q_1=Q_2=\frac{Q}{2}=\frac{W}{2}（或=\frac{1}{2}I \cdot U）$$

试件两面的温差为

$$\Delta t=t_R-t_L$$

式中 t_R——试件的热面温度，即 t_1 或 t_2，℃；

t_L——试件的冷面温度，即 t_1 或 t_2，℃。

平均温度为

$$\bar{t}=\frac{t_R+t_L}{2}$$

平均温度为 $\bar{t}$ 时的导热系数为

$$\lambda=\frac{W\delta}{2(t_R-t_L)F}\left[或\frac{IU\delta}{2(t_R-t_L)F}\right]$$

将不同平均温度下测定的材料导热系数在 $\lambda-\bar{t}$ 坐标系中得出 $\lambda-\bar{t}$ 的关系曲线，并求出 $\lambda=f(\bar{t})$ 的关系式。

稳态平板法测定绝热材料导热系数实验
实验报告（示例）

一、实验装置电路连接图

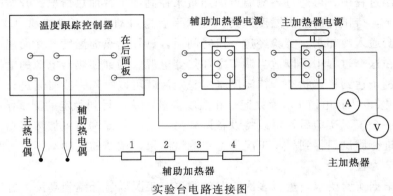

实验台电路连接图

（用电位差计测温表示出）

二、实验记录

（1）实验材料：聚氯乙烯（PVC）。

（2）试件外形尺寸：300mm×300mm。

（3）试件导热面积：200mm×200mm（即主加热器面积）。

（4）试件厚度 δ：15mm。

（5）主加热器电阻值：10Ω。

（6）辅加热器电阻值：8Ω。

（7）热电偶材料：镍铬-康铜。

（8）温度传感器材料：SD18B20。

实 验 记 录 表

测读时间 /（时：分）	试件中心位置 热面温度 t_R/℃	试件中心位置 冷面温度 t_L/℃	$\Delta t(t_R-t_L)$ /℃	Q /W	备注
10：00	16.25	−2.38			
10：30	21.5	−1.5			
11：00	27.6	−0.75			
11：30	29.95	0			
12：00	33	1.25			
12：30	34.75	2.35			
13：00	35.33	2.97			实验最后的 室温为 22℃， 冷却水温 为 27℃
13：30	33.8	2.95			
14：00	31.52	3.33			
14：30	32.7	3.97			
15：00	31.97	4.22			
15：30	32.25	4.73			
16：00	32.57	4.93			
16：30	33.1	5.1		16	

三、实验结果处理

$$\lambda=\frac{Q\delta}{2\Delta t \cdot F}$$

取实验记录中最后四点稳定的值，计算出它们的平均值，即

$$t_R=\frac{31.97+32.25+32.57+33.10}{4}=32.47(℃)$$

$$t_L=\frac{4.22+4.37+4.93+5.10}{4}=4.74(℃)$$

冷、热面的温差为

$$\Delta t=32.47-4.74=27.73(℃)$$

$$\lambda=\frac{16×0.015}{2×27.73×0.04}=0.11[W/(m \cdot ℃)]$$

实 验 报 告 格 式

实验名称：　　　　　　　　　　　　实验日期：

姓名：　　　　　　　　　　　　　　班级：

一、实验目的

二、实验内容

三、实验步骤

四、实验数据整理

五、数据分析（图表）

六、结论

实验六　中温法向辐射时物体黑度测定

一、实验目的

用比较法测量中温辐射时物体的黑度 ε。

二、实验原理

由 n 个物体组成的辐射换热系统中，利用净辐射法可以求物体 i 的纯换热量 $Q_{net.i}$

$$Q_{net.i} = Q_{abs.i} - Q_{ei}$$

$$= \alpha_i \sum_{k=1}^{n} E_{\text{eff.}k} X_{ki} F_k - \varepsilon_i E_{\text{b}i} F_i \tag{4.21}$$

式中　$Q_{\text{net.}i}$——i 面的净辐射换热量；

$\qquad Q_{\text{abs.}i}$——i 面从其他表面吸收的热量；

$\qquad Q_{ei}$——i 面本身的辐射热量；

$\qquad \varepsilon_i$——i 面的黑度；

$\qquad X_{ki}$——k 面对 i 面的角系数；

$\qquad E_{\text{eff.}k}$——k 面的有效辐射力；

$\qquad E_{\text{b}i}$——i 面为黑体时的辐射力；

$\qquad \alpha_i$——i 面的吸收率；

$\qquad F_i$——i 面面积；

$\qquad F_k$——k 面面积。

根据本实验的设备情况，可以认为以下几点成立。

（1）热源 1、传导圆筒 2 为黑体。

（2）热源 1、传导圆筒 2、待测物体 3（受体），三者表面上的温度均匀（三者位置关系见实验装置简图）。

基于以上假设，式（4.21）可写成

$$Q_{\text{net.}3} = \alpha_3 (E_{\text{b}1} F_1 X_{13} + E_{\text{b}2} F_2 X_{23}) - \varepsilon_3 E_{\text{b}3} F_3$$

在本装置中有：$F_1 = F_3$，$\alpha_3 = \varepsilon_3$，$X_{32} = X_{12}$，又根据角系数的互换性有 $F_2 X_{23} = F_3 X_{32}$，则

$$q_3 = \frac{Q_{\text{net.}3}}{F_3} = \varepsilon_3 (E_{\text{b}1} X_{13} + E_{\text{b}2} X_{12}) - \varepsilon_3 E_{\text{b}3} \tag{4.22}$$

当热源 1 和黑体圆筒 2 的表面温度一致时，$E_{\text{b}1} = E_{\text{b}2}$，并考虑到体系 1、2、3 为封闭系统，则有 $X_{13} + X_{12} = 1$，因此式（4.22）可写为

$$q_3 = \varepsilon (E_{\text{b}1} - E_{\text{b}2}) \tag{4.23}$$

由于受体 3 和环境主要以自然对流方式换热，因此，有

$$q_3 = h_3 (t_3 - t_{\text{f}}) \tag{4.24}$$

式中　h_3——换热系数；

$\qquad t_3$——待测物体（受体）温度；

$\qquad t_{\text{f}}$——环境温度。

由式（4.23）、式（4.24）可得

$$\varepsilon_3 = \frac{h_3 (t_3 - t_{\text{f}})}{E_{\text{b}1} - E_{\text{b}3}} = \frac{h_3 (t_3 - t_{\text{f}})}{\sigma_{\text{b}} (T_1^4 - T_3^4)} \tag{4.25}$$

式中　σ_{b}——玻尔兹曼常数，其值为 $5.67 \times 10^{-8}\,\text{W/(m}^2 \cdot \text{K}^4)$。

由式（4.25）可得不同待测物体 a、b 的黑度 ε 为

$$\begin{cases} \varepsilon_a = \dfrac{h_a (t_{3a} - t_{\text{f}})}{\sigma_{\text{b}} (T_{1a}^4 - T_{3a}^4)} \\[3mm] \varepsilon_b = \dfrac{h_b (t_{3b} - t_{\text{f}})}{\sigma_{\text{b}} (T_{1b}^4 - T_{3b}^4)} \end{cases}$$

设 $h_a = h_b$，则

$$\frac{\varepsilon_a}{\varepsilon_b}=\frac{(t_{3a}-t_f)(T_{1b}^4-T_{3b}^4)}{(t_{3b}-t_f)(T_{1a}^4-T_{3a}^4)} \qquad (4.26)$$

当 b 为黑体时，$\varepsilon_b=1$，式（4.26）可写成

$$\varepsilon_a=\frac{(t_{3a}-t_f)(T_{1b}^4-T_{3b}^4)}{(t_{3b}-t_f)(T_{1a}^4-T_{3a}^4)} \qquad (4.27)$$

三、实验装置

实验装置简图如图 4.9 所示。

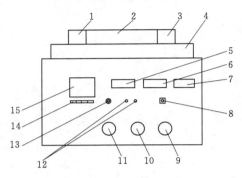

图 4.9　实验装置简图

1—热源；2—传导体；3—受体；4—导轨；5—热源电压表；6—传导左电压表；7—传导右电压表；8—电源开关；9—传导右电压旋钮；10—传导左电压旋钮；11—热源电压旋钮；12—测温接线柱；13—切换开关；14—测温转换开关；15—温显仪

热源腔体内有一个测温热电偶，传导圆筒腔体内有两个热电偶，受体内有一个热电偶，分别测试热源、传导圆筒、受体的温度，其数值可在温显仪上显示出来，它们可以通过测温转换开关来切换。

四、实验方法和步骤

用比较法定性地测定物体的黑度，具体方法是通过对 3 组加热器电压的调整（热源一组、传导体两组），使热源和传导体的测温点恒定在同一温度上，然后分别将"待测"（受体为待测物体，具有原来的表面状态）和"黑体"（受体仍为待测物体，但表面熏黑）两种状态的受体在恒温条件下测出受到辐射后的温度，就可按公式计算出待测物体的黑度。

具体步骤如下。

（1）将热源和具有原来表面状态的受体靠近传导圆筒。

（2）接通电源，调整热源、传导左和传导右的电压旋钮，使其与相应的电压表读数一致。加热约 40min，通过测温转换开关测试热源、传导左、传导右的温度，根据测得温度微调相应的电压旋钮，使三点温度尽量一致。

（3）系统进入恒温后（各测点温度基本接近，且在 5min 内三点温度波动小于 3℃），根据温显仪的读数记下热源、传导左、传导右和受体的温度，并填入表中。"待测"受体实验结束。

（4）取下受体，将受体冷却后用松脂或蜡烛将受体熏黑，然后重复以上实验，测得第二组数据，填入表中。

（5）根据式（4.12），即 $\varepsilon_a=\dfrac{(t_{3a}-t_f)(T_{1b}^4-T_{3b}^4)}{(t_{3b}-t_f)(T_{1a}^4-T_{3a}^4)}$，可得出待测体 a 的发射率 ε_a。

五、注意事项

（1）热源及传导圆筒的温度不宜超过 100℃。

（2）每次做原始状态实验时，建议用汽油或酒精将待测物体表面擦拭干净；否则实验结果将有较大出入。

实验七　综合传热性能测定

一、实验目的

综合传热性能实验的目的是通过测量总传热系数，分析传热过程的影响因素，确定不同传热情况下的总传热量。

二、实验内容

实验中将干饱和蒸汽通过一组实验铜管，管子在空气中散热而使蒸汽冷凝为水，由于钢管的外表状态及空气流动情况不同，管子的凝水量也不同。通过单位时间凝水量的多少，可以观察和分析影响传热的诸多因素，并且可以计算出每根管子的总传热系数 K 值。

三、装置简介

实验装置示意图见图 4.10。

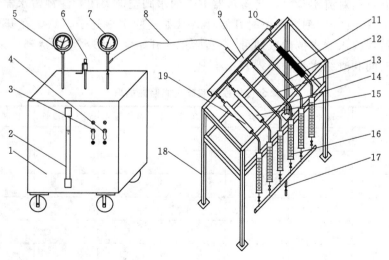

图 4.10　综合传热实验装置示意图

1—电热蒸汽发生器；2—水位计；3—自动加热开关；4—手动加热开关；5—电接点压力表；
6—安全阀；7—压力表；8—连接软管；9—分汽缸；10—排水放气阀；11—翅片管；
12—光管；13—涂黑管；14—镀铬管；15—锯末保温管；16—凝结储水器；
17—放水阀；18—支架台；19—玻璃丝保温管

实验台由电热蒸汽发生器、一组表面状态不同（光管、涂黑、镀铬、管外加铝翅片以及两种不同保温材料的保温管）的 6 根铜管、分汽缸、冷凝管、冷凝水蓄水器（可计量）及支架等组成。强制通风时，配有一组可移动的风机（图中未绘出），用它来对管子吹风。因而，实验台可进行自然对流和强迫对流的传热实验。通过实验可对各种不同影响传热因素进行分析，从而建立起影响传热因素的初步认识和概念。

四、实验方法及步骤

（1）打开电热蒸汽发生器上的供汽阀，然后从底部的给水阀门（兼排污），往蒸汽发生器的锅炉加水，当水面达到水位计的 2/3 高处时关闭给水阀门。

（2）打开蒸汽发生器上的电加热器（手动）开关，指示灯亮，内部的电锅炉加热。待电接点压力表达到要求压力时（事先按需要用螺丝扳手调定），电接点压力表动作（断电）。此时，将手动开关闭掉，由电接点压力表控制继电器，使加热器按一定范围进行加热，以供实验所需的蒸汽量。

（3）打开配气管上所有阀门（或按实验需要打开其中几个阀门）和玻璃蓄水器下方的放水阀，然后打开供汽阀缓慢向测试管内送汽（送汽压力略高于实验压力），预热整个实验系统，并将系统内的空气排净。

（4）待蓄水器下部放水阀向外排出蒸汽一段时间后关闭全部放水阀门，预热完毕。此时，要调节配气管底部放水阀门使其微微冒汽，以排除在胶管内和配气管中的凝结水。调节送汽压力即可开始实验。为防止玻璃蓄水器破坏，建议实验压力为 0.02MPa，最大不超过 0.05MPa。

（5）做自然对流实验时，将蓄水器下部的水阀全部关闭，注视蓄水器内的水位变化，待上升至 "0" 刻度水位时开始计时（如实验多根管子，只要在开始计时的时候记下每根蓄水器水位读数即可），实验正式开始。凝结水水位达到一定高度时，记下供汽时间和凝结水量，填入表 4.4 中。

表 4.4　　　　　　　　　　　　综合传热性能实验台实验数据表

自然对流	翅片管	光管	涂黑管	镀铬管	锯末保温管	玻璃丝保温管
初始液面/cm						
结束液面/cm						
计算时间 τ/min						
g_s/(m³/cm)						
凝结水量 G/(kg/s)						
传热量 Q/W						
传热面积 F/m²						
传热系数 K						

注　凝结水重度 $\gamma = 1000$kg/m³。

（6）如要进行强迫对流实验，放掉积存在蓄水器及管路中的水，开动风机对被试管进行强迫通风。实验方法同上。填入表 4.5 中。

表 4.5　　　　　　　　　综合传热性能实验台实验数据表

强迫对流	翅片管	光管	涂黑管	镀铬管	锯末保温管	玻璃丝保温管
初始液面 /cm						
结束液面 /cm						
计算时间 τ/min						
g_s/(m³/cm)						
凝结水量 G/(kg/s)						
传热量 Q/W						
传热面积 F/m²						
传热系数 K						

（7）实验完毕时，关闭电源，打开所有的放水阀、排气阀，水排净后再将所有阀门关闭，并切断电源及水源。

五、传热系数的计算

所有的被试管均以基管（铜管）表面积为准，则传热面积为

$$F = \pi d L$$

传热量为

$$Q = Gr$$

总传热系数为

$$K = \frac{Q}{F \Delta t}$$

式中　d——铜管外径，$d = 0.025\text{m}$；被试管长度自然对流时 $L = 0.74\text{m}$，强迫对流时 $L_1 = 0.5\text{m}$（风口长度）；

　　　G——凝结水量，kg/s，$G = \dfrac{h g_s \gamma}{1000 \tau \times 60}$；

　　　r——汽化潜热，当 $p = 0.02\text{MPa}$，$\gamma = 2243\text{kJ/kg}$；

　　　h——蓄水器的水位高度，cm；

　　　g_s——每格的凝结水量，$3.4636 \times 10^{-6}\text{m}^3/\text{cm}$；

　　　γ——凝结水重度，kg/m³；

　　　τ——供汽时间，min；

　　　Δt——管内外温差，℃。

$$\Delta t = t_1 - t_f$$

当 $p = 0.02\text{MPa}$，$t_1 = 105℃$（饱和温度）。

t_f 为实验时的室内温度。

实验八　翅片管束外放热和阻力系数测定

一、实验目的

（1）了解热工实验的基本方法和特点。

（2）学会翅片管束管外放热和阻力的实验研究方法。

（3）巩固和运用传热学课堂讲授的基本概念和基本知识。

（4）培养独立进行科研实验的能力。

二、实验内容

（1）熟练掌握实验原理和实验装置，学习正确使用测温度、测压差、测流速、测热量等仪表。

（2）正确安排实验，测取管外放热和阻力的有关实验数据。

（3）用威尔逊方法整理实验数据，求得管外放热系数的无量纲关联式，同时也将阻力数据整理成无量纲关联式的形式。

（4）对实验设备、实验原理、实验方案和实验结果进行分析和讨论。

三、实验设备

实验的翅片管束安装在一台低速风洞中，实验风洞本体和测试系统如图 4.11 所示。实验由有机玻璃风洞、试验管件、加热管件、风机支架、测试仪表等部分组成。

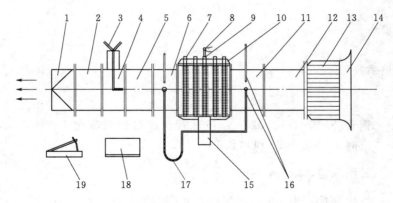

图 4.11　实验风洞本体和测试系统

1—连接段；2—扩压段；3—毕托管；4—测速段；5—收缩段；6—后测量段；7—翅片管；8—铠装热电偶；
9—试验热管；10—工作段；11—前测量段；12—平稳段；13—整流隔栅；14—入口段；15—加热元件；
16—测压测温孔；17—U 形管测压计；18—电位差计；19—倾斜式压差计

有机玻璃风洞由带整流隔栅的入口段、整流丝网、平稳段、前测量段、工作段、后测量段、收缩段、测速段、扩压段等组成。工作段和前后测量段的内部截面积为 300mm×300mm。工作段的管束及固定管板可自由更换。

试验管件由两部分组成，即单纯翅片管和带翅片的试验热管，但外形尺寸是一样的，采用顺排排列，翅片管束的几何特点见表 4.6。

表 4.6　　　　　　　　　　翅片管束的几何特点

翅片管内径 D_i	翅片管外径 D_0	翅片高度 H	翅片厚度 δ	翅片间距 B	横向管间距 P_t	纵向管间距 P_1	管排数 N
mm	mm	mm	mm	mm	mm	mm	
20	26	13	1	4	75	83	7

　　4 根试验管组成一个横排，可以放在任何一排的位置上进行实验。一般放在第 3 排的位置上，因为实验数据表明，自第 3 排以后各排的放热系数基本保持不变了。所以这样测求的放热系数代表第 3 排及以后各排管的平均放热系数。

　　试验热管的加热段由专门的电加热器进行加热，电加热器的电功率由电流、电压表进行测量。每一支热管的内部插入一支铜-康铜铠装热电偶，用以测量热管内冷凝段的蒸汽温度 T_{vo}，在电加热器的箱体上也安装一支热电偶，用以确定箱体的散热损失。热电偶的电动势由 UI60 型电位差计进行测量。

　　空气流的进出口温度由刻度为 0.1℃的玻璃温度计进行测量，入口处安装一支，出口处可安装两支，以考虑出口截面上气流温度的不均匀性。空气流经翅片管束的压力降由倾斜式压差计测量，管束前后的静压测孔都是 12 个，均布在前后测量段的壁面上。空气流的速度和流量由安装在收缩段上的毕托管和倾斜式压差计测量。

四、实验原理

　　(1) 翅片管是换热器中常用的一种传热元件，由于扩展了管外传热面积，故可使光管的传热热阻大大下降，特别适用于气体侧换热的场合。

　　(2) 空气（气体）横向流过翅片管束时的对流放热系数除了与空气流速及物性有关以外，还与翅片管束的一系列几何因素有关，其无量纲函数关系可示为

$$Nu = f\left(Re、Pr、\frac{H}{D_0}、\frac{\delta}{D_0}、\frac{B}{D_0}、\frac{P_t}{D_0}、\frac{P_1}{D_0}、N\right) \tag{4.28}$$

式中　　$Nu = \dfrac{aD_0}{v}$，为 Nusselt 数；

　　　　$Re = \dfrac{D_0 U_m}{\nu} = \dfrac{D_0 G_m}{\eta}$，为 Renolds 数；

　　　　$Pr = \dfrac{v}{a} = \dfrac{C\mu}{\lambda}$，为 Prandtl 数；

　　　　H，δ，B——翅片高度、厚度和翅片间距；

　　　　P_t，P_1——翅片管的横向管间距和纵向间距；

　　　　　　N——流动方向的管排数；

　　　　　D_0——光管外径；

　　　U_m，G_m——最窄流通截面处的空气流速（m/s）和质量流速［kg/(m² · s)］，且 $G_m = U_m - \rho$；

λ，ρ，μ，ν，a——气体的物性值。

　　此外，放热系数还与管束的排列方式有关，有两种排列方式，即顺排和叉排，由于在叉排管束中流体和紊流度较大，故其管外放热系数会高于顺流的情况。

　　对于特定的翅片管束，其几何因素都是固定不变的，这时式（4.28）可化为

$$Nu = f(Re、Pr) \tag{4.29}$$

　　对于空气，Pr 数可看作常数，故

$$Nu = f(Re) \tag{4.30}$$

　　式（4.30）可表示成指数方程的形式，即

$$Nu = CRe^n \tag{4.31}$$

式中　C，n——实验关联式的系数和指数。

　　这一形式的公式只适用于特定几何条件下的管束，为了在实验公式中能反映翅片管和翅片管束的几何变量的影响，需要分别改变几何参数进行实验，并对实验数据进行综合整理。

　　（3）对于翅片管，管外放热系数可以有不同的定义式，可以以光管外表面为基准定义放热系数，也可以以翅片管外表面积为基准定义。为了研究方便，此处采用光管外表面积作为基准，即

$$\alpha = \frac{Q}{n \pi D_0 L (T_a - T_{wo})} \tag{4.32}$$

式中　Q——总放热量，W；

　　　　n——放热管子的根数；

　　$\pi D_0 L$——一支管的光管换热面积，m^2；

　　　　T_a——空气平均温度，℃；

　　　　T_{wo}——光管外壁温度，℃。

　　此处，α 的单位为 $W/(m^2 \cdot ℃)$。

　　（4）如何测求翅片管束平均管外放热系数 α 是实验的关键。如果直接由式（4.32）来测求 α，势必要测量管壁平均温度 T_{wo}，这是一件很困难的任务。采用一种工程上更通用的方法，即威尔逊方法测求管外放热系数。这一方法的要点是先测求出传热系数，然后从传热热阻中减去已知的各项热阻，即可间接地求出管外放热热阻和放热系数，即

$$\frac{1}{\alpha} = \frac{1}{K} - \frac{1}{\alpha_i} \cdot \frac{D_0}{D_i} - R_w \tag{4.33}$$

式中　K——翅片管的传热系数，可由实验求出，即

$$K = \frac{Q}{n \pi D_0 L (T_0 - T_a)} \tag{4.34}$$

式中　T_0——管内流体的平均温度；

　　　　α_i——管内流体对管内壁的放热系数，可由已知的传热规律计算；

　　　　R_w——管壁的导热计算式。

　　应当指出，当管内放热系数 $\alpha_i \gg \alpha$ 时，管内热阻 $\frac{1}{\alpha_i}$ 将远远小于管外热阻 $\frac{1}{\alpha}$，这时 α_i 的某些计算误差将不会明显地影响管外放热系数 α 的大小。

　　（5）为了保证 α_i 有足够大的数值，一般实验管内需采用蒸汽冷凝放热的换热方式。本实验系统中采用热管作为传热元件，将实验的翅片管做成热管的冷凝段，即热管内部的蒸汽在翅片管内冷凝，放出汽化潜热，通过管壁传出翅片管外，这就保证了翅片管内的冷凝过程。这时管内放热系数 α_i 可用 Nusselt 层流膜层凝结原理公式进行计算，即

$$\alpha_i = 1.88 \left(\frac{4P}{\mu} \right)^{-\frac{1}{3}} \left(\frac{\lambda^3 \rho^2 g}{\mu^2} \right)^{\frac{1}{3}} \tag{4.35}$$

其中

$$P = \frac{Q}{r n \pi D_i} \tag{4.36}$$

式中　P——单位冷凝宽度上的凝结液量，$kg/(s \cdot m)$；

　　　r——汽化潜热，J/kg；

　　D_i——管子内径。

式（4.35）中第二个括号中的物理量为凝液物性的组合。圆筒壁的导热热阻为

$$R_w = \frac{D_0}{2\lambda_\omega} \ln \frac{D_0}{D_i}$$

应当注意，式（4.33）中的各项热阻都是以光管外表面积为基准的。

五、实验步骤

（1）熟悉实验原理、实验设备。

（2）调试检查测温、测速、测热等各仪表，使其处于良好的工作状态。

（3）接通电加热器电源，将电功率控制在 2～3kW 之间，预热 5～10min 后，开动引风机。注意引风机需在空载或很小的开度下启动。

（4）调整引风机的阀门来控制实验工况的空气流速，一般地，空气风速应从小到大逐渐增加。实验中，根据毕托管压差读值，可改变 6～7 个风速值，这样就有 6～7 个实验工况。

（5）在每一个实验工况下，待确认设备处于稳定状态后进行所有物理量的测量和记录，将测量数值整齐地记入预先准备好的数据记录表格中。

（6）进行实验数据的计算和整理，将结果逐项记入数据整理表格中。在整理数据时可以用手算程序，也可以用预先安排好的计算机程序。

（7）对实验结果进行分析和讨论。

应该注意，当所有工况的测量结束以后，应先切断电加热器电源，待 10min 后再关停引风机。

六、数据整理

数据的整理可按以下步骤进行。

1. 计算风速和风量

测量截面积的风速

$$U_{测} = \sqrt{\frac{2g\Delta h}{\rho}} \tag{4.37}$$

式中　Δh——压差毫米水柱或 kgf/m^2；

　　　ρ——空气密度，kg/m^3。

单位换算系数 $g = 9.8 \dfrac{kg \cdot m}{kg_f \cdot s^2}$，故得出速度的单位为 m/s^2。

风量为

$$M_a = U_{测} \times F_{测} \times \rho_{测}$$

式中　$F_{测}$——测量截面积，$F_{测} = 0.075 \times 0.3 m^2$，测量截面处的密度由出口空气温度 T_{a2} 确定。

2. 空气侧吸热量

$$Q_1 = M_a C_{pe}(T_{a2} - T_{a1}) \tag{4.38}$$

3. 电加热器功率

$$Q_2 = IU \qquad (4.39)$$

4. 加热器箱体散热

因箱体温度很低、散热量小，可由自然对流计算，即

$$Q_3 = \alpha_c F b (T_w - T_0) \qquad (4.40)$$

此处，α_c 为自然对流散热系数，可近似取 $\alpha_c = 5 \mathrm{W/(m^2 \cdot ℃)}$ 进行计算，F 为箱体散热面积，T_w 箱体温度，T_0 为环境温度。

5. 计算热平衡误差

$$\frac{DQ}{Q} = \frac{Q_1 - (Q_2 - Q_3)}{Q_1} \qquad (4.41)$$

6. 计算翅片管束最窄流通截面积处的流速和质量流速

$$U_m = \frac{U_测 F_测}{F_窄} \qquad (4.42)$$

$$G_m = U_m \rho \qquad (4.43)$$

7. 计算 *Re* 数

$$Re = \frac{D_0 G_m}{\mu} \qquad (4.44)$$

8. 计算传热系数

$$K = \frac{Q_1}{n \pi D_0 L \times (T_v - T_a)} \qquad (4.45)$$

9. 计算管内凝结液膜放热系数

由式（4.35）进行计算，对于一水为工质的热管，液膜物性值都是管内温度 T_v 的函数，因此，式（4.35）可简化为

$$\alpha_1 = (245623 + 3404 T_v - 9.677 T_v^2) \left(\frac{Q_1}{n D_i} \right)^{-\frac{1}{3}} \qquad (4.46)$$

10. 计算管壁热阻

由式（4.36）计算。

11. 管外放热系数

由式（4.33）计算。

12. 计算 $Nu = \dfrac{\alpha D_i}{\lambda}$

13. 在双对数坐标纸上标绘 *Nu*-*Re* 关系曲线，并求出其系数和指数；也可由计算机程序求 *Nu*-*Re* 的回归方程

此外，空气流过管束的阻力 ΔP 一般随 Re 数的增加而急剧增加，同时与流动方向上的管排数成正比，一般用式（4.47）表示，即

$$\Delta P = f \cdot \frac{N G_m^2}{2 g \rho} \qquad (4.47)$$

式中　f——摩擦系数，在其几何条件固定的情况下，它仅仅是 Re 数的函数，即

$$f = C Re^m \qquad (4.48)$$

式（4.43）中的系数 C 和指数 m 可由实验数据在双对数坐标系上确定。一组实测的实验数据及其整理结果见表 4.7。

表 4.7　　　数 据 整 理

序号	空气流速 $U_{测}$ /(m/s)	质量流速 G /[kg/(m²·s)]	质量流量 M /(kg/s)	最窄截面质量流量 G_m /[kg/(m²·s)]	雷诺数 $Re=\dfrac{D_0G_m}{\mu}$	空气吸热 Q_1 /W	电加热 Q_2 /W	散热损失热平衡误差 Q_3 /W	热平衡误差 DQ/Q /%	传热系数 K /[W/(m²·℃)]	管外放热系数 α /[W/(m²·℃)]	Nu 数 $Nu=\dfrac{\alpha D_0}{\lambda}$	摩擦系数 $f=\dfrac{2g\rho}{NG_m^2}\cdot\Delta P$	备注
1	14.21	16.65	0.372	7.02	9498	2320	2520	134	−2.8	302.6	317.9	303.3	0.2813	
2	20.05	23.46	0.528	9.96	13493	2334	2520	108	−3.4	354.0	375.8	359.4	0.2640	
3	25.97	30.49	0.686	12.94	17556	2482	2520	90	2.1	430.0	463	443.7	0.2668	
4	31.63	37.18	0.837	15.79	21418	2354	2520	70	−3.8	442.5	477	457.4	0.2533	
5	36.68	43.17	0.971	18.32	24881	2538	2520	69	3.4	506.4	553	530.8	0.2479	
6	40.81	48.03	1.081	20.39	27669	2498	2520	62	1.6	524.3	575	551.0	0.2409	

关联公式：$Nu=1.689\ Re=0.566$；
$f=0.9547\ Re=0.1333$。

七、思考题

（1）测得的管外放热系数 α 包括了几部分热阻？

（2）所求实验公式的应用条件和范围是什么？应用威尔逊方法需求保证什么条件？

（3）每支试验管的管内温度 T_v 不尽相同，这对平均放热系数 α 的精确性有何影响？

（4）分析实验误差产生的原因和改进措施。

（5）通过实验掌握了哪些实验技能？巩固了哪些基本概念？

八、附记

（1）本实验所需教学时数大约 6 学时。在进行充分预习实验指导书的条件下，实验进行约需 4 学时，数据整理 2 学时。

（2）本实验应用的基础知识较多，已在课程的后期进行安排。

（3）因为本实验台的实验元件都是可以更换的，可以满足各种不同的实验要求，因而也适用于研究生的实验研究，还可为工业传热元件进行性能标定。

另外，附有铜-康铜热电偶毫伏-温度对照表，见表 4.8。

表 4.8　　　　　　　　　铜-康铜热电偶毫伏-温度对照表

毫伏数/mV 温度/℃	0	1	2	3	4	5	6	7	8	9
0	0.000	0.039	0.078	0.116	0.155	0.194	0.234	0.273	0.312	0.352
10	0.391	0.431	0.471	0.510	0.550	0.590	0.630	0.671	0.711	0.751
20	0.792	0.832	0.893	0.914	0.945	0.995	1.036	1.077	1.118	1.159
30	1.201	1.242	1.284	1.325	1.367	1.408	1.450	1.492	1.534	1.576
40	1.618	1.661	1.703	1.745	1.788	1.830	1.873	1.916	1.958	2.001
50	2.004	2.081	2.130	2.174	2.217	2.260	2.304	2.347	2.391	2.435
60	2.478	2.552	2.566	2.610	2.654	2.698	2.743	2.787	2.831	2.867
70	2.920	2.965	3.010	3.054	3.099	3.144	3.189	3.234	3.279	3.325
80	3.370	3.415	3.469	3.056	3.552	3.597	3.643	3.689	3.735	3.782
90	3.827	3.873	3.919	3.965	4.012	4.058	4.105	4.151	4.198	4.224
100	4.291	4.338	4.385	4.432	4.479	4.526	4.573	4.621	4.665	4.715
110	4.673	4.810	4.858	4.906	4.953	5.007	5.049	5.099	5.145	5.193
120	5.241	5.289	5.338	5.386	5.434	5.483	5.531	5.580	5.629	5.677
130	5.726	5.775	5.824	5.873	5.922	5.971	6.020	6.070	6.119	6.168
140	6.218	6.267	6.317	6.367	6.416	6.466	6.516	6.566	6.616	6.666
150	6.716	6.766	6.816	6.867	6.917	6.967	7.018	7.068	7.119	7.169
160	7.220	7.271	7.322	7.373	7.424	7.475	7.526	7.577	7.628	7.679
170	7.730	7.782	7.833	7.885	7.936	7.998	8.040	8.091	8.143	8.195
180	8.247	8.299	8.351	8.403	8.455	8.507	8.559	8.611	8.664	8.716
190	8.769	8.821	8.874	8.926	8.979	9.032	9.085	9.137	9.190	9.243

毫伏数/mV 温度/℃	0	1	2	3	4	5	6	7	8	9
200	9.296	9.349	9.402	9.456	9.509	9.562	9.616	9.669	9.722	9.776
210	9.829	9.883	9.937	9.990	10.044	10.098	10.152	10.206	10.260	10.314
220	10.368	10.422	10.476	10.530	10.585	10.639	10.693	10.748	10.802	10.857
230	10.912	10.966	11.021	11.076	11.131	11.185	11.240	11.259	11.350	11.405
240	11.460	11.516	11.571	11.626	11.681	11.737	11.729	11.848	11.903	11.959
250	12.014	12.070	12.126	12.182	12.237	12.293	12.349	12.405	12.461	12.517
260	12.513	12.630	12.686	12.742	12.798	12.855	12.911	12.967	13.024	13.080
270	13.137	13.194	13.250	13.307	13.364	13.421	13.478	13.535	13.592	13.649

实验九　等截面伸展体传热特性

一、实验目的及要求

本实验是传热学课程的一门综合性实验，包含传热学和建筑环境测试技术这两门课程的知识点，即等截面伸展体传热特性和电位差计的使用。本实验的目的如下。

（1）通过实验和对实验数据的分析，深入了解伸展体传热的特性，并掌握求解具有对流换热条件的伸展体传热特性的方法。

（2）掌握手动电位差的工作原理及使用方法。

二、基本原理

具有对流换热的等截面伸展体，当长度与横截面之比很大时，其导热微分方程式为

$$\frac{\mathrm{d}^2\theta}{\mathrm{d}x^2} - m^2\theta = 0 \tag{4.49}$$

式中　m——系数，$m = \sqrt{\dfrac{\alpha u}{\lambda F}}$；

θ——过余温度，℃，$\theta = t - t_{\mathrm{f}}$；

t——伸展体温度，℃；

t_{f}——伸展体周围介质温度，℃；

α——空气对壁面的换热系数，W/(m²·℃)；

u——伸展体周长，m，$u = \pi d$；

F——伸展体截面积，$F = \dfrac{\pi}{4}(d_2^2 - d_1^2)$。

伸展体内的温度分布规律由边界条件和 m 值确定。

三、实验装置及测量系统

1. 实验装置

实验装置由风道、风机、试验元件、主副加热器、测温热电偶等组成。

试件是一紫铜管，放置在风道中，空气均匀地横向流过管子表面进行对流换热。管子表面各处的换热系数基本是相同的。管子两端装有加热器，以维持两端所要求的温度状况，构成两端处于某温度而中间具有对流换热条件的等截面伸展体。

管子两端的加热器通过调压变压器控制其功率，以达到控制两端温度的目的。

为了改变空气对管壁的换热系数，风机的工作电压也相应地可作调整，以改变空气流过管子表面时的速度。

为了测量铜管沿管长的温度分布，在管内安装有可移动的热电偶测温头，其冷端放置在空气流中，采用铜–康铜热电偶。通过 UJ–36 电位差计测出的热电势，反映管子各截面的过余温度，其相应的位置由带动热电偶测温头的滑动块在标尺上读出。

试件的基本参数如下。

管子外径 $d_1 = 20$ mm。

管子内径 $d_2 = 15$ mm。

管子长度 $L = 300$ mm。

管子导热系数 $\lambda = 385$ W/(m^2·℃)。

2. 手动电位差计工作原理

这是一种带积分环节的仪器，因此具有无差特性，这就决定了它可以具有很高的测量精度。工作原理如图 4.12 所示。

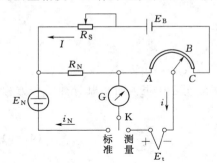

图 4.12 手动电位差计原理图

图 4.12 中的直流工作电源 E_B 是干电池或直流稳压电源，E_N 为标准电池。图中共有 3 个回路：①由 E_B、R_S、R_N、R_{ABC} 所组成的工作电流回路，回路的电流为 I；②由 E_N、R_N 和检流计 G 所组成的校准回路，回路电流为 i_N，其功能是调整工作电流 I 维持设计时所规定的电流值；③由 E_t、R_{AB} 和检流计 G 组成的测量回路，回路电流为 i。

首先，将开关 K 置于"标准"位置时，校准回路工作，其电压方程为

$$E_N - IR_N = i_N(R_N + R_G + R_{EN})$$

式中 R_G——检流计的内阻；

R_{EN}——标准电池的内阻。

调整 R_S 以改变工作电流回路的工作电流 I，使检流计 G 指向零，即 $i_N = 0$，则 $E_N = IR_N$，此时 I 就是电位差计所要求的工作电流值。

然后，将开关 K 置于"测量"位置时测量回路工作，其电压方程为

$$E_t - IR_{AB} = i(R_{AB} + R_G + R_E)$$

式中 R_E——热电偶及连接导线的电阻。

移动电阻 R_{ABC} 的滑动点 B 使检流计 G 指零，则 $i = 0$，$E_t = IR_{AB}$。由于 I 已是

精确的工作电流值，同时 R_{AB} 也可由刻度盘上精确地知晓，所以 E_t 的测量值也就精确知道。

四、完成本实验的具体做法

1. 解方程

$$\frac{d^2\theta}{dx^2} - m^2\theta = 0$$

截面积为 f、周长为 U 的等截面棒状体，其导热系数为 $\lambda[W/(m \cdot ℃)]$，两端分别与相距 L 的两大平壁相连接，平壁保持定温 t_{w1} 和 t_{w2}，圆棒与空气接触，空气温度为 t_f（设 $t_{w1} > t_{w2}$），棒与空气的对流换热系数为 $\alpha[W/(m^2 \cdot ℃)]$，求：

（1）棒沿 x 方向的过余温度 $\theta = t - t_f$ 分布式 $\theta = \theta(X)$。

（2）分析沿 x 方向棒的温度分布曲线的可能形状。

（3）棒的最低温度截面的位置表达式（当 $0 < X < L$ 存在最低温度值时）。

（4）棒两端由壁导入的热量 Q_1 及 Q_2。

2. 练习

直径为 20mm、长为 300mm 的铜管 $[\lambda = 385W/(m^2 \cdot ℃)]$，其两端分别与大平壁相连接。平壁保持定温 $t_{w1} = 200℃$、$t_{w2} = 150℃$，铜管向四周散热，空气温度为 $t_f = 20℃$，对流换热系数为 $\alpha = 20W/(m^2 \cdot ℃)$。

（1）计算温度分布。

（2）求棒的最低温度点的位置及其温度值，绘出该棒的温度分布曲线。

（3）求棒向空气的散热量。

（4）分别求出壁面 1 和壁面 2 导入棒的导热量。

以上两项内容要求在进行实验前完成。

3. 实验要求

（1）用测得的不同 X 位置过余温度 θ 数据，求出实验条件 m 值及 α 值。

（2）根据实验条件求得的 m 值，用分析公式计算过余温度分布、过余温度最低值处的位置及其值，并与实测结果相比较。

五、注意事项

（1）调整加热等功率时要求温度不要过高，以免烧坏测温部件。加热电压一般取 $U < 100V$ 为宜。

（2）实验结束后，先将调压器输出调到零，等试件降温至接近常温后再关掉风机，以免损坏实验装置。

六、问题讨论

（1）通过理论分析与实验实测，总结对具有对流换热表面的伸展体传热特性的认识。

（2）手动电位差计在使用过程中应注意哪些问题？

（3）本实验中如果不使用副加热器，实验结果会有什么变化？

（4）风速的改变对实验结果有什么影响？

实验十 自由对流换热系数测定

一、实验目的

（1）熟悉自由对流换热机理过程，学会温度、热流、热量的测试计算方法。

（2）学会用热电偶测量温度的正确方法，测定不锈钢管表面自由对流换热系数。

二、实验原理

根据牛顿定律，可求得物体表面自由对流换热情况下的换热量为

$$Q=\alpha A(t-t_f) \tag{4.50}$$

式中 Q——对流换体表面对流换热量，W；

α——对流换热系数，$W/(m^2 \cdot ℃)$；

A——自由对流换热体有效换热面积，m^2；

t——自由对流换热体表面平均温度，℃；

t_f——环境温度，℃。

式（4.50）可以简化为

$$\alpha=\frac{Q}{A(t-t_f)} \tag{4.51}$$

由此可知，只要求出对流换体表面自由对流换热量 Q、自由对流换热体有效换热面积 A、自由对流换热体表面平均温度 t 和自由对流换热体所在环境温度 t_f，即可求得对流换热系数 α。

三、实验仪器设备

实验仪器设备是由上海绿兰教学设备厂生产的自由对流换热系数测定实验装置，主要由自由对流换热体、电加热器、测温热电偶、转换开关、数显温度计等组成，自由对流换热体分别是由：$d_1=20mm$、$L_1=1.0m$；$d_1=40mm$、$L_2=1.2m$；$d_3=60mm$、$L_3=1.8m$；$d_4=80mm$、$L_4=2.0m$；这 4 根不锈钢段组成，其中之一示意图如 4.13（a）所示，图 4.13（b）所示为电加热控制及测量仪器箱。

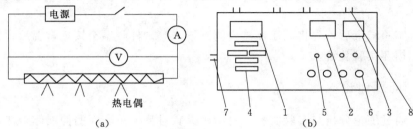

图 4.13 实验仪器设备原理及结构

1—数显温度计；2—电压表；3—电流表；4—转换开关；5—电加热开关；

6—加热器电压调节旋钮；7—输出电压接线柱；8—热电偶输入接线柱

图 4.14 所示为实验设备实物。

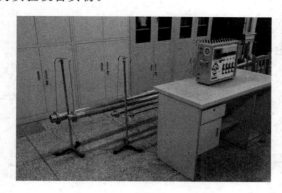

图 4.14　实验设备实物

四、实验步骤

（1）实验前期准备工作，包括电源线、热电偶信号线的连接等；

（2）接通电源，选择实验对流换热体，合上开关 5，并调节相应的电压调节旋钮 6，选定一合适的电压、电流值，并记录电压、电流读数。

（3）通电约 30min 后，分别按下转换开关，观察对流换热体上不同点的温度变化情况，等待其稳定不变时自由对流换热达到稳态，此时可读取各点温度值。

（4）重新选择自由对流换热体，重复上述步骤（2）、（3），直到 4 个不同形状换热体全部实验完毕为止。

（5）记录环境温度。

（6）实验完毕，关闭电源开关，整理仪器设备。

需特别注意的是，本实验为自由对流换热实验，在实验进行过程中应尽可能避免人员在对流换热体附近走动，以免空气流动给实验带来较大的误差。

五、实验数据记录与处理

（1）把实验数据记录在表 4.9 中。

表 4.9 　　　　　　　　　　　　　数 据 记 录 表

	电压/V	电流/A	自由对流换热体表面温度/℃							
			t_1	t_2	t_3	t_4	t_5	t_6	t_7	t_8
换热体 1										
换热体 2										
换热体 3										
换热体 4										

（2）实验数据处理。

自由对流换热体有效换热面积为

$$A = \pi d L$$

自由对流换热体表面平均温度 t 为

$$t = \frac{1}{n}(t_1 + t_2 + \cdots + t_n)$$

六、问题讨论

（1）造成实验误差的原因有哪些？应该如何解决？

（2）不同几何形状尺寸、不同温度的自由对流换热体，其自由对流换热系数是否相同？为什么？

实验十一　热管换热器传热系数测定

一、实验目的

（1）熟悉热管换热器的构造及工作原理，掌握热管换热器换热量和传热系数的测试及计算方法。

（2）了解换热器的测试方法。

二、实验原理及实验设备的结构

热管换热器实验台的结构如图 4.15 所示（供参考）。实验台由翅片热管（整体轧制）、热段风道、冷段风道、冷段和热段风机、电加热器、测温热电偶、调温旋钮、测温转换开关和热球风速仪等组成。

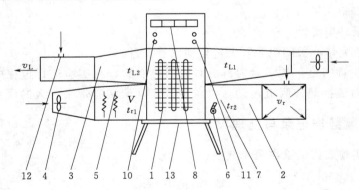

图 4.15　热管换热器实验台结构示意图

1—翅片热管；2—热段风道；3—冷段风道；4—风机；5—电加热器；
6—工况选择开关；7—热电偶；8—测温切换琴键开关；9—热球
风速仪（图中未画出）；10—冷端热电偶接线柱；11—电位
差计接线柱；12—风速测孔；13—支架

热段中的电加热器使空气加热，热风经热段风道时通过翅片热管进行换热和传递，从而使冷段风道空气温度升高。利用风道中的热电偶对冷、热段的进、出口进行测量，并用热球风速仪对冷、热段的出口风速进行测量，从而可以计算出换热器的换热量 Q 和传热系 K。

图 4.16 所示为实验设备实物。

图 4.16 实验设备实物

三、实验台参数

1. 设备 1

（1）冷段出口面积 $F_L = \frac{1}{4}\pi d^2 \, \text{m}^2$，$d = 70\text{mm}$。

（2）热段出口面积 $F_r = a \times b \, \text{m}^2$，$a = 200\text{mm}$，$b = 65\text{mm}$。

（3）冷段传热表面积 $f_L = 0.536\text{m}^2$。

（4）热段传热表面积 $f_r = 0.496\text{m}^2$。

2. 设备 2

（1）冷段出口面积 $F_L = \frac{1}{4}\pi d^2 \, \text{m}^2$，$d$ 为实测。

（2）热段出口面积 $F_r = ab \, \text{m}^2$，a、b 为实测。

（3）冷段传热表面积 $f_L = 0.03488\text{m}^2$。

（4）热段传热表面积 $f_r = 0.03488\text{m}^2$。

四、实验步骤

（1）接通电源，打开风机开关，将工况开关打在"工况 I"位置。

（2）用热球风速仪在冷、热出口断面测量风速（为使测量工作在风道温度不超过 40℃ 的情况下进行，必须在开机后立即测量）。风速仪的使用方法应参阅该仪器的说明书。

（3）待工况稳定后（约 40min）按下琴键开关，切换测温点，逐点测量冷、热段进、出口温度 t_{L1}、t_{L2}、t_{r1}、t_{r2} 等。

（4）将"工况开关"打在"工况 II"位置（或改变加热电压以改变工况），重复上述步骤，测量工况 II 的冷、热段进、出口温度。

（5）实验结束后，将加热电压、电流调到最小，并使风机继续运行 5～10min，之后再切断所有电源，整理实验设备。

五、实验数据记录及处理

（1）将实验测得的数据填入表 4.10 中。

表 4.10　　　　　　　　　　　　　数　据　记　录　表

工况	序号	风速/(m/s)		冷、热段进、出口温度/℃			
		v_L	v_r	t_{L1}	t_{L2}	t_{r1}	t_{r2}
I	1						
	2						
	3						
	平均						
II	1						
	2						
	3						
	平均						

（2）计算换热量、传热系数及热平衡误差。

1）工况 I 。

冷段换热量：　　　　　$Q_L = 0.24c_L(3600v_L F_L \rho_L)(t_{L2} - t_{L1})$

热段换热量：　　　　　$Q_r = 0.24c_r(3600v_r F_r \rho_r)(t_{r1} - t_{r2})$

热平衡误差：　　　　　　　　$\delta = (Q_r - Q_L)/Q_r$

传热系数：　　　　　　　　　　$k = \dfrac{Q_L}{f_L \Delta t}$

式中　　v_L，v_r——冷、热段出口平均速度，m/s；

F_L，F_r——冷、热段出口断面积，m²；

t_{L1}，t_{L2}，t_{r1}，t_{r2}——冷、热段出口风温，℃；

ρ_L，ρ_r——冷、热段空气平均密度，kg/m³；

c_L，c_r——冷、热段空气平均比热容，kcal/(kg・℃)；

f_L——冷段传热面积，m²。

$$\Delta t = \frac{t_{r1} + t_{r2}}{2} - \frac{t_{r2} - t_{r1}}{2}$$

2）工况 II 。计算方法同上。

将上面两种工况的实验结果填入表 4.11 中，并进行比较分析。

表 4.11　　　　　　　　　　　　　数　据　记　录　表

工况	冷段换热量 Q_L/(kcal/h)	热段换热量 Q_r/(kcal/h)	热平衡误差 δ/%	传热系数 K/[kcal/(m²・h・℃)]
I				
II				

第 5 章

实验一　二氧化碳 p-V-T 关系测定实验

一、实验目的

（1）了解 CO_2 临界状态的观测方法，增加对临界状态概念的感性认识。

（2）增加对课堂所讲的工质热力状态、凝结、汽化、饱和状态等基本概念的理解。

（3）掌握 CO_2 的 p-V-T 关系的测定方法，学会用实验测定实际气体状态变化规律的方法和技巧。

（4）学会活塞式压力计、恒温器等热工仪器的正确使用方法。

二、实验内容

（1）测定 CO_2 的 p-V-T 关系。在 p-V 坐标系中绘出低于临界温度（$t=20℃$、$t=27℃$）、临界温度（$t=31.1℃$）和高于临界温度（$t=50℃$）的 4 条等温曲线，并与标准实验曲线及理论计算值相比较，并分析其差异原因。

（2）测定 CO_2 在低于临界温度（$t=20℃$、$t=27℃$）时饱和温度和饱和压力之间的对应关系，并与图 5.4 中的 t_s-p_s 曲线相比较。

（3）观测临界状态。

1）临界状态附近气液两相模糊的现象。

2）气液整体相变现象。

3）测定 CO_2 的 p_c、V_c、T_c 等临界参数，并将实验所得的 V_c 值与理想气体状态方程和范德华方程的理论值相比较，简述其差异原因。

三、实验设备及原理

整个实验装置由压力台、恒温器和实验台本体及其防护罩等三大部分组成，如图 5.1 所示。

实验台本体如图 5.2 所示。其中包括高压容器、玻璃杯、压力机、水银、密封填料、填料压盖、恒温水浴、承压玻璃杯、CO_2 空间和温度计。

对简单可压缩热力系统，当工质处于平衡状态时，其状态参数 p、V、T 之

间有

$$F(p, V, T) = 0 \ \text{或} \ T = f(p, V) \tag{5.1}$$

本实验就是根据式（5.1），采用定温方法来测定 CO_2 的 p-V 关系，从而找出 CO_2 的 p-V-T 关系。

实验中，压力台油缸送来的压力由压力油传入高压容器和玻璃杯上半部分，迫使水银进入预先装了 CO_2 气体的承压玻璃管容器，CO_2 被压缩，其压力通过压力台上活塞杆的进、退来调节。温度由恒温器供给的水套里的水温来调节。

实验工质 CO_2 的压力值由装在压力台上的压力表读出，温度由插在恒温水套中的温度计读出。比容首先由承压玻璃管内二氧化碳柱的高度来测量，而后再根据承压玻璃管内径截面不变等条件来换算得出。

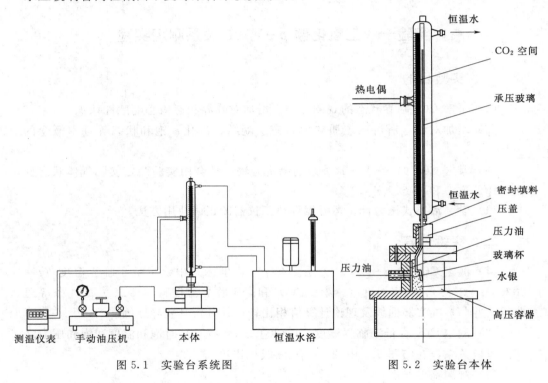

图 5.1　实验台系统图　　　　　图 5.2　实验台本体

四、实验步骤

（1）按图 5.2 装好实验设备，并开启实验本体上的日光灯（目的是易于观察）。

（2）恒温器准备及温度调节。

1）把水注入恒温器内，至离盖 30～50mm。检查并接通电路，启动水泵，使水循环对流。

2）把温度调节仪波段开关拨向"调节"位置，调节温度旋钮，设置所要调定的温度，再将温度调节仪波段开关拨向"显示"位置。

3）视水温情况开、关加热器，当水温未达到要调定的温度时，恒温器指示灯是亮的，当指示灯时亮时灭闪动时，说明温度已达到所需要的恒温。

4）观察温度，当读数温度点的温度与设定的温度一致（或基本一致）时，则可（近似）认为承压玻璃管内的 CO_2 的温度处于设定的温度。

5）当需要改变实验温度时，重复 2）～4）即可。

注：当初始水温高于实验设定温度时，应加冰进行调节。

（3）加压前的准备。

因为压力台的油缸容量比容器容量小，需要多次从油杯里抽油，再向主容器管充油，才能在压力表上显示压力读数。压力台抽油、充油的操作过程非常重要，若操作失误，不但加不上压力，还会损坏实验设备。所以，务必认真掌握，其步骤如下。

1）关压力表及其进入本体油路的两个阀门，开启压力台油杯上的进油阀。

2）摇退压力台上的活塞螺杆，直至螺杆全部退出，这时压力台油缸中抽满了油。

3）先关闭油杯阀门，然后开启压力表和进入本体油路的两个阀门。

4）摇进活塞螺杆，使本体充油。如此反复，直至压力表上有压力读数为止。

5）再次检查油杯阀门是否关好、压力表及本体油路阀门是否开启，若均已调定后，即可进行实验。

（4）做好实验的原始记录。

1）设备数据记录：仪器、仪表名称、型号、规格、量程等。

2）常规数据记录：室温、大气压、实验环境等。

3）承压玻璃管内 CO_2 质量不便测量，而玻璃管内径或截面积（A）又不易测准，因而实验中采用间接办法来确定 CO_2 的比容，认为 CO_2 的比容 ν 与其高度是一种线性关系。具体方法如下。

a. 已知 CO_2 液体在 20℃、9.8MPa 时的比容 ν（20℃、9.8MPa）为 $0.00117\mathrm{m^3/kg}$。

b. 实际测定实验台在 20℃、9.8MPa 时的 CO_2 液柱高度 Δh_0（m）（注意玻璃管水套上刻度的标记方法）。

c. 因为 $\nu(20℃、9.8\mathrm{MPa}) = \dfrac{\Delta h_0 A}{m} = 0.00117\mathrm{m^3/kg}$

所以
$$\frac{m}{A} = \frac{\Delta h_0}{0.00117} = K$$

式中　K——玻璃管内 CO_2 的质面比常数。

所以，任意温度、压力下 CO_2 的比容为

$$\nu = \frac{\Delta h}{\dfrac{m}{A}} = \frac{\Delta h}{K}$$

其中

$$\Delta h = h - h_0$$

式中　h——任意温度、压力下水银柱高度；

h_0——承压玻璃管内径顶端刻度。

（5）测定低于临界温度 $t = 20℃$ 时的等温线。

1）将恒温器调定在 $t = 20℃$，并保持恒温。

2）压力从 4.41MPa 开始，当玻璃管内水银柱升起来后，应足够缓慢地摇进活

塞螺杆，以保证等温条件；否则，将来不及平衡，使读数不准。

3）按照适当的压力间隔取 h 值，直至压力 $p=9.8MPa$。

4）注意加压后 CO_2 的变化，特别是注意饱和压力和饱和温度之间的对应关系以及液化、汽化等现象，要将测得的实验数据及观察到的现象一并填入表 5.1 中。

表 5.1 CO_2 等温实验原始记录

$t=20℃$				$t=27℃$			
p /MPa	Δh /m	$V=\Delta h/K$ /(m³/kg)	现象	p /MPa	Δh /m	$V=\Delta h/K$ /(m³/kg)	现象
进行等温线实验所需时间/min							

$t=31.1℃$（临界）				$t=50℃$			
p /MPa	Δh /m	$V=\Delta h/K$ /(m³/kg)	现象	p /MPa	Δh /m	$V=\Delta h/K$ /(m³/kg)	现象
进行等温线实验所需时间/min							

5）测定 $t=27℃$ 时其饱和温度和饱和压力的对应关系。

（6）测定临界参数，并观察临界现象。

1）按上述方法和步骤测出临界等温线（$t_c=31.1℃$），并在该曲线的拐点处找出临界压力 p_c 和临界比容 ν_c，并将数据填入表 5.1。

2）观察临界现象。

a. 整体相变现象。由于在临界点时汽化潜热等于零，饱和汽线和饱和液线合于一点，所以这时汽液的相互转变不是像临界温度以下时那样逐渐积累，需要一定的时间，表现为渐变过程，而这时当压力稍变时，汽、液是以突变的形式相互转化的。

b. 汽、液两相模糊不清的现象。处于临界点的 CO_2 具有共同参数（p，V，t），因而不能区别此时 CO_2 是气态还是液态。如果说它是气体，那么这个气体是接近液态的气体；如果说它是液体，那么这个液体又是接近气态的液体。下面就用实验证明这个结论。因为这时处于临界温度下，如果按等温线过程进行，使 CO_2

压缩或膨胀，那么管内是什么也看不到的。现在，按绝热过程来进行。首先在压力等于 7.64MPa 附近突然降压，CO_2 状态点由等温线沿绝热线降到液区，管内 CO_2 出现明显的液面。这就是说，如果这时管内的 CO_2 是气体，那么这种气体离液区很接近，可以说是接近液态的气体；当在膨胀之后突然压缩 CO_2 时，这个液面又立即消失了。这就说明此时 CO_2 液体离气区也是非常接近的，可以说是接近气态的液体。既然此时的 CO_2 既接近气态又接近液态，所以说处于临界点附近。可以这样说，临界状态究竟如何，就是饱和汽、液分不清。这就是临界点附近，饱和汽、液模糊不清的现象。

（7）测定高于临界温度 $t=50℃$ 时的定温线。将数据填入原始记录表 5.1。

五、实验结果处理和分析

（1）按表 5.1 的数据，如图 5.3 所示，在 $p-\nu$ 坐标系中画出 4 条等温线。

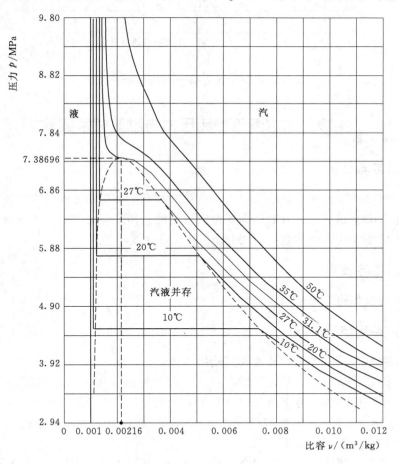

图 5.3　标准曲线

（2）将实验测得的等温线与图 5.3 所示的标准等温线比较，并分析它们之间的差异及原因。

（3）将实验测得的饱和温度与压力的对应值与图 5.4 给出的 t_s-p_s 曲线相比较。

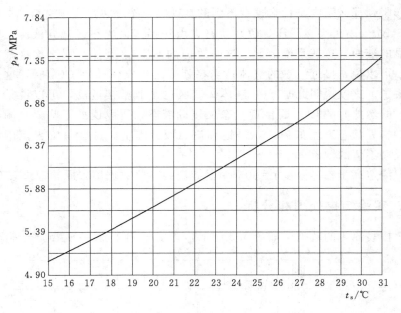

图 5.4　饱和温度 t_s 饱和压力 p_s 关系曲线

实验二　水蒸气饱和压力与温度关系实验

一、实验目的

（1）通过观察饱和蒸汽压力与温度变化的关系，加深对饱和状态的理解，从而树立液体温度达到对应于液面压力的饱和温度时，沸腾便发生的基本概念。

（2）根据实验测得的数据，绘制 $p\text{-}T$ 关系曲线。

二、实验设备

实验装置如图 5.5 所示。

三、实验步骤

（1）先熟悉一下各实验装置及其使用方法。

（2）检查确认设备完好无误后，将调压器的输出电压缓缓地调至 220V，此时本体里的水开始加热，待水蒸气压力升至某一值时，将电压降至 80～100V 进行保温，当温度计指示值基本稳定（在 1min 之内温度上升或下降不超过 0.2℃）时，记录下此刻的压力和温度值。

（3）重复上述的步骤，测定下一个工况点，在 0～0.6MPa（表压）范围内所测得的工况点不应少于 10 次，而且工况点应尽量分布均匀。

（4）实验结束后，将调压器指针调到零，并切断该实验台电源。

四、实验数据的记录整理

（1）记录和计算（表 5.2）。

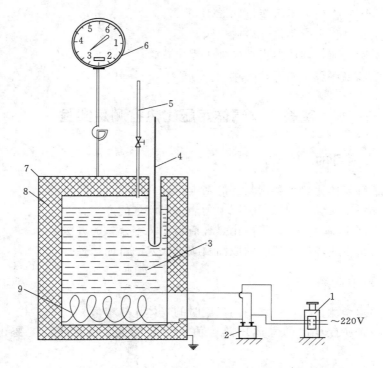

图 5.5　板式静电除尘器实验装置

1—调压器；2—电压表；3—水；4—水银温度计；5—放气（加水）管；
6—压力表；7—本体外壳；8—保温层；9—电炉丝

表 5.2

数 据 记 录 表

实验次数	饱和压力/MPa			饱和温度/℃		误差	
	压力表读数 p'	大气压 B	绝对压力 $p = p' + B$	温度计读数 t'	理论值 t	$\Delta t = t - t'$ /℃	$\frac{\Delta t}{t} \times 100\%$ /%
1							
2							
3							
4							
5							
6							
7							
8							
9							
10							

（2）绘制 p-T 关系曲线。

五、注意事项

（1）通电加热时，输出电压不得超过 220V。

（2）本体工作压力不得超过 0.6MPa。

（3）实验过程中，不得开启放气阀。

（4）实验之前，调压器指针应处于零位置。

（5）注意电压表、温度计的量程。

实验三　气体定压比热容测定实验

一、实验目的

（1）了解气体比热容测定装置的基本原理和构思。

（2）熟悉本实验中测温、测压、测热、测流量的方法。

（3）掌握由基本数据计算出比热容值和比热容公式的方法。

（4）分析本实验产生误差的原因及减小误差的可能途径。

二、实验内容

（1）根据所测数据，计算不同温度时的气体比热容值。

（2）根据所计算出的气体比热容值，绘出气体比热容随温度变化而变化的曲线。

三、实验设备

实验所用的设备和仪器仪表由风机、流量计、比热容仪本体、电功率调节测量系统共四部分组成，实验装置系统如图 5.6 所示。

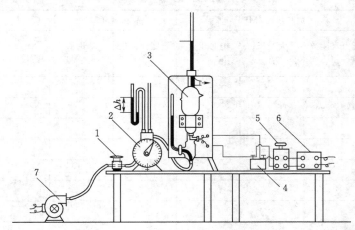

图 5.6　测定空气定压比热容的实验装置系统
1—节流阀；2—流量计；3—比热容仪本体；4—瓦特表；
5—调压变压器；6—稳压器；7—风机

装置中采用湿式流量计测定气流流量。流量计出口的恒温槽用以控制测定仪器出口气流的温度。装置可以采用小型单级压缩机或其他设备作为气源设备，并用钟罩型气罐维持供气压力稳定。气流流量用调节阀调整。

比热容测定仪本体（图 5.7）由内壁镀银的多层杜瓦瓶 2、进口温度计 1 和出口温度计 8（铂电阻温度计或精度较高的水银温度计）、电加热器 3 和均流网 4、绝缘垫 5、旋流片 6 和混流网 7 组成。气体自进口管引入，进口温度计 4 测量其初始温度，离开电加热器的气体经均流网 4 均流均温，出口温度计 8 测量加热终了温度后被引出。该比热容仪可测 300℃以下气体的定压比热容。

四、实验原理

1. 实验原理

引用热力学第一定律解析式，对可逆过程有

$$\mathrm{d}q = \mathrm{d}u + p\mathrm{d}V \text{ 和 } \mathrm{d}q = \mathrm{d}h - V\mathrm{d}p \tag{5.2}$$

定压时 $\mathrm{d}p = 0$，有

$$c_p = \left(\frac{\mathrm{d}q}{\mathrm{d}T}\right) = \left(\frac{\mathrm{d}h - v\mathrm{d}p}{\mathrm{d}T}\right) = \left(\frac{\partial h}{\partial T}\right)_p \tag{5.3}$$

式（5.3）直接由 c_p 的定义导出，故适用于一切工质。

在没有对外界做功的气体的等压流动过程中，有

$$\mathrm{d}h = \frac{1}{m}\mathrm{d}Q_p \tag{5.4}$$

则气体的定压比热容〔单位:kJ/(kg·℃)〕可以表示为

$$c_p \big|_{t_1}^{t_2} = \frac{Q_p}{m(t_2 - t_1)} \tag{5.5}$$

式中 m——气体的质量流量，kg/s；

Q_p——气体在等压流动过程中的吸热量，kJ/s。

由于气体的实际定压比热容是随温度的升高而增大，它是温度的复杂函数。实验表明，理想气体的比热容与温度之间的函数关系甚为复杂，但总可表达为

$$c_p = a + bt + et^2 + \cdots \tag{5.6}$$

式中 a、b、e 等是与气体性质有关的常数。例如，空气的定压比热容的实验关系式为

$$c_p = 1.02319 - 1.76019 \times 10^{-4}T + 4.02402 \times 10^{-7}T^2$$
$$- 4.87268 \times 10^{-10}T^3$$

式中 T——绝对温度，K。

该式适用于 250～600K，平均偏差为 0.03%，最大偏差为 0.28%场合。

由于比热容随温度的升高而增大，所以在给出比热容的数值时，必须同时指明是那个温度下的比热容。根据定压比热容的定义，气体在 t℃时的定压比热容等于气体自温度 t 升高到 $t + \mathrm{d}t$ 时所需热量 $\mathrm{d}q$ 除以 $\mathrm{d}t$，即

$$c_p = \frac{\mathrm{d}q}{\mathrm{d}t}$$

当温度间隔 $\mathrm{d}t$ 为无限小时，即为某一温度 t 时气体的真实比热容。如果已得出 $c = f(t)$ 的函数关系，温度由 $t_1 \sim t_2$ 的过程中所需要的热量即可按下式求得，即

$$q = \int_1^2 c_p \mathrm{d}t = \int_1^2 (a + bt + et^2 + \cdots)\mathrm{d}t$$

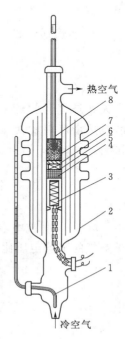

图 5.7 比热容测定仪结构原理

1—进口温度计；2—多层杜瓦瓶；3—电加热器；4—均流网；5—绝缘垫；6—旋流片；7—混流网；8—出口温度计

用逐项积分来求热量十分繁复。但在离开室温不很远的温度范围内，空气的定压比热容与温度的关系可近似认为是线性的，即可近似表示为

$$c_p = a + bt \tag{5.7}$$

则温度由 $t_1 \sim t_2$ 的过程中所需要的热量可表示为

$$q = \int_{t_1}^{t_2} (a + bt) \mathrm{d}t \tag{5.8}$$

由 t_1 加热到 t_2 的平均定压比热容可表示为

$$c_p \big|_{t_1}^{t_2} = \frac{\int_{t_1}^{t_2} (a + bt) \mathrm{d}t}{t_2 - t_1} = a + b \frac{t_1 + t_2}{2} \tag{5.9}$$

大气是含有水蒸气的湿空气。当湿空气气流由温度 t_1 加热到 t_2 时，其中水蒸气的吸热量可用式（5.10）计算，其中 $a = 1.833$，$b = 0.0003111$，则水蒸气的吸热量为

$$\begin{aligned} Q_w &= m_w \int_{t_1}^{t_2} (1.833 + 0.0003111t) \mathrm{d}t \\ &= m_w [1.833(t_2 - t_1) + 0.0001556(t_2^2 - t_1^2)] \end{aligned} \tag{5.10}$$

式中　m_w——气流中水蒸气质量，kg/s。

则干空气的平均定压比热容由式（5.11）确定，即

$$c_{pm} \big|_{t_1}^{t_2} = \frac{Q_p}{(m - m_w)(t_2 - t_1)} = \frac{Q_p' - Q_w}{(m - m_w)(t_2 - t_1)} \tag{5.11}$$

式中　Q_p'——湿空气气流的吸热量。

仪器中加热气流的热量（如用电加热器加热）不可避免地因热辐射而有一部分散失于环境，这项散热量的大小决定于仪器的温度状况。只要加热器的温度状况相同，散热量也相同。因此，在保持气流加热前的温度仍为 t_1 和加热后温度仍为 t_2 的条件下，当采用不同的质量流量和加热量进行重复测定时，每次的散热量应是一样的。于是，可在测定结果中消除这项散热量的影响。设两次测定时的气体质量流量分别为 m_1 和 m_2，加热器的加热量分别为 Q_1 和 Q_2，辐射散热量为 ΔQ，则达到稳定状况后可以得到以下的热平衡关系，即

$$Q_1 = Q_{p1} + Q_{w1} + \Delta Q = (m_1 - m_{w1}) c_{pm}(t_2 - t_1) + Q_{w1} + \Delta Q$$

$$Q_2 = Q_{p2} + Q_{w2} + \Delta Q = (m_2 - m_{w2}) c_{pm}(t_2 - t_1) + Q_{w2} + \Delta Q$$

两式相减消去 ΔQ 项，得到

$$c_{pm} \big|_{t_1}^{t_2} = \frac{(Q_1 - Q_2) - (Q_{w1} - Q_{w2})}{(m_1 - m_2 - m_{w1} + m_{w2})(t_2 - t_1)} \tag{5.12}$$

2. 实验方法及数据处理

实验中需要测定干空气的质量流量 m、水蒸气的质量流量 m_w、电加热器的加热量（即气流吸热量）Q_p' 和气流温度等数据，测定方法如下。

（1）干空气的质量流量 m 和水蒸气的质量流量 m_w。电加热器不投入，摘下流量计出口与恒温槽连接的橡皮管，把气流流量调节到实验流量值附近，测定流量计出口的气流温度 t_0'（由流量计上的温度计测量）和相对湿度 φ。根据 t_0 与 φ 值由湿空气的焓-湿图确定含湿量（g/kg），并计算出水蒸气的容积成分，即

$$y_w = \frac{\dfrac{d}{622}}{1 + \dfrac{d}{622}} \qquad\qquad (5.13)$$

于是，气流中水蒸气的分压力为

$$p_w = y_w p \qquad\qquad (5.14)$$

$$p = 10B_1 + 9.81\Delta h \qquad\qquad (5.15)$$

式中　p——流量计中湿空气的绝对压力，Pa；

　　　B_1——当地大气压，kPa，由数字式压力计读出；

　　　Δh——流量计上压力表（U 形管）读数，mmH_2O 柱。

接上橡皮管开始加热。当实验工况稳定后测定流量计每通过 $V(m^3)$（如 $0.01m^3$）气体所花的时间 $\tau(s)$ 以及其他数据。水蒸气的质量流量 $m_w(kg/s)$ 计算式为

$$m_w = \frac{p_w\left(\dfrac{V}{\tau}\right)}{R_w T_0} \qquad\qquad (5.16)$$

$$R_w = 461 \qquad\qquad (5.17)$$

式中　R_w——水蒸气的气体常数，$J/(kg \cdot K)$；

　　　T_0——绝对温度，K。

干空气的质量流量计算式为

$$m_g = \frac{p_g\left(\dfrac{V}{\tau}\right)}{R T_0} \qquad\qquad (5.18)$$

$$R = 287 \qquad\qquad (5.19)$$

式中　R——干空气的气体常数，$J/(kg \cdot K)$。

（2）电加热器的加热量 $Q_p'(kJ/h)$。电加热器消耗功率可由瓦特表读出；瓦特表读数方法见瓦特表说明书，有

$$Q_p' = 3.6 Q_p \qquad\qquad (5.20)$$

式中　Q_p——瓦特表读数，W。

（3）气流温度。气流在加热前的温度 t_1 和加热后的温度 t_2 由比热容测定仪上的温度计测量，实验时根据选定的气流初始温度 t_1 和加热温度 t_2 的变化范围及变化间隔，t_1 用恒温槽调节，t_2 由电加热器调节。

五、实验步骤

（1）接通电源及测量仪表，选择所需的出口温度计插入混流网的凹槽中。

（2）取下流量计上的温度计，开动风机，调节节流阀，使流量保持在额定值附近。测出流量计出口空气的干球温度 t_0 和湿球温度 t_w。

（3）将温度计插回流量计，重新调节流量，使它保持在额定值附近，逐渐提高电压，使出口温度计读数升高到预计温度［可根据下式预先估计所需电功率：$w = 12\dfrac{\Delta t}{\tau}$，式中：$w$ 为电功率（W）；Δt 为进出口温差（℃）；τ 为每流过 10L 空气所需的时间（s）］。

（4）待出口温度稳定后（出口温度在 10min 之内无变化或有微小起伏即可视为稳定），读出下列数据。

1）10L 气体通过流量计所需时间 $\tau(s)$。

2）比热容仪进口温度 $t_1(℃)$，出口温度 $t_2(℃)$。

3）大气压力计读数 $B_1(kPa)$，流量计中气体表压 $\Delta h(mmH_2O)$。

4）电加热器的功率 $Q_p(W)$。

（5）根据流量计出口空气的干球温度 t_0 和湿球温度 t_w 确定空气的相对湿度 φ，根据 φ 和干球温度从湿空气的焓-湿图（工程热力学附图）中查出含湿量 $d(g/kg_{干空气})$。

（6）每小时通过实验装置空气流量为

$$V = \frac{36}{\tau} \tag{5.21}$$

式中　τ——每 10L 空气流过所需时间，s。

将各量代入式（5.18）并统一单位可以得出干空气质量流量的计算式为

$$m_g = \frac{(1-y_w)(1000B_1 + 9.81\Delta h) \times (36/\tau)}{287 \times (t_0 + 273.15)} \tag{5.22}$$

（7）水蒸气的流量。将各量代入式（5.16）并统一单位，可以得出水蒸气质量流量的计算式为

$$m_w = \frac{y_w(1000B_1 + 9.81\Delta h) \times (36/\tau)}{461.5 \times (t_0 + 273.15)} \tag{5.23}$$

（8）计算实例。某一稳定工况实测参数如下。

$t_0 = 8℃$，$t_w = 7.8℃$，$t_f = 8℃$，$B_t = 99.727kPa$，$t_1 = 8℃$，$t_2 = 240.3℃$，$\tau = 69.96s/101$，$\Delta h = 16mmH_2O$ 柱，$Q_p = 41.842W$，由 t_0、t_w 查焓-湿图得 $\varphi = 94\%$，$d = 6.3g/kg_{干空气}$。

计算：1）水蒸气的容积成分。

代入式（5.13），得 $y_w = \dfrac{6.3/622}{1+6.3/622} = 0.010027$

2）电加热器单位时间放出的热量。

代入式（5.20），得 $Q_p' = 3.6Q_p = 3.6 \times 41.842 = 150.632(kJ/h)$

3）干空气质量流量。

代入式（5.22），得

$$m_g = \frac{(1-0.010027) \times (1000 \times 99.727 + 9.81) \times 16 \times 36/69.96}{287 \times (8 + 273.15)}$$

$$= 0.63048(kg/h)$$

4）水蒸气质量流量。

代入式（5.23）

$$m_w = \frac{0.010027 \times (1000 \times 99.727 + 9.81) \times 36/69.96}{461.5 \times (8 + 273.15)}$$

$$= 0.0039755(kg/h)$$

5）水蒸气吸收的热量为

$Q_w = 0.0039755 \times [1.833 \times (240.3-8) + 1.556 \times 10^{-4} \times (240.3^2 - 8^2)] = 1.728(kJ/h)$

则干空气的平均定压比热容为

$$c_{pm}\Big|_8^{240.3} = \frac{150.632-1.728}{0.63048\times(240.3-8)} = 1.0167(\text{kJ/h})$$

六、实验报告要求

（1）实验名称、学生姓名、学号、班号和实验日期。

（2）实验目的和要求。

（3）实验仪器、设备与材料。

（4）实验原理。

（5）实验步骤。

（6）实验原始记录。

（7）实验数据计算结果。

（8）实验结果分析，讨论实验指导书中提出的思考题，写出心得与体会。

七、实验注意事项

（1）电加热器不应在无气流通过情况下投入工作，以免引起局部过热而损害比热容仪本体。

（2）输入电加热器电压不得超过 220V，气体出口温度最高不得超过 300℃。

（3）加热和冷却要缓慢进行，防止温度计比热容仪本体因温度骤然变化和受热不均匀而破裂。

（4）停止实验时，应先切断电加热器电源，让风机继续运行 15min 左右（温度较低时时间可适当缩短）。

实验测定时，必须确信气流和测定仪的温度状况稳定后才能读数。

实验四　真空条件下水蒸气饱和蒸汽压及汽化潜热的测定实验

一、实验目的

（1）通过观察饱和蒸汽压力和温度变化的关系，加深对饱和状态的理解，从而树立液体温度达到对应于液面压力的饱和温度时，沸腾便会发生的基本概念。

（2）通过对实验数据的整理，掌握饱和蒸汽 p-T 关系图表的编制方法。

（3）学会温度计、压力表、调压器和大气压力计等仪表的使用方法。

（4）能观察到小容积和金属表面很光滑（汽化核心很小）的饱态沸腾现象。

二、实验装置

实验装置如图 5.8 所示。

三、实验步骤

（1）熟悉实验装置及使用仪表的工作原理和性能。

（2）将电功率调节器调节至电压表零位，然后接通电源。

（3）将调压器输出电压调至 200～220V，待蒸汽压力升至一定值时，将电压降至 20～50V 保温，待工况稳定后迅速记录下水蒸气的压力和温度。重复上述实验，在 0～1MPa（表压）范围内实验不少于 6 次，且实验点应尽量分布均匀。

（4）实验完毕后，将调压器旋回零位，并断开电源。

（5）记录室温和大气压力。

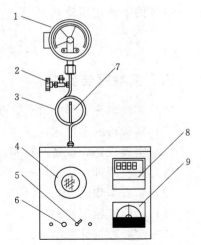

图 5.8　真空条件下水蒸气饱和蒸汽压及汽化潜热的测定实验装置示意图
1—压力表；2—排气阀；3—缓冲器；
4—可视玻璃及蒸汽发生器；5—电源开关；6—电功率调节；7—温度计
（0～300℃）；8—可控数显
温度仪；9—电压表

四、数据记录及计算结果

（1）测量的数据列于表 5.3 中。

（2）绘制 p-t 关系曲线。

将实验结果标在坐标系上，清除偏离点，绘制曲线，如图 5.9 所示。

（3）总结经验公式。将实验曲线绘制在双对数坐标纸上，则基本呈一直线，故饱和水蒸气压力和温度的关系可近似整理成下图 5.10 所示曲线。

表 5.3　　　　　　　　　　　测　量　数　据　表

实验次数	饱和压力/bar			饱和温度		误差		备注
	压力表读数 p'	大气压 B	绝对压力 $p=p'+B$	温度读数 t'	理论值 t	$\Delta t=t'-t$	$\Delta t/t\times100\%$	
1								
2								
3								
4								
5								
6								

注　1bar＝10^5Pa。

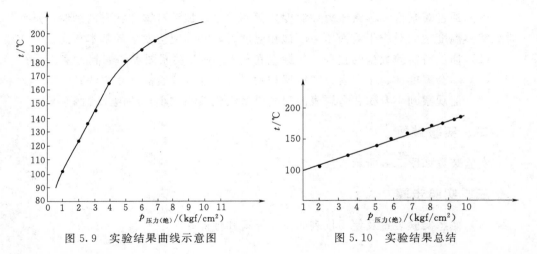

图 5.9　实验结果曲线示意图　　　　　　图 5.10　实验结果总结

（4）误差分析。通过比较发现测量比标准值低 1% 左右，引起误差的原因可能有以下几个方面。

1）读数误差。

2）测量仪表精度引起的误差。

3）利用测量管测温所引起的误差。

五、注意事项

（1）实验装置通电后必须有专人看管。

（2）实验装置使用压力为 1MPa（表压），切不可超压操作。

（3）加热过程中，箱体上方的金属管温度很高，严禁触碰。

实验五　空气绝热指数测定实验

一、实验目的

（1）测定空气的绝热指数 k 及空气的定压比热容 c_p 及定容比热容 c_v。

（2）熟悉以绝热膨胀、定容加热基本热力过程为工作原理的测定绝热指数实验方法。

二、实验装置及测试原理

空气绝热指数也叫做气体的比热容比，在热力学过程中是一个重要的参量，很多空气中的绝热过程都与比热容比有关，图 5.11 所示装置就是用于测定比热容比的。

实验时利用气囊往有机玻璃容器内充气，通过 U 形压力计测出容器内的压力 p_1；压力稳定后，突然打开阀门并迅速关闭，在此过程中，空气绝热膨胀，在 U 形压力计上显示出膨胀后容器内的空气压力 p_2，然后持续 1h 左右，使容器中的空气与实验环境的空气进行热交换，最后达到热平衡，即容器中的空气温度与环境温度相等，此时 U 形压力计显示出温度相等后容器中空气压力 p_3。

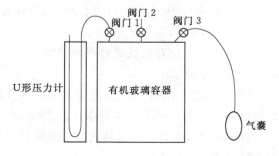

图 5.11　实验装置示意图

根据状态方程，即

$$p_1 V_1 = \bigcap R T_1$$
$$p_1 V_3 = \bigcap R T_3$$

假设：

$$T_1 = T_3$$

则：

$$p_1 V_1 = p_3 V_3$$
$$(p_1 V_1)^k = (p_3 V_3)^k \tag{a}$$

式中　k——绝热指数；在热力学中，气体的定压比热容 c_p 和定容比热容 c_v 之比为该气体的绝热指数，并以 k 表示。

由于状态 1、2 为绝热膨胀过程，状态 3 为定容加热过程。

$$V_2 = V_3$$
$$p_1 V_1^k = p_2 V_2^k \tag{b}$$

联立公式（a）、式（b）：

$$\frac{p_1^k}{p_1} = \frac{p_3^k}{p_2}$$

即

$$\frac{p_1}{p_2} = \left(\frac{p_1}{p_3}\right)^k$$

将上式两边取对数：

$$k = \frac{\ln \dfrac{p_1}{p_2}}{\ln \dfrac{p_1}{p_3}}$$

实验过程中，只要测得 3 个状态下的 p_1、p_2、p_3，即可根据上式求得空气的绝热指数 k。

三、实验方法及实验步骤

（1）测试前的准备。

1）在所有阀门开启的情况下（即容器与大气相通），用医用注射器将蒸馏水注入 U 形压力计至一定高度。水柱内不能含有气泡，如有气泡，要设法排除。

2）调整装置的水平位置，使 U 形压力计两水管中的水柱高在一个水平线上。

（2）记录 U 形压力计初始读数 h_0（即容器与大气相通时，压力计中水柱高度）。

（3）关闭阀门 2。

（4）用气囊往有机玻璃容器内缓慢充气，至一定值时，待压力稳定后，记录此时的水柱高度差 Δh_1。

（5）突然打开阀门 2，并迅速关闭。空气绝热膨胀后，在 U 形管内显示出膨胀后容器内的气压，记录此时的水柱高度差 Δh_2。

（6）持续 1～2h，待容器内空气的温度与测试现场的大气温度一致时记录此时的水柱高度差 Δh_3。

（7）一般要求重复 3 次实验，取其结果的平均值作为实验最终结果。

四、实验数据处理

实验数据处理见表 5.4。

表 5.4　　　　　　　　　　　数 据 记 录 表

测试项目 测试次数	h_0 /mm	Δh_1 /mm	Δh_2 /mm	Δh_3 /mm	备注
1					
2					
3					

大气压力 $p_a =$ _____ mmH_2O。

大气温度 $t_a =$ _____ ℃。

$$p_1 = p_a + \Delta h_1 \, mmH_2O$$
$$p_2 = p_a + \Delta h_2 \, mmH_2O$$
$$p_3 = p_a + \Delta h_3 \, mmH_2O$$

空气绝热指数 k 为

$$k = \frac{\ln \dfrac{p_1}{p_2}}{\ln \dfrac{p_1}{p_3}}$$

空气定容比热容为

$$c_v = \frac{R}{k-1}$$

空气定压比热容为

$$c_p = \frac{kR}{k-1}$$

五、测试结果分析

（1）分析影响测试结果的因素。

（2）讨论测试方法存在的问题。

六、注意事项

（1）气囊有时有漏气现象，充气后可以将阀 3 关闭。

（2）在实验过程中，测试现场的温度要求基本恒定，否则很难测出可靠的数据。

实验六　喷　管　实　验

一、实验目的及要求

（1）验证并进一步加深对喷管中气流基本规律的理解，牢固树立临界压力、临界流速和最大流量等喷管临界参数的概念。

（2）熟练掌握用热工仪表测量压力（负压）、压差及流量的方法。

（3）重要概念 1 的理解：应明确在渐缩喷管出口处的压力不可能低于临界压力，流速不可能高于音速，流量不可能大于最大流量。

（4）重要概念 2 的理解：应明确在缩放喷管出口处的压力可以低于临界压力，流速可高于音速，而流量不可能大于最大流量。

（5）应对喷管中气流的实际复杂过程有所了解，能定性解释激波产生的原因。

二、实验装置

整个实验装置包括实验台、真空泵。实验台由进气管、孔板流量计、喷管、测压探针真空表及其移动机构、调节阀、真空罐等几部分组成，见图 5.12。

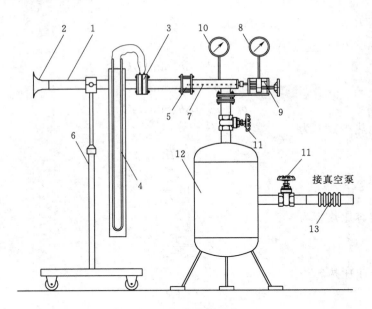

图 5.12　喷管实验台

1—进气管；2—空气吸气口；3—孔板流量计；4—U 形管压差计；5—喷管；6—三轮支架；
7—测压探压针；8—可移动真空表；9—手轮螺杆机构；10—背压真空表；
11—背压用调节阀；12—真空罐；13—软管接头

　　进气管 1 为 $\phi 57mm \times 3.5mm$ 无缝钢管，内径 50mm。空气吸气口 2 进入进气管，流过孔板流量计 3。孔板孔径 7mm，采用角接环室取压。流量的大小可从 U 形管压差计 4 读出。喷管 5 用有机玻璃制成。配给渐缩喷管和缩放喷管各一只，见图 5.13 和图 5.14。根据实验的要求，可松开夹持法兰上的固紧螺丝，向左推开进气管的三轮支架 6，更换所需的喷管。喷管各截面上的压力是由插入喷管内的测压探压针 7（外径 1.2mm）连至可移动真空表 8 测得，它们的移动通过手轮螺杆机构 9 实现。由于喷管是透明的，测压探针上的测压孔（$\phi 0.5mm$）在喷管内的位置可从喷管外部看出，也可从装在可移动真空表下方的针在喷管轴向坐标板（在图中未画出）上所指的位置来确定。喷管的排气管上还装有背压真空表背压用调节阀 11 调节。真空罐 12 直径 400mm，体积 0.118m^3。起稳定压的作用。罐的底部有排污口，供必要时排除积水和污物之用。为减小震动，真空罐与真空泵之间用软管接头 13 连接。

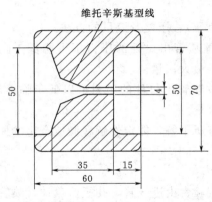

图 5.13　渐缩喷管（单位：mm）

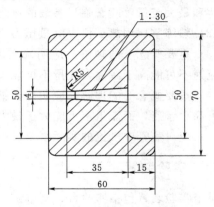

图 5.14　缩放喷管（单位：mm）

在实验中必须测量 4 个变量，即测压孔在喷管内的不同截面位置 x、气流在该截面上的压力 p、背压 p_b、流量 m，这些量可分别用位移指针的位置、可移动真空表、背压真空表以及 U 形管压差计的读数来显示。

三、实验原理

1. 喷管中气流的基本规律

（1）由能量方程

$$dq = dh + \frac{1}{2}dc^2$$

及

$$dq = dh - \nu dp$$

可得

$$-\nu dp = cdc \tag{5.24}$$

可见，当气体流经喷管速度增加时，压力必然下降。

（2）由连续性方程

$$\frac{A_1 c_1}{\nu_1} = \frac{A_2 c_2}{\nu_2} = \cdots = \frac{Ac}{\nu} = 常数$$

有

$$\frac{dA}{A} = \frac{d\nu}{\nu} - \frac{dc}{c}$$

及过程方程

$$p\nu^\gamma = 常数$$

有

$$\frac{\gamma d\nu}{\nu} = -\frac{dp}{p}$$

根据 $-\nu dp = cdc$，马赫数 $M = \dfrac{c}{a}$，而 $a = \sqrt{\gamma p \nu}$

得

$$\frac{dA}{A} = (M^2 - 1)\frac{dc}{c} \tag{5.25}$$

显然，当来流速度 $M < 1$ 时，喷管应为渐缩型（$dA < 0$）；当来流速度 $M > 1$ 时，喷管应为缩放型（$dA > 0$）。

2. 气流流经喷管的临界概念

喷管气流的特征是 $dp < 0$、$dc > 0$、$d\nu > 0$，三者之间互相制约。当某一截面的流速达到当地音速（亦称临界速度）时，该截面上的压力称为临界压力（p_c）。临界压力与喷管初压（p_1）之比称为临界压力比，有

$$\beta_{cr} = \frac{p_c}{p_1}$$

经推导可得

$$\beta_{cr} = \left(\frac{2}{\gamma + 1}\right)^{\frac{\gamma}{\gamma - 1}} \tag{5.26}$$

对于空气，$\beta_{cr} = 0.528$。

当渐缩喷管出口处气流速度达到音速，或缩放喷管喉部气流速度达到音速时，

通过喷管的气体流量便达到了最大值（$\dot{m}_{max}$），或称为临界流量。可由式（5.27）确定，即

$$\dot{m}_{max} = A_{min}\sqrt{\frac{2\gamma}{\gamma+1}\left(\frac{2}{\gamma+1}\right)^{\frac{2}{\gamma-1}} \cdot \frac{p_1}{\nu_1}} \tag{5.27}$$

式中　A_{min}——最小截面积（对于渐缩喷管即为出口处的流道截面积；对于缩放喷管即为喉部处的流道截面积。本实验台的两种最小流道截面积为 19.625mm²）。

3. 气体在喷管中的流动

（1）渐缩喷管。渐缩喷管因受几何条件（$dA<0$）的限制，由式（5.25）可知，气体流速只能等于或低于音速（$C \leqslant a$）；出口截面的压力只能高于或等于临界压力（$p_2 \geqslant p_c$）；通过喷管的流量只能等于或小于最大流量（$\dot{m}_{max}$）。根据不同的背压（p_b），渐缩喷管可分为以下 3 种工况。

1）亚临界工况（$p_b > p_c$），此时 $m < \dot{m}_{max}$，有

$$p_2 = p_b > p_c$$

2）临界工况（$p_b = p_c$），此时 $m = \dot{m}_{max}$，有

$$p_2 = p_b = p_c$$

3）超临界工况（$p_b < p_c$），此时 $m = \dot{m}_{max}$，有

$$p_2 = p_c > p_b$$

（2）缩放喷管。缩放管的喉部 $dA=0$，因此气流可以达到音速（$C=a$）；缩放段（$dA>0$），出口截面的流速可超音速（$C>a$），其压力可大于临界压力（$p_2 < p_c$），但因喉部几何尺寸的限制，其流量的最大值仍为最大流量（$\dot{m}_{max}$）。

气流在扩大段能做完全膨胀，这时出口截面处的压力成为设计压力（p_d）。缩放喷管随工作背压不同，也可分为 3 种情况。

1）背压等于设计背压（$p_b = p_d$）时称为设计工况。此时气流在喷管中能完全膨胀，出口截面的压力与背压相等（$p_2 = p_b = p_d$），在喷管喉部压力达到临界压力、速度达到音速。在扩大段转入超音速流动，流量达到最大流量（图 5.16）。

2）背压低于设计背压（$p_b < p_d$）时气流在喷管内仍按图 5.15 曲线①那样膨胀到设计压力。当气流一离开出口截面便与周围介质汇合，其压力立即降至实际背压值，如图 5.15 曲线②所示，流量仍为最大流量（图 5.16）。

3）背压高于设计背压（$p_b > p_d$）时气流在喷管内膨胀过渡，其压力低于背压，以至于气流在未达到出口截面处便被压缩，导致压力突然升跃（即产生激波），在出口截面处，其压力达到背压。如图 5.15 曲线③所示。激波产生的位置随着背压的升高而向喷管入口方向移动，激波在未达到喉部之前，其喉部的压力仍保持临界压力，流量仍为最大流量。当背压升高到某一值时将脱离临界状态，缩放管便与文丘里管的特性相同了，其流量低于最大流量（图 5.16）。

四、操作步骤

（1）装上所需的喷管，用坐标校准器调好位移坐标板的基准位置。

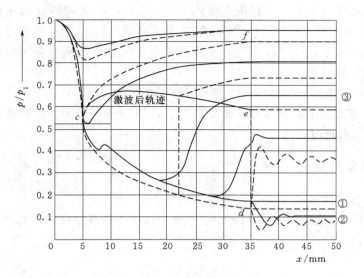

图 5.15　缩放喷管的压力曲线

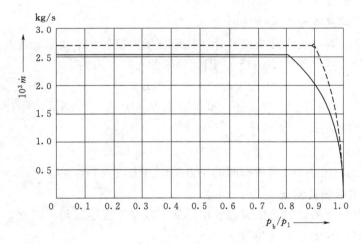

图 5.16　缩放喷管的流量曲线

（2）打开罐前的调节阀，将真空泵的飞轮盘车 1～2 圈。一切正常后全开罐后调节阀，打开冷却水阀门，而后启动真空泵。

（3）测量轴向压力分布。

1）用罐前调节阀调节背压至一定值（见真空表读数），并记录下该值。

2）转动手轮，使测压探针向出口方向移动。每移动一定距离（一般为 2～3mm）便停顿下来，记录该点的坐标位置及相应的压力值，一直测至喷管出口之外。把各个点描绘到坐标纸上，便得到一条在这一背压下喷管的压力分布曲线。

3）若要做若干条压力分布曲线，只要改变其背压值并重复 1）、2）步骤即可。

（4）流量曲线的测绘。

1）把测压探针的引压孔移至出口截面之外，打开罐后调节阀，关闭罐前调节阀，启动真空泵。

2）用罐前调节阀调节背压，每一次改变 20～30mmHg 柱，稳定后记录背压值和 U 形管差压计的读数。当背压升高到某一值时，U 形管差压计的液柱便不再变化（即流量已达到了最大值）。此后尽管不断提高背压，但 U 形管差压计的液柱仍保持不变，这时测 2～3 点。至此，流量测量即可完成。渐缩喷管和缩放喷管的流量曲线参见图 5.15 和图 5.16。

（5）实验结束后的设备操作。打开罐前调节阀，关闭罐后调节阀，让真空罐充气；3min 后停真空泵并立即打开罐后调节阀，让真空泵充气（目的是防止回油）。最后关闭冷却水阀门。

五、数据处理

1. 压力值的确定

（1）本实验装置采用的是负压系统，表上读数均为真空度，为此须换算成绝对压力值（p）：

$$p = p_a - p_{(v)} \tag{5.28}$$

式中　p_a——大气压力，mmbar；

　　$p_{(v)}$——用真空度表示的压力。

（2）由于喷管前装有孔板流量计，气流有压力损失。本实验装置的压力损失为 U 形管差压计读数（Δp）的 97%。因此，喷管入口压力为

$$p_1 = p_a - 0.97\Delta p \tag{5.29}$$

（3）由式（5.28）、式（5.29）可得到临界压力 $p_c = 0.58p_1$，在真空表上的读数（即用真空度表示）为

$$p_{c(v)} = 0.0472p_a + 0.51\Delta p \tag{5.30}$$

计算时，式中各项必须用相同的压力单位（大致判断，$p_{c(v)} \approx 380$mmHg 柱）。

2. 喷管实际流量测定

由于管内气流的摩擦而形成边界层，从而减少了流通面积。因此，实际流量必然小于理论值。其实际流量为

$$m = 1.73 \times 10^{-4} \sqrt{\Delta p}\, \varepsilon\beta\gamma$$

其中

$$\varepsilon = 1 - 2.873 \times 10^{-2} \sqrt{\frac{\Delta p}{p_a}}$$

$$\beta = 0.538 \sqrt{\frac{p_a}{T_a}}$$

式中　ε——流速膨胀系数；

　　β——气态修正系数；

　　γ——几何修正系数（≈ 1.0）；

　　Δp——U 形管差压计的读数，mmHg；

　　T_a——室温，K；

　　p_a——大气压力，mbar。

六、实验报告要求

（1）以测压探针孔在喷管中的位置（x）为横坐标，以 $\dfrac{p}{p_1}$ 为纵坐标，绘制不同工况下的压力分布曲线。

（2）以压力比 $\dfrac{p_b}{p_1}$ 为横坐标、流量 $\dot{m}$ 为纵坐标，绘制流量曲线。

（3）根据条件，计算喷管最大流量的理论值，且与实验值相比较。

第 6 章

流体力学

实验一　流量及阻力系数测定

本实验为综合性实验，它包括 4 个实验内容，分别是：沿程阻力系数测定实验、局部阻力损失实验、阀门局部阻力系数的测定实验、文丘里流量计实验。

实验一（1）　沿程阻力系数的测定实验

一、实验目的

测定不同雷诺数 Re 时沿程阻力系数 λ。

二、实验原理

对沿程阻力两点的端面列能量方程，得

$$h_r = \frac{p_1}{pg} - \frac{p_2}{pg} = \Delta h \tag{6.1}$$

由达西公式，有

$$h_r = \lambda \cdot \frac{L}{d} \cdot \frac{u^2}{2g} \tag{6.2}$$

用体积法测得流量，并计算出断面平均流速，即可求得沿程阻力系数 λ，即

$$\lambda = \frac{2gdh_r}{L} \cdot u^2 \tag{6.3}$$

三、实验装置

自循环沿程水头损失实验装置简图见图 6.1。
本实验仪有两种形式的测压方法：水压差计测压差。电子量测仪测压差。

四、实验步骤及要求

（1）开启供水阀、旁通阀及流量调节阀，使压差达到最大高度，作为第一个实验点。

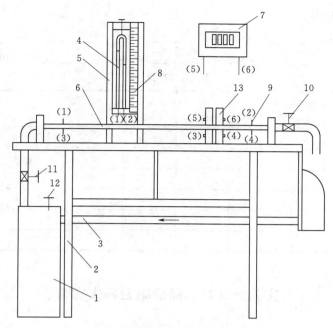

图 6.1　自循环沿程水头损失实验装置简图

1—自循环高压恒定全自动供水器；2—实验台；3—回水管；4—水压差计；5—测压计；
6—实验管道；7—电子量测仪；8—滑动测量尺；9—测压点；10—实验流量调节阀；
11—供水管及供水阀；12—旁通管及旁通阀；13—调压筒

（2）测读水柱高度，并计算高度差。

（3）用体积法测量流量，并测量水温。

（4）调节流量调节阀，重复以上步骤，并记录 6 组数据。

（5）将实验点绘制成 $\lg Re - \lg(100\lambda)$ 对数曲线。

绘于图 6.2 中，将数据记录于表 6.1 中。

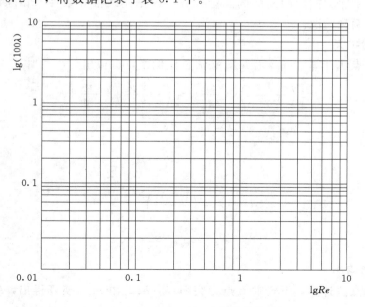

图 6.2　$\lg Re - \lg(100\lambda)$ 对数坐标图

实验数据记录：

$$d_{粗} = \underline{\hspace{2cm}} \text{ cm}; \quad L = \underline{\hspace{2cm}} \text{ m}; \quad v = \underline{\hspace{2cm}} \text{ cm/s};$$

$$d_{细} = \underline{\hspace{2cm}} \text{ cm}; \quad t = \underline{\hspace{2cm}} \text{ s}; \quad \rho_{水} = \underline{\hspace{2cm}} \text{ kg/cm}^3$$

表 6.1　　　　　　　　　　　　数 据 记 录 表

序号	h_1/cm	h_2/cm	$h_汞$/cm	$h_水$/cm	t/s	q_v/(cm³/s)	v/(cm/s)	R_c	$\lg R_d$	λ	$\lg(100\lambda)$
1											
2											
3											
4											
5											
6											

实验一 (2)　局部阻力损失实验

一、实验目的

（1）掌握三点法、四点法测量局部阻力系数的技能。

（2）通过对圆管突扩局部阻力系数的包达公式和突缩局部阻力系数的经验公式的实验验证与分析，熟悉用理论分析法和经验法建立函数式的途径。

（3）加深对局部阻力损失机理的解释。

二、实验原理

写出局部阻力前后两断面的能量方程，根据曲线推导条件，扣除沿程水头损失，有以下两种情况。

1. 突然扩大

采用三点法计算，h_{f1-2} 由 h_{f2-3} 按流长比例换算，得出

$$h_{ie} = \left[\left(\frac{z_1 + p_1}{\gamma} \right) + \frac{a u_1^2}{2g} \right] - \left[\left(\frac{z_2 + p_2}{\gamma} \right) + \frac{a u_2^2}{2g} + h_{f1-2} \right] \tag{6.4}$$

$$\xi_e = \frac{h_{ie}}{\dfrac{a u_1^2}{2g}}$$

理论

$$\xi_e = \left(\frac{1 - A_1}{A_2} \right)^2$$

$$h_{is} = \xi_e = \frac{a u_5^2}{2g}$$

2. 突然缩小

采用四点法计算，下式中 B 点为突缩点，h_{f4-B} 由 h_{f3-4} 换算得出，h_{fB-5} 由 h_{f5-6} 换算得出

$$h_{fs} = \left[\left(z_4 + \frac{p_4}{\gamma} \right) + \frac{au_4^2}{2g} - h_{f4-B} \right] - \left[\left(z_5 + \frac{p_5}{\gamma} \right) + \frac{au_5^2}{2g} + h_{fB-5} \right] \qquad (6.5)$$

$$\xi_s = \frac{h_{is}}{\dfrac{au_5^2}{2g}}$$

经

$$\xi_e = 0.5 \left(\frac{1 - A_5}{A_3} \right)^2$$

$$h_{is} = \xi_e = \frac{au_5^2}{2g}$$

三、实验装置

局部水头损失实验装置简图如图 6.3 所示。

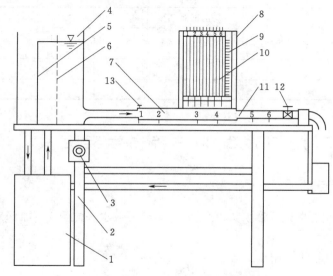

图 6.3　局部水头损失实验装置简图

1—自循环供水器；2—实验台；3—可控硅无级调速器；4—恒压水箱；5—溢流板；
6—稳水孔板；7—突然扩大实验管段；8—测压计；9—滑动测量尺；10—测压管；
11—突然收缩实验管段；12—实验流量调节阀；13—排气阀

四、实验方法与步骤

(1) 测量并记录实验有关的常数。

(2) 打开水泵，排除实验管道中的滞留气体及测压管气体。

(3) 打开流量调节阀至最大开度，等流量稳定后测记测压管读数，同时用体积法计量流量。

(4) 调节流量调节阀开度 3～4 次，分别测量并记录测压管读数及流量，填入表 6.2 和表 6.3 中。

五、实验数据和分析讨论

(1) 分析比较突扩与突缩在相应条件下的局部损失大小关系。

（2）结合流动演示的水力现象，分析局部阻力损失机理何在？产生突扩与突缩局部阻力损失的主要部位在哪里？怎样减小局部阻力损失。

表 6.2 数 据 记 录 表

次序	流量/(cm³/s)			测压管读数/cm					
	体积	时间	流量	1	2	3	4	5	6

表 6.3 数 据 记 录 表

阻力形式	次序	流量/(cm³/s)	前剖面		后剖面		h_j/cm	ζ	h'_j/cm
			$\dfrac{av^2}{2g}$/cm	E/cm	$\dfrac{av^2}{2g}$/cm	E/cm			
突然扩大									
突然缩小									

实 验 二　流 体 静 力 学 实 验

一、实验目的

（1）观察测点的测压管水头（位置水头与压强水头之和），加深对静压强公式的理解。

（2）求未知液体的密度。

二、实验装置

图 6.4 是本实验使用的静压强实验仪，它的主要设备是一个有机玻璃的密封容器，其内盛有水，容器顶有一个密封阀门。侧面开设有若干测压管，其中测压管 10 和 11 分别与测点 A、B 相通，管 1 和管 2、管 9 和管 10 分别是 U 形压差计，内盛未知密度 ρ_1 的液体和水。图 6.4 的右边有一个可移动容器，用于调节密封容器里水面上的气压 p_0。

三、实验原理

由流体静力学公式

$$z+\frac{p}{\rho g}=常数 \tag{6.6}$$

可知，在不可压缩静止流体里，任意一点的位置水头与压强水头（称为测压管水头）之和是一个常数，测点 A 和测点 B 的位置高度不同，压强也不相同，但它们的测压管水头都相同，即测压管 10 和管 11 的液面在同一水平面上，这就验证了流

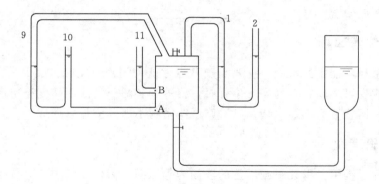

图 6.4　静压强实验仪

体静力学公式（6.6）。

流体静力学公式还可以写成

$$p = p_a + \rho g h$$

由图 6.4 可看出，有

$$p_0 - p_a = \rho g (z_{10} - z_9) = \rho_1 g (z_2 - z_1)$$

式中　p_a——当地大气压强；

　　　p_0——密封容器内水面上的气体压强；

　　　ρ——水的密度，$\rho = 1000 \text{kg/m}^3$。

由此得到未知液体的密度为

$$\rho_1 = \frac{\rho(z_{10} - z_9)}{z_2 - z_1} \tag{6.7}$$

四、实验步骤

（1）将可移动容器提到中间高度，打开容器上部的阀门，这时测压管 9、10、11 的读数相同，测压管 1 和管 2 的读数也相同。

（2）关闭容器顶部的密封阀门。

（3）提升或下降可移动容器，以便改变密封容器内水面的气体压强，但必须 $p_0 > p_a$，记录液面 1、2、9、10 的高度。重复 3 次，计算出未知液体密度的平均值。

五、实验记录与计算

将实验数据记入表 6.4 中。

表 6.4　　　　　　　　　　　　　实 验 台 编 号

数据 序号		测压管液面高度读数/mm					液体密度/(kg/m³)
		z_1	z_2	z_9	z_{10}	z_{11}	ρ_1
$p_0 > p_a$	1						
	2						
	3						

未知液体的密度平均值：$\rho_1 =$ _____。

六、注意事项

（1）密封容器中的水面一定要高于 B 点才能关闭密封阀门。

（2）改变可移动容器的高度位置时，要等到各测压管液面高度稳定后才开始读数。如果测压管液面不能保持稳定，则说明密封不严，应加以处理。

七、思考题

在实验过程中，哪几根测压管的液面为等压面？为什么？

附：水静压强仪使用说明

一、概述

水静力学基本方程式是水静力学的核心，有两种表达形，即

$$\frac{p}{\gamma} + z = c（常数）$$

$$p = p_0 + \gamma h$$

本仪器主体是一个透明密闭容器，在不同高度安置 4 根不同类型的测压管，可演示容器中表面压强 $p_0 > p_a$（大气压强）及 $p_0 < p_a$（真空状态）两种情况下基本方程式的变化。

二、设备简图（图 6.5）

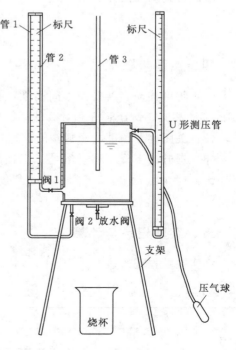

三、实验内容

1. 验证 $\dfrac{p}{\gamma} + z =$ 常数

$\dfrac{p}{\gamma}$ 为测压管高度，z 为位置高度，两者之和为测压管水头。上式表示静止液体中各点的测压管水头相等。

打开阀 1、阀 2、阀 3（此阀永远开着）及容器后面的进气阀，使表面压强为大气压。此时管 1、管 2、管 3 及容器中的水位齐平。关闭阀 1、阀 2，用压气球对容器表面加压，此时管 3 中的水位上升，至一定高度时关阀进气阀。开启阀 1 和阀 2，管 1 和管 2 中的水位徐徐上升，直至和管 3 中的水位齐平。由此验证水静力学基本方程式的正确性。

图 6.5　设备简图

2. 测定静止液体中某点的压强

对容器表面加压，其值方可由管 2 和容器的液面差乘以蒸馏水容重 γ 求得，量

得该点在液面下的淹没深 h 即可求得其静压强值为 $P = P_0 + \gamma h$。

3. 测定某液体的容重 γ'

在右侧 U 形测压管中加入某种欲测定容重的液体（一般容重实验可用红黑水），对容器表面加压后 U 形管中产生高差点 h'，$\gamma' h'$ 表示容器表面压强 P_0。管 2 水位和容器水面的差值乘以蒸馏水 γ 也表示 p_0，两者应相等，由此即可求得 γ' 值，即

$$\gamma h = \gamma' h'$$

$$\gamma' = \gamma \frac{h}{h'}$$

4. 马利奥特容器现象

开启阀 1、阀 2、阀 3，关闭后面过气阀。打开放水阀，往烧杯中放水，使容器表面形成真空。当管 3 中水位降至某一位置时停止放水，此时管 1、管 2、管 3 中的水位仍然在一水面上，说明 $p_0 < p_a$ 情况下，$\frac{p}{\gamma} + z = $ 常数。

继续放水，容器表面真空加大，管 3 中水位继续下降，当水位降至管口时，管口进气，此时管口的压强为大气压，只要管口淹没在水下，流经放水阀的流量保持恒定，此即物理学上的马利奥特容器现象，此现象应用甚广，如定量投药。最常见的例子为医院中的静脉点滴。

实验三　不可压缩流体恒定流能量方程实验

一、实验目的

能量方程（伯诺里方程）是水力学三大基本方程之一，反映了水流在流动时位能、压能、动能之间的关系。

（1）总水头线和测压管水头线在局部阻力处的变化规律。

（2）总水头线在不同管径段的下降坡度即水力坡度 J 的变化规律。

（3）总水头线沿程下降和测压管水头线升降都有可能的原理。

（4）用实测流量计算流速水头去核对测压板上两线的正确性。

（5）不同管径流速水头的变化规律。

二、实验设备

本实验台可直观地演示水流在不同管径、不同高程的管路中流动时上述 3 种能量之间的复杂变化关系。本实验台由高位水箱、供水箱、水泵、测压板、有机玻璃管道、铁架、量筒等部件组成，如图 6.6 所示。

三、实验原理

过水断面的能量由位能、压能、动能三部分组成。水流在不同管径、不同高程的管路中流动时 3 种能量不断地相互转化，在实验管道各断面设置测压管及测速管即可演示出 3 种能量沿程变化的实际情况。

测压管中水位显示的是位能和压能之和，能量方程中的前两项，即 $z = \frac{p}{\gamma}$，测

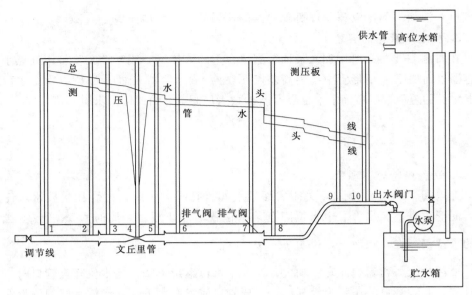

图 6.6 实验设备

速管中水位显示的是位能、压能、动能之和，能量方程中 3 项之和，即 $z+\dfrac{p}{\gamma}+$
$\dfrac{v^2}{2g}$。将测压管中的水位连成一线，称为测压管水头线，反映势能沿程的变化；将
测速管中的水位连成一线，称为总水头线，反映总能量沿程的变化。两线的距离即
为流速水头，如图 6.7 所示。

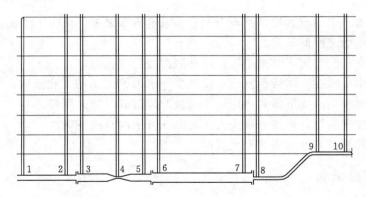

图 6.7 能量沿程的变化

本实验台在有机玻璃实验管道的关键部位处设置测压管及测速管，适当调节流
量就可把总水头线和测压管水头线绘制于测压板上。

四、实验步骤及注意事项

（1）开动水泵，将供水箱内的水抽至高位水箱。

（2）高位水箱开始溢流后调节实验管道阀门，使测压管、测速管中水位和测压
板上红、黄两线一致。

（3）实验过程中，应始终保持微小溢流。

（4）如水位和红、黄两线不符有两种可能：一是连接橡皮管中有气泡，可不断用手挤捏橡皮管，使气泡排出；二是测速管测头上挂有杂物，可转动测头使水流将杂物冲掉。

五、记录格式

记录格式见表 6.5。

表 6.5　　　　　　　　　　　　数 据 记 录 表

序号	测压管水头 $z+\dfrac{p}{\gamma}$/cm	∇ /cm³	t /s	Q /(cm³/s)	v /(cm/s)	$\dfrac{v^2}{2g}$/cm	总水头 $z+\dfrac{p}{\gamma}+\dfrac{v^2}{2g}$/cm
1							
2							
3							
4							
5							
6							
7							
8							
9							
10							

注　计算所得流速水头值是采用断面平均流速求得，而实测流速水头值是根据断面最大速度得出，显然实测值大于计算值，两者相差约为 1.3 倍。

实验四　雷 诺 实 验

一、实验目的

（1）观察液体在层流和紊流状态时流体质点的运动规律。
（2）观察流体由层流变为紊流及由紊流变为层流的过渡过程。
（3）测定液体在圆管中流动时的下临界雷诺数 Re_{cr}。

二、实验装置

雷诺实验仪如图 6.8 所示。

三、实验原理

流体在管道中流动，有两种不同的流动状态，其阻力性质也不同。在实验过程

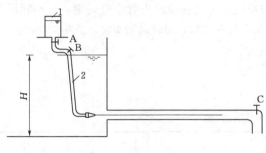

图 6.8 雷诺实验仪
1—装红色水的水箱；2—软管

中保持水箱的水位恒定，即水头 H 不变。如果管路中出水阀门 C 开启较小，在管路中就有稳定的平均流速 v，微启红色水阀门 B，这时红色水与自来水同步在管路中沿轴线向前流动，红色水呈一条红色直线，其流体质点没有垂直于主流方向的横向运动，红色直线没有与周围的液体混杂，层次分明地在管路中流动。此时，在流速较小而黏性较大和惯性力较小的情况下运动，为层流运动。如果将出水阀门 C 逐渐开大，管路中的红色直线出现脉动，流体质点还没有出现相互交换的现象，液体的流动呈临界状态。如果将出水阀门 C 继续开大，出现流体质点的横向脉动，使红色线完全扩散，与自来水混合，此时流体的流动状态为紊流运动。

$$Re = \frac{vd}{\nu} \tag{6.8}$$

其中

$$v = \frac{Q}{A}$$

流量 Q 用体积法测出，即在 Δt 时间内流入量筒中流体的体积 ΔV。

$$Q = \frac{\Delta V}{t}$$

其中

$$A = \frac{\pi d^2}{4} \tag{6.9}$$

式中　A——管路的横截面积；

　　　　d——管路直径，$d = 27\text{mm}$；

　　　　v——流速；

　　　　ν——水的运动黏性系数。

在实际工程中，上临界的临界流速没有实际意义，一般临界流速即指下临界流速。对应于临界流速的雷诺数称为临界雷诺数，通常用 Re_{cr} 表示。大量实验表明，尽管在不同的管道、不同的液体以及不同的外界条件下，其临界雷诺数有所不同，但通常情况下临界雷诺数总在 2300 附近，即 $Re_{cr} = 2300$。

当管中雷诺数小于临界雷诺数时，管中流体处于层流状态；反之则为紊流。

四、实验步骤

（1）准备工作。将水箱充水至经隔板溢流流出，将进水阀门关小，继续向水箱供水，以保持水位高度 H 不变。

（2）缓慢开启出水阀门 C，使玻璃管中的水稳定流动，并开启红色水阀门 B，使颜色水以微小流速在玻璃管内流动，呈层流状态。

（3）开大出水阀门 C，注意观察层流、过渡状态、紊流时颜色水状态。

（4）使颜色水在玻璃管内的流动呈紊流状态，再逐渐关小出水阀门 C，观察玻璃管中颜色水刚刚出现脉动状态，在还没有变为层流时测定此时的流量。重复 3 次，即可算出下临界雷诺数。

五、实验记录与计算（表 6.6、表 6.7）

表 6.6   实 验 台 编 号

次数	ΔV	t/s	$Q/(\text{m}^3/\text{s})$	$v/(\text{m/s})$	Re_{c2}
1					
2					
3					

水温＝_____℃；运动黏性系数 $\nu＝$ _____ m^2/s；$Re_{cr}＝\nu d/v＝$ _____。

表 6.7   数 据 记 录 表

流量变化	实验序号	流量 $Q/(\text{L/s})$	颜色水形态	流态
	1			
	2			
由小变大	3			
	4			
	5			
	1			
	2			
由大变小	3			
	4			
	5			

六、思考题

（1）实验时为什么要保持溢流状态？

（2）比较实测的临界雷诺数和工程上采用的临界雷诺数，分析误差原因。

实验五　动量方程验证实验

一、实验目的

（1）测定管嘴喷射水流对平板或曲面板所施加的冲击力。

（2）将测出的冲击力与用动量方程计算出的冲击力进行比较，以加深对动量方程的理解。

二、实验设备

实验设备及各部分名称见图 6.9，实验中配有 $\alpha＝90°$平面板和 $\alpha＝135°$及 $\alpha＝180°$的曲面板各一个，50g 的砝码一个。

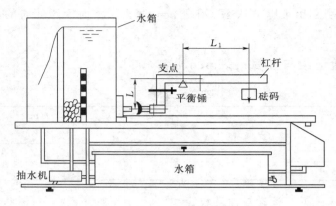

图 6.9　动量方程实验仪

三、实验原理

应用力矩平衡原理，求射流对平板和曲面板的冲击力，如图 6.10 所示。

力矩平衡方程为

$$FL = GL_1, \quad F = \frac{GL_1}{L} \qquad (6.10)$$

式中　F——射流作用力；

$\quad\quad L$——作用力力臂；

$\quad\quad G$——砝码质量；

$\quad\quad L_1$——砝码力臂。

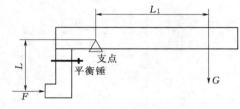

图 6.10　力矩平衡原理示意图

恒定总流的动量方程为

$$\sum F = \rho Q(\alpha_2' v_2 - \alpha_1' v_1) \qquad (6.11)$$

若令 $\alpha_2' - \alpha_1' = 1$，且只考虑其中水平方向作用力，则可求得射流对平板或曲面板的作用力公式为

$$F = \rho Q v (1 - \cos\alpha) \qquad (6.12)$$

式中　Q——管嘴的流量；

$\quad\quad v$——管嘴流速；

$\quad\quad \alpha$——射流射向平板或曲板后的偏转角度。

$\alpha = 90°$时，有

$$F_{平} = \rho Q v$$

$\alpha = 135°$时，有

$$F = \rho Q v (1 - \cos 135°) = 1.707 \rho Q v = 1.707 F_{平}$$

$\alpha = 180°$时，有

$$F = \rho Q v (1 - \cos 180°) = 2\rho Q v = 2 F_{平}$$

式中　$F_{平}$——水流对平板的冲击力。

四、实验步骤

（1）记录管嘴直径和作用力力臂。

（2）安装平面板，调节平衡锤位置，使杠杆处于水平状态（杠杆支点上的气泡居中）。

（3）启动抽水机，使水箱充水并保持溢流。此时水流从管嘴射出，冲击平板中心，标尺倾斜。然后调节砝码位置，使杠杆处于水平状态，达到力矩平衡。记录砝码质量和力臂 L_1，计算实测冲击力 $F_实$。

（4）用体积法测量流量 Q 用以计算理论冲击力 $F_理$。

（5）将平面板更换为曲面板（$\alpha = 135°$ 及 $\alpha = 180°$），测量水流对曲面板的冲击力并重新测量流量。

（6）关闭水泵，排空水箱，取下砝码，结束实验。

五、实验记录与计算

动量方程验证实验记录及计算表见表 6.8。

喷管直径 $d =$ ____ cm，作用力力臂 $L =$ ____ cm，实验装置台号：_____

表 6.8   数 据 记 录 表

测次	体积 W /cm³	时间 /s	流量 /(cm³/s)	平均流量 /(cm³/s)	流速 /(cm/s)	冲击板角度 α	砝码重量 /(N×10⁻⁵)	力臂 L_1 /cm	实测冲击力 $F_实$ /(N×10⁻⁵)	理论计算冲击力 $F_理$ /(N×10⁻⁵)	相对误差 /%

实验结果分析：将实测的水流对挡板的冲击力与由动量方程计算出的水流对挡板的冲击力进行比较，计算出其相对误差，并分析产生误差的原因。

六、注意事项

（1）测量流量后，量筒内的水必须倒进接水器，以保证水箱循环水充足。

（2）体积法测流量时，计时与量筒接水一定要同步进行，以减小流量的量测误差。

（3）测流量一般测两次取平均值，以消除误差。

七、思考题

（1）若 $F_实$ 与 $F_理$ 有差异，除实验误差外，还有什么原因？

（2）实验中平衡锤产生的力矩没有加以考虑，为什么？

实 验 六   沿 程 水 头 损 失 实 验

一、实验目的

（1）测定不同雷诺数 Re 时的沿程阻力系数 λ。

（2）掌握沿程阻力系数的测定方法。

二、实验装置

图 6.11 是本实验装置，它由供水器、实验管段、流量计、测压计组成。

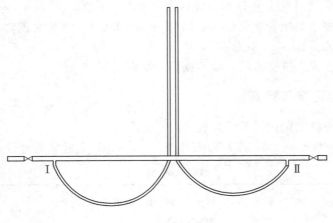

图 6.11　实验装置

三、实验原理

对 Ⅰ、Ⅱ 两断面列能量方程式，可求 L 长度上的沿程水头损失 $h_L=\dfrac{p_1}{\gamma}-\dfrac{p_2}{\gamma}=N_L$，根据达西公式，有

$$h_1=\lambda\,\frac{L}{d}\times\frac{v_2}{2g} \tag{6.13}$$

用流量计测得流量（仔细阅读流量计使用方法），并计算出断面平均流速，即可求得沿程阻力系数 λ，即

$$\lambda=h_1\,\frac{d}{L}\times\frac{2g}{v_2} \tag{6.14}$$

四、实验步骤

（1）了解实验装置各组成部分的作用及工作原理，记录有关常数。

（2）启动水泵。接通电源，打开阀门后水泵会自动供水。

（3）调节进水阀门，使测压管中出现高差。

（4）关闭进水阀门，测压管中水位应水平，如仍有高差，说明连接管中有气泡，应赶净气泡。

（5）调节流量、记录数据。用流量计量测流量，流量由小逐渐增大。记录压差计读数、流量、水温。

（6）实验结束后，要切断电源、关闭阀门。

五、实验记录与计算

（1）沿程阻力系数测定实验记录与计算表，见表 6.9。

实验日期：_____　　实验装量台号：_____

圆管直径 $d=$ _____ m；管段长度 $L=$ _____ m；水温 $t=$ _____ ℃；水的运动黏性系数 $\nu=$ _____ m²/s。

表 6.9　　　　　　　　　　　　**数 据 记 录 表**

测量次数	测压计读数 H_1/m	测压计读数 H_2/m	ΔH /m	流量 Q_3 /(m³/s)	流速 v /(m/s)	雷诺数 Re	λ
1							
2							
3							
4							
5							

（2）作 $\lambda - Re$ 关系曲线，并与莫迪图进行对比，分析实验结果，如图 6.12 所示。

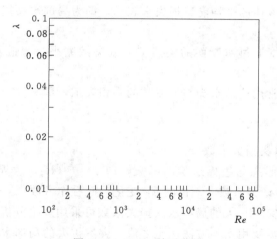

图 6.12　$\lambda - Re$ 关系曲线

实验七　管道局部水头损失实验

一、实验目的

（1）掌握测定管道局部水头损失系数 ζ 的方法。

（2）将管道局部水头损失系数的实测值与理论值进行比较。

（3）观测管径突然扩大时旋涡区测压管水头线的变化情况和水流情况，以及其他各种边界突变情况下的测压管水头线的变化情况。

二、实验设备

实验设备及各部分名称如图 6.13 所示。

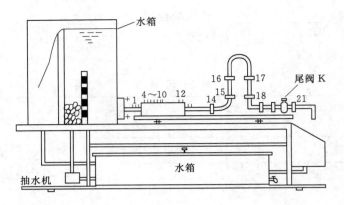

图 6.13 局部阻力实验仪

三、实验原理

由于边界形状的急剧改变，水流将与边界发生分离并出现旋涡，同时水流流速分布发生变化，因而将消耗一部分机械能。由边界形状的急剧改变所消耗的部分机械能，以单位重量液体的平均能量损失来表示，即为局部水头损失（忽略沿程水头损失）。

边界形状的改变有过水断面的突然扩大或突然缩小、弯道及管路上安装的阀门等。

局部水头损失常用流速水头与一系数的乘积表示，即

$$h_j = \zeta \frac{v^2}{2g} \qquad (6.15)$$

式中 ζ——局部水头损失系数。

系数 ζ 是流动形态与边界形状的函数，即 $\zeta = f(Re, 边界形状)$。一般水流 Re 数足够大时，可认为系数 ζ 不再随 Re 变化，而看作常数。

目前仅有管道突然扩大的局部水头损失系数可采用理论分析，得出足够精确的结果。其他情况则需要用实验方法测定 ζ 值。突然扩大的局部水头损失可应用动量方程、能量方程以及连续性方程联合求解，得到

$$h_j = \zeta_2 \frac{v_2^2}{2g}$$

$$\zeta_2 = \left(\frac{A_2}{A_1} - 1\right)^2 \qquad (6.16)$$

或

$$h_j = \zeta_1 \frac{v_1^2}{2g}$$

$$\zeta_1 = \left(1 - \frac{A_1}{A_2}\right)^2 \qquad (6.17)$$

式中 A_1，v_1——突然扩大上游管段的断面面积和平均流速；

A_2，v_2——突然扩大下游管段的断面面积和平均流速。

其中 $A_1 < A_2$。

四、实验步骤

(1) 熟悉仪器，记录管道直径 D 和 d。

(2) 检查各测压管的橡皮管接头是否漏水。

(3) 启动抽水机，打开进水阀门，使水箱充水，并保持溢流，使水位恒定。

(4) 检查尾阀 K 全关时测压管的液面是否齐平，若不平则需排气调平。

(5) 慢慢打开尾阀 K，调出在测压管量程范围内较大的流量，待流动稳定后，记录各测压管液面高度，用体积法测量管道流量。

(6) 调节尾阀改变流量，重复测量 3 次。

五、实验记录与计算（表 6.10）

表 6.10　　　　　　　管道局部水头损失实验数据记录及计算表

大管道直径 $D=$ ＿＿＿ cm；小管道直径 $d=$ ＿＿＿ cm；实验台编号：＿＿＿＿。

测量次数	1	2	3	4	5	6
体积 W/cm^3						
时间 T/s						
流量 $Q/(\mathrm{cm}^3/\mathrm{s})$						
流速 $v_1/(\mathrm{cm}/\mathrm{s})$						
流速 $v_2/(\mathrm{cm}/\mathrm{s})$						
测压管水头 h_1/cm						
测压管水头 h_2/cm						
$H_1=h_1+\dfrac{v_1^2}{2g}/\mathrm{cm}$						
$H_2=h_2+\dfrac{v_2^2}{2g}/\mathrm{cm}$						
实测的局部水头损失 h_j/cm						
实测的局部水头损失系数 $\zeta_{1测}$						
实测的局部水头损失系数平均值 $\overline{\zeta}_{1测}$						
理论计算的局部水头损失系数 ζ_1						

六、注意事项

(1) 实验数据必须在水流稳定后方可记录。

(2) 计算局部水头损失系数时，应注意选择相应的流速水头；所选择的量测断面应选在渐变流上，尤其下游断面应选在旋涡区的末端，即主流恢复并充满全管的断面上。

七、思考题

(1) 实测 h_j 与理论计算 h_j 有什么不同？原因何在？

(2) 当 3 段管道串联时，如实验装置图 6.13 所示，相应于同一流量情况下，其突然扩大的 ζ 值是否一定大于突然缩小的 ζ 值？

（3）不同的 Re 数，局部水头损失系数 ζ 值是否相同？通常 ζ 值是否为一常数？

实验八　孔口与管嘴流量系数验证实验

一、实验目的

（1）观察孔口、管嘴自由出流的水力现象。

（2）测定孔口、管嘴出流各项系数：收缩系数 ε、流量系数 μ、流量系数 φ、阻力系数 ζ。

二、实验原理

孔口流出的水流如进入空气中则称为自由出流，箱中水流的流线自上游从各个方向趋近孔口，由于水流运动的惯性，流线不能成折角地改变方向，只能逐渐光滑、连续地弯曲，因此在孔口断面各流线互不平行，而使水流在出口后继续形成收缩，直至距孔口约为 $d/2$ 处收缩完毕，流线在此趋于平行，这一断面称为收缩断面，用 C—C 断面表示。

现在建立孔口出流的水力要素关系式，为此选择通过孔口形心的水平面为基准面，取水箱内符合渐变流条件的断面 O—O 与收缩断面 C—C 之间建立能量方程（伯努利方程），即

$$H+\frac{p_\mathrm{a}}{\gamma}+\frac{\alpha_0 v_0^2}{2g}=O+\frac{p_\mathrm{c}}{\gamma}+\frac{\alpha_\mathrm{c} v_\mathrm{c}^2}{2g}+h_\mathrm{w} \tag{6.18}$$

水箱中的微小水头损失可以忽略，于是 h_w 只是水流经孔口的局部水头损失，即

$$h_\mathrm{w}=h_\mathrm{m}=\zeta_0\,\frac{v_\mathrm{c}^2}{2g}$$

普通开口容器的情况为

$$p_\mathrm{c}=p_\mathrm{a}$$

于是上面的伯努利方程可改写为

$$H+\frac{\alpha_0 v_0^2}{2g}=(\alpha_\mathrm{c}+\zeta_0)\frac{v_\mathrm{c}^2}{2g} \tag{6.19}$$

令 $H_0=H+\frac{\alpha_0 v_0^2}{2g}$，代入上式整理得

$$v_\mathrm{c}=\frac{1}{\sqrt{\alpha_\mathrm{c}+\zeta_0}}\sqrt{2gH_0}=\varphi\,\sqrt{2gH_0} \tag{6.20}$$

式中　H_0——作用水头；

　　　ζ_0——水流经孔口的局部阻力系数；

　　　φ——流速系数，$\varphi=1/\sqrt{\alpha_\mathrm{c}+\xi_0}\approx1/\sqrt{1+\xi_0}$。

若不计水头损失，则 $\zeta_0=0$，而 $\varphi=1$。从上式可见，φ 是收缩断面的实际液体流速 v_c 对理想液体流速 $\sqrt{2gH}$ 的比值。由实验得孔口流速系数 $\varphi=0.97\sim0.98$。这样可得水流经孔口的局部阻力系数 $\xi_0=1/\phi^2-1=1/0.97^2-1=0.06$。

设孔口断面的面积为 ω，收缩断面的面积为 ω_1，$(\omega_\mathrm{c}/\omega)=\varepsilon$ 称为收缩系数。由

孔口流经的水流流量则为

$$Q = v_c \omega_c = \varepsilon \omega \varphi \sqrt{2gH_0} = \mu \omega \sqrt{2gH_0} \tag{6.21}$$

上式便为薄壁小孔口自由出流的水力基本关系式。

根据实验结果，薄壁小孔口在全部、完善收缩情况下（图 6.14），其孔口出流流量系数 $\mu = \varepsilon \varphi = 0.64 \times 0.92 = 0.62$。

在孔口断面处接一直径与孔口直径完全相同的圆柱形短管，其长度为 $(3 \sim 4)d$，这样的短管称为圆柱形外管嘴，如图 6.14 所示。水流进入管嘴后，同样形成收缩，在收缩断面 $C—C$ 处水流与管壁分离，形成旋涡区；然后又逐渐扩大，在管嘴出口断面上，水流已完全充满整个断面。

设水箱的水面压强为当地大气压强，管嘴为自由出流，对水箱中过水断面 $O—O$ 和管嘴出口断面 $b—b$ 间列出伯努利方程（以通过管嘴断面形心的水平面为基准面），即

$$H + \frac{\alpha_0 v_0^2}{2g} = \frac{\alpha v^2}{2g} + h_w \tag{6.22}$$

式中　h_w——管嘴的水头损失，等于进口损失与收缩断面后的扩大损失之和（管嘴沿程水头损失忽略），相当于管道锐缘进口的损失情况，即

$$h_w = \zeta_n \frac{\alpha v^2}{2g} \tag{6.23}$$

令

$$H_0 = H + \frac{\alpha_0 v_0^2}{2g} \tag{6.24}$$

将式（6.23）和式（6.24）代入原方程，并解 v，得管嘴出口速度为

$$v = \frac{1}{\sqrt{a + \xi_n}} \sqrt{2gH_0} = \varphi_n \sqrt{2gH_0}$$

管嘴流量为

$$Q = \varphi_n \omega \sqrt{2gH_0} = \mu_n \omega \sqrt{2gH_0}$$

式中　ξ_n——管嘴阻力系数，即管道锐缘进口局部阻力系数；

φ_n——管嘴流速系数，$\varphi_n = 1/\sqrt{a + \xi_m} \approx 1/\sqrt{1 + 0.5} = 0.82$；

μ_n——管嘴流量系数，因出口无收缩，故 $\mu_n = \varphi_n = 0.82$。

根据上述推导，量测作用水头 H、流量 Q、孔口直径及收缩断面直径，便可计算出各项系数。

三、实验设备

实验设备布置如图 6.14 所示。

四、实验步骤

（1）熟悉仪器，记录孔口直径 $d_{孔口}$ 和管嘴直径 $d_{管嘴}$，记录孔口中心位置高程 $H_{孔口}$，管嘴中心位置高程 $H_{管嘴}$。

（2）启动，打开进水开关，使水进入水箱，保持水箱溢流，并使水位恒定。

（3）打开管嘴，使其出流，当流动稳定后，用体积法测量流量。

（4）关闭管嘴，打开孔口，使其出流，当流动稳定后用游标卡尺测量孔口收缩

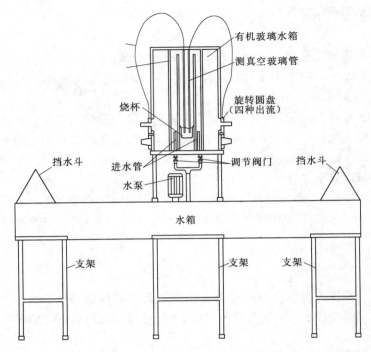

图 6.14　实验设备布置

断面直径，用体积法测量流量。

（5）关闭水泵，排空水箱，结束实验。

五、实验记录与计算

（1）有关常数。

孔口直径 $d_{孔口}$ ＝ _____ cm，管嘴直径 $d_{管嘴}$ ＝ _____ cm，孔口中心位置高程 $\nabla_{孔口}$ ＝ _____ cm，管嘴中心位置高程 $\nabla_{管嘴}$ ＝ _____ cm，水箱液面高程 $\nabla_{液面}$ ＝ _____ cm，空桶度量 M_0 ＝ _____ kg，实验装置台号：_____，实验日期：_____。

（2）记录及计算见表 6.11、表 6.12。

表 6.11　　　　　　　孔 口 实 验 记 录

测量次数	水和桶的质量	水的质量	时间	流速	流量	收缩断面直径	水头	收缩系数 ξ	流速系数 φ	流量系数 μ
1										
2										

表 6.12　　　　　　　管 嘴 实 验 记 录 表

测量次数	水和桶的质量	水的质量	时间	流速	流量	收缩断面直径	水头	收缩系数 ξ	流速系数 φ	流量系数 μ
1										
2										

（3）结果分析。根据实测值计算空口流速系数或流量系数、管嘴流量系数，并分析误差产生的原因。

六、注意事项

（1）实验过程中应保持微小溢流。

（2）改变出流情况，可转动旋转圆盘，为避免水流满地，一般应停泵操作。

（3）本仪器有实测管嘴真空值的装置，但一般达不到理论值，为作用水头的 0.75 倍。

（4）测流量后，桶内的水必须倒进接水器，以保证水箱循环水充足。

（5）测流量时，计时与桶接水一定要同步进行，以减小流量的量测误差。

（6）测流量时一般测两次取平均值，以消除误差。

七、思考题

流速系数 φ 是否可能大于 1.0？为什么？

实验九　文丘里流量计及孔板流量计测定实验

一、实验目的

（1）了解文丘里流量计和孔板流量计的原理及其实验装置。

（2）绘出压差与流量的关系曲线，确定文丘里流量计和孔板流量计的流量系数 μ 值。

二、实验设备

实验设备与各部分名称如图 6.15 所示。

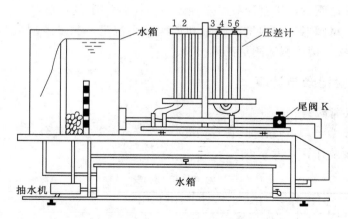

图 6.15　文丘里孔板流量实验仪

三、实验原理

文丘里流量计是在工业管道中常用的流量计，它包括收缩段、喉管、扩散段三部分。由于过水断面的收缩，该喉管断面水流动能加大，势能减小，造成收缩段前后断面压强不同而产生较大的势能差。此势能差可由压差计测得。

孔板流量计原理与文丘里流量计相同，根据能量方程以及等压面原理，可得出不计阻力作用时的文丘里流量计（孔板流量计）的流量计算公式，即

$$Q_{理} = K \sqrt{\Delta h} \tag{6.25}$$

其中

$$K = \frac{\pi}{4} \frac{d^2 D^2}{\sqrt{D^4 - d^4}} \sqrt{2g}$$

$$\Delta h = \frac{z_1 + p_1}{\gamma} - \frac{z_2 + p_2}{\gamma}$$

对于文丘里流量计，有

$$\Delta h = h_1 - h_2$$

对于孔板流量计，有

$$\Delta h = (h_3 - h_4) + (h_5 - h_6)$$

根据实验室设备条件，管道的实测测量 $Q_{实}$ 由体积法测出。

在实际液体中，由于阻力的存在，水流通过文丘里流量计（或孔板流量计）时有能量损失，故实际通过的流量 $Q_{实}$ 一般比 $Q_{理}$ 稍小，因此在实际应用时，上式应予以修正，实测流量与理想液体情况下的流量之比称为流量系数，即

$$\mu = \frac{Q_{实}}{Q_{理}}$$

故

$$Q_{实} = \mu k \sqrt{\Delta h}$$

四、实验步骤

（1）熟悉仪器，记录管道直径 D 和 d。

（2）启动抽水机，使水进入水箱，并使水箱保持溢流，使水位恒定。

（3）检查尾阀 K，压差计液面是否齐平，若不平则需排气调平。

（4）调节尾阀 K，依次增大流量和依次减小流量，测量各次流量相应的压差值，共做 10 次。用体积法测量流量。

五、实验记录与计算

（1）有关常数。

圆管直径 $D=$ ____ cm，圆管直径 $d=$ ____ cm，实验装置台号：_____。

（2）记录及计算（表 6.13）。

表 6.13　　　　　　　　　数 据 记 录 表

次　数	ΔV	t/s	$Q/(m^3/s)$	$v/(m/s)$	Re_{c2}
1					
2					
3					

水温 = _____ ℃；运动黏性系数 $\nu=$ _____ m^2/s；$Re_{cr} = Vd/v =$ _____。

（3）成果分析。绘制 Q-Δh 关系曲线。在坐标纸上以 Δh 为横坐标，以 Q 为纵坐标，分别点绘文丘里流量计和孔板流量计的 Q-Δh 曲线。根据实测值，计算文丘里流量计与孔板流量计的流量系数，并分析文丘里流量计与孔板流量计的流量系数不相同的原因。

六、注意事项

（1）改变流量时，需待开关改变后，水流稳定至少 $3\sim5\min$，方可记录。

（2）当管内流量较大时，测压管内水面会有波动现象。应读取波动水面的最高与最低读数的平均值作为该次读数。

七、思考题

（1）若文丘里流量计和孔板流量计倾斜放置，测压管水头差是否变化？为什么？

（2）收缩断面前与收缩断面后相比，哪一个压强大？为什么？

（3）孔板流量计的测压管水头差为什么是 $(h_3-h_4)+(h_5-h_6)$？

（4）实测的 μ 值是大于 1 还是小于 1？

实验十　流量和流速的测定实验

一、实验目的

本实验是建筑环境测试技术课程的综合性实验，包括建筑环境测试技术和流体输配管网两门课程的知识点，包括各种流量计测流量的方法、管网中阻力数的计算及串并联管段阻力数间的关系。本实验目的如下。

（1）掌握孔板、文丘里管、涡街、涡轮及体积法测定流量的基本原理及方法；

（2）确定串并联管段的阻力数。

二、实验原理

实验装置原理如图 6.16 所示，在流道中安装不同形式的流量计，通过巡检仪测定不同截面的流量，通过压力变送器测定不同管段的压力损失，确定管段串联和并联时的阻力数。

在图 6.16 中，$1\sim17$ 代表不同的阀门，G1 为文丘里流量计，G2 为涡街流量计，G3 为涡轮流量计，G4 为孔板流量计。

1. 孔板流量计

（1）孔板本体。标准孔板的形状如图 6.17 所示。它是一带有圆孔的板，圆孔与管道同心，直角入口边缘非常锐利。

（2）取压装置。取压装置是指取压的位置与取压口的结构形式的总称。国际上常用的取压方式有角接取压、法兰取压和 D 与 $D/2$ 取压。

1）角接取压装置。角接取压装置包括单独钻孔取压用的夹紧环和环室取压用的环室，如图 6.18 所示。

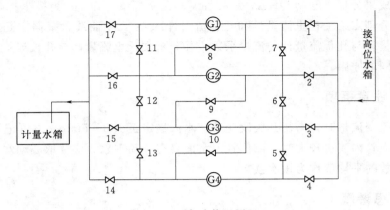

图 6.16　实验装置原理

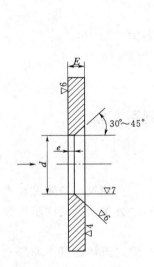

图 6.17　标准孔板

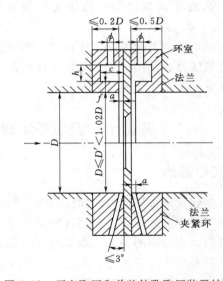

图 6.18　环室取压和单独钻孔取压装置结构

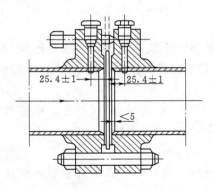

图 6.19　法兰取压装置

2）法兰取压装置。法兰取压装置即为设有取压孔的法兰，其结构如图 6.19 所示。

（3）流量方程，即

$$Q = \alpha \varepsilon \frac{\pi}{4} d^2 \sqrt{\frac{2}{\rho}(p_1 - p_2)}$$

$$M = \alpha \varepsilon \frac{\pi}{4} d^2 \sqrt{2\rho(p_1 - p_2)}$$

2. 文丘里流量计

文丘里管是由收缩段、圆筒形喉部 C 和圆锥形扩散管三部分所组成。按收缩段的形状不同，又分为古典文丘里管和文丘里喷嘴。

（1）古典文丘里管。古典文丘里管是由入口圆筒段 A、圆锥形收缩段 B、圆筒形喉部 C 和圆锥形扩散段 E 所组成。按圆锥形收缩段内表面加工的方法和圆锥形收缩段与喉部圆筒相交型线的不同，又可分为粗糙收缩段式、经加工的收缩段式和粗焊铁板收缩段式。古典文丘里管的几何型线如图 6.20 所示。

（2）文丘里喷嘴。文丘里喷嘴的几何型线如图 6.21 所示。它是由呈弧形的收缩段、圆筒形喉部和扩散段所构成。

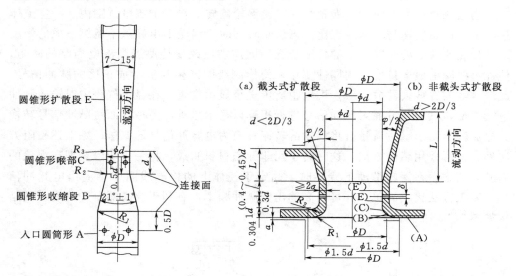

图 6.20　文丘里管的几何型线　　　　图 6.21　文丘里喷嘴的几何型线

3. 涡街流量计

在流体中放置一个有对称形状的非流线形柱体时，在它的下游两侧就会交替出现旋涡，旋涡的旋转方向相反，并轮流从柱体上分离出来，在下游侧形成旋涡列，也称为"卡门涡街"，如图 6.22 所示。

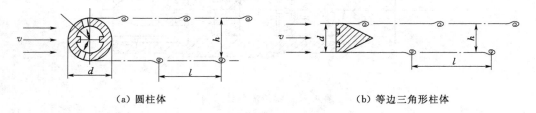

（a）圆柱体　　　　　　　　　　　（b）等边三角形柱体

图 6.22　涡街的发生情况

实验证明，当旋涡之间的纵向距离 h 和横向距离 l 之间满足下列关系，即

$$\text{sh}\left(\frac{\pi h}{l}\right)=1$$

即

$$\frac{h}{l}=0.281$$

时，则非对称的"卡门涡街"是稳定的。通过大量实验证明，单侧的旋涡产生频率 f 与柱体附近的流体流速 v 成正比，与柱体的特征尺寸 d 成反比，即

$$f=St\,\frac{v}{d} \tag{6.26}$$

式中　St——无量纲数，称为斯特罗哈尔数。

St 是以柱体特征尺寸 d 计算流体雷诺数 Re_d 的函数。而且发现，当 Re_d 在 $500\sim150000$ 的范围内，St 基本不变。St 的数值对于圆柱体为 0.2，对等边三角形柱体为 0.16。因此，当柱体的形状、尺寸决定后，就可通过测定单侧旋涡释放频率 f 来测量流速和流量。

4. 涡轮流量计

当被测流体通过时冲击涡轮叶片，使涡轮旋转，在一定流量范围内、一定流体速度下，涡轮转速与流速成正比。当涡轮转动时，涡轮上由导磁不锈钢制成的螺旋形叶片轮流接近处于管壁上的检测线圈，周期性地改变检测线圈磁电回路的磁阻，使通过线圈的磁通量发生周期性变化，使检测线圈产生与流量成正比的脉冲信号。此信号经前置放大器放大后，可远距离传送至显示仪表，在显示仪表中对输入脉冲进行整形，然后一方面对脉冲信号进行积算以显示总量，另一方面将脉冲信号转换为电流输出指示瞬时流量。将涡轮的转速转换为电脉冲信号的方法，除上述磁阻方法外，也可采用感应方法，这时转子用非导磁材料制成，将一小块磁钢埋在涡轮的内腔，当磁钢在涡轮带动下旋转时，固定于壳体上的检测线圈中感应出电脉冲信号。磁阻方法比较简单，并可提高输出电脉冲频率，有利于提高测量准确度。其结构如图 6.23 所示。

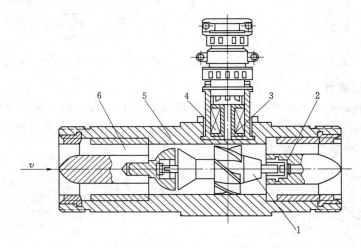

图 6.23　涡轮流量计结构

1—涡轮；2—支承；3—永久磁钢；4—感应线圈；5—壳体；6—导流器

当叶轮处于匀速转动的平衡状态，并假定涡轮上所有的阻力矩均很小时，可得到涡轮运动的稳态公式，即

$$\omega = \frac{v_0 \tan\beta}{r} \qquad (6.27)$$

式中　ω——涡轮的角速度；

　　　v_0——作用于涡轮上的流体速度；

　　　r——涡轮叶片的平均半径；

　　　β——叶片对涡轮轴线的倾角。

检测线圈输出的脉冲频率为

$$f = nz = \frac{\omega}{2\pi}z \qquad (6.28)$$

或

$$\omega = \frac{2\pi f}{z} \tag{6.29}$$

式中　z——涡轮上的叶片数；

　　　n——涡轮的转速。

$$v_0 = \frac{q_v}{F} \tag{6.30}$$

式中　q_v——流体体积流量；

　　　F——流量计的有效通流面积。

$$f = \frac{z\tan\beta}{2\pi rF}q_v \tag{6.31}$$

令 $\xi = \dfrac{f}{q_v}$，ξ 称为仪表常数，则

$$\xi = \frac{z\tan\beta}{2\pi rF} \tag{6.32}$$

5. 管路的阻力数

在管路系统中，各管段的压力损失和流量分配取决于各管段的连接方法，如串联和并联，以及各管段的阻力数 s 值。管段的阻力数表示当管段通过单位流量时的损失值。

压力损失与阻力数的关系为

$$\Delta P = sG^2 \tag{6.33}$$

(1) 串联。对于由串联管段组成的管路，串联管段的总压降为

$$\Delta p = \Delta p_1 + \Delta p_2 + \Delta p_3 + \Delta p_4 \tag{6.34}$$

式中　Δp_1、Δp_2、Δp_3、Δp_3——各串联管段的压力损失，Pa。

流量与阻力数的关系为

$$S_{ch}G^2 = s_1G^2 + s_2G^2 + s_3G^2 + s_4G^2 \tag{6.35}$$

式中　　　G——管路的流量，kg/h；

s_1、s_2、s_3、s_4——各串联管段的阻力数，Pa/(kg/h)^2；

　　　S_{ch}——串联管段管路的总阻力数，Pa/(kg/h)^2。

(2) 并联。对于并联管路，管路的总流量为各并联管段流量之和，即

$$G = G_1 + G_2 + G_3 + G_4 \tag{6.36}$$

因此阻力数之间的关系为

$$\sqrt{\frac{1}{S_b}} = \sqrt{\frac{1}{s_1}} + \sqrt{\frac{1}{s_2}} + \sqrt{\frac{1}{s_3}} + \sqrt{\frac{1}{s_4}} \tag{6.37}$$

三、实验内容

(1) 4 种流量计所测得的流量和体积法测得的流量的对比。

(2) 串联和并联时管路的阻力系数。

四、实验步骤

自定。

五、数据整理及分析

制定表格，记录各串联和并联管路中的各测点的流量值和压差值，计算出各被测管段的阻力系数，并提出 4 种流量计的优、缺点。

六、思考题

（1）说出串联和并联时管段的总阻力系统和各管段的阻力系统的关系。

（2）你还能说出哪几种流量计？它们的测量原理是什么？

（3）如果是测量风管的风速和流量，可以应用哪些流量计？应该注意哪些问题？

实 验 十 一　动 量 方 程 验 证 实 验

一、实验目的

通过测定射流对水箱的反作用力和射流对平板的作用力，来验证恒定流动量方程。

二、实验仪器设备

实验装置示意简图如图 6.24 所示。

图 6.25 所示为实验设备实物。

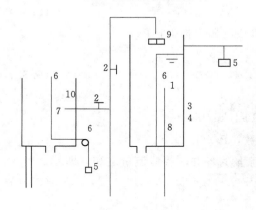

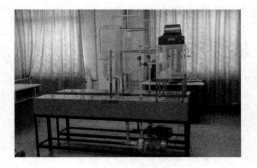

图 6.24　实验装置示意简图

1—实验水箱；2—控制阀门；3—高孔；
4—低孔；5—平衡砝码；6—转动轴承；
7—挡板；8—固定插销；9—水准泡；
10—喷嘴

图 6.25　实验设备实物

三、实验原理

1. 水箱

（1）说明。以水箱水面 1—1、出口断面 2—2 及箱壁为控制面，沿 x 轴向列动量方程为

$$F_x = \rho Q(\alpha_{02} v_2 - \alpha_{01} v_1) \qquad\qquad (6.38)$$

式中　F_x——水箱对水流的作用力，其反作用力即为水流对水箱的作用力，二者大小相等、方向相反；

　　　ρ——水的密度；

　　　Q——流量；

α_{02}，α_{01}——动量修正系数，取 1；

　　　v_1——水箱水面的平均流速在 x 轴上的投影；

　　　v_2——出口断面的平均流速在 x 轴上的投影。

　　求得 F_x，对转轴取矩得计算力矩 M。

$$M = F_x L = \rho Q v L \qquad\qquad (6.39)$$

式中　L——出口中心至转轴的距离；

　　　v——出口流速。

　　移动平衡砝码得实测力矩 M_0 为

$$M_0 = G \Delta S$$

$$\Delta S = S - S_0$$

式中　G——平衡砝码重量，N；

　　　S_0——未出流时（静态）平衡砝码至转轴距离；

　　　S——出流时（动态）平衡砝码至转轴距离。

　　（2）实验步骤如下。

　　1）开启进水阀门，将水箱充满水，关小阀门，使其保持微小的溢流。

　　2）拔出插销，移动平衡砝码，使水准泡居中，记下静态时砝码位置 S_0。

　　3）插上插销，将出口转至高孔位置，调节阀门，使之仍保持微小的溢流。

　　4）拔出插销，观察射流对水箱的作用效果，然后移动砝码，使水准泡居中，记下动态平衡时砝码的位置 S。

　　5）用体积法测流量。

　　2. 平板

　　（1）说明。取喷嘴出口断面 1—1、射流表面以及沿平板出流的截面 2—2 为控制面，沿 x 轴方向列动量方程，即

$$F_x = \rho Q(\alpha_{02} v_2 - \alpha_{01} v_1)$$

式中　F_x——平板对水流的作用力，其反作用力即为水流对平板的作用力，二者大小相等，方向相反；

　　　v_1——喷嘴出口平均流速在 x 轴的投影；

　　　v_2——2—2 控制面平均流速在 x 轴的投影，$v_x = 0$；

α_{02}，α_{01}——动量修正系数，取 1。

　　求得 F_x 对转轴取矩，得计算力矩 M。

$$M = F_x L_1 = \rho Q v L_1$$

式中　L_1——水流冲击点至转轴的距离；

　　　v——喷嘴出口的平均速度。

　　添加砝码，得到实测力矩 M_0，即

$$M_0 = G L_2$$

式中　G——砝码重量；

　　L_2——砝码作用点到转轴的距离。

（2）实验步骤如下。

1）在拉链端部加一 50g 砝码，然后开启并调节阀门，使平板保持与水流垂直位置，记下砝码重量 G，并用体积法测流量。

2）改变砝码重量（150g、200g），重复上述步骤 1）。

3）实验完毕，整理仪器、设备，并闭水路控制阀门等。

四、实验数据记录及处理

实验数据及其处理结果填入表 6.14 和表 6.15 中。

1. 水箱

仪器常数：$d=$ _____ cm；$L_1=$ _____ m；$S_0=$ _____ m；$G_0=$ _____ g；$W_0=$ _____ g。

表 6.14　　　　　　　　数 据 记 录 表

		S /cm	ΔS /cm	$M_0=G_0\Delta S$ /(kg·m)	W /kg	$\Delta W=W-W_0$ /kg	t /s	Q /(cm³/s)	v /(m/s)	$F_x=\rho Qv$ /kg	$M=F_xL$ /(kg·m)	误差 /%
高孔	1											
	2											
低孔	1											
	2											

2. 平板

仪器常数：$d=$ ____ cm；$L_1=$ ____ m；$L_2=$ ____ m；$W_0=$ ____ g。

表 6.15

次数	G /g	$M_0=G_0L_2$ /(kg·m)	W /kg	$\Delta W=W-W_0$ /kg	t /s	v /(m/s)	Q /(cm³/s)	$F_x=\rho Qv$ /kg	$M=F_xL_1$ /(kg·m)	误差 /%
1										
2										
3										

五、讨论题

实验产生误差的原因是什么？

实验十二　气体紊流射流实验

一、实验目的

（1）观察自由紊流射流的流场结构及速度分布，掌握紊动射流的特性。

（2）了解毕托管的构造及测速原理，学会用毕托管和微压计测定气流速度的方法。

二、实验原理

气体射流是指气体自孔口、管嘴或条缝向外界气体喷射所形成的流动，当出口速度较大，流体呈紊流状态时，称为气体紊流射流。流动不受固体边壁的限制为无限空间射流，又称为自由射流；反之为有限空间射流或受限射流。射流的运动形态分为层流型和紊流型。

（1）射流自喷嘴出口以均匀的流速射入静止环境中，在喷嘴边缘流速的急剧不连续形成的受切边层，这个层迅速地发展为紊流，强烈的紊流将邻近处于静止状态的流体卷吸到射流中来，因整个射流场的静压相等，沿流动方向没有任何外力，射流的质量流量沿流动方向增强，因此，射流的横断面不断扩大，射流的外边界可以近似地看作直线，射流边界的延长线交于 E 点，E 点称为极点，其交角为 2θ，其一半 θ 称为扩散角。流场结构示意图如图 6.26 所示。

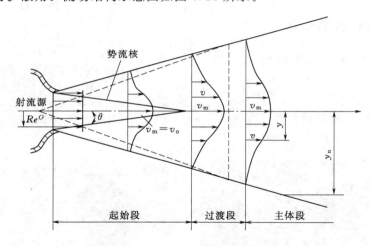

图 6.26　流场结构示意图

（2）自喷嘴起直至势流核心消失的断面叫做射流的起始段，起始段以后的断面叫做主体段，在主体段和起始段之间又有一个很短的段叫过渡段，由于很短，一般分析时常忽略，主体段内各个截面纵向流速分布又具有明显的相似性。用无量纲形式整理实验结果，可得到射流特征的半经验公式，即

$$\frac{U}{U_{\mathrm{m}}} = \left[1 - \left(\frac{Y}{Y_0} \right)^{1.5} \right]^2 \qquad (6.40)$$

式中　U——测点速度；

U_{m}——核心速度；

Y——测点至射流轴线的距离；

Y_0——所测断面射流半宽度。

由此得出，Y/Y_0 从轴心或核心边界到射流边界的变化范围为 0～1，U/U_{m} 从轴心或核心边界到射流边界的变化范围为 1～0。

速度 U 和 U_{m} 可用下式计算，即

$$U = \phi \sqrt{2 \frac{r_2}{r_1} \Delta h \cos\alpha} \qquad (6.41)$$

式中　U——测点速度，m/s；

　　　ϕ——毕托管修正系数；

　　　r_2——压力计内液体的容重，kg/m^3；

　　　r_1——被测介质的容重，kg/m^3；

　　　Δh——测点处的动压，kPa；

　　　α——测压管与垂直方向的
　　　　　　夹角。

从图6.26可以看到，有

$$Y_0 = R_0 + x\tan\theta, Y_0 = 1/2b_0 + x\tan\theta$$

式中　R_0——喷嘴半径，mm；

　　　b_0——扁形喷嘴宽度，mm；

　　　θ——扩散角。

三、实验仪器设备

实验仪器设备示意图如图6.27所示。

图6.28所示为实验设备实物。

本实验中，圆形喷管 $R_0 = 15mm$；扁形喷嘴 $b_0 = 7mm$；$L = 140mm$。

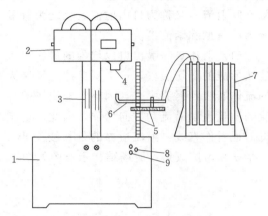

图6.27　实验仪器设备示意图

1—控制箱、风源；2—气体稳压箱；3—测风温的温度计；
4—喷嘴；5—标尺；6—毕托管；7—多管压力计；
8—指示灯；9—电源开关

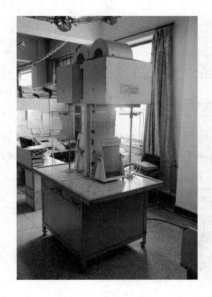

图6.28　实验设备实物

四、实验步骤

（1）准备工作。

1）根据定位线装好实验所用喷嘴，确定测量断面。方法是上下移动横标尺，测出 Y_0。

2）检查测压计的水平气泡是否居中，根据要求调整测压计液面高度，确定倾斜角。

3）接好测压计上的测压管。

（2）接通风机电源，调整好风量。

（3）将毕托管放在主体段进行风速测量。

（4）测量气温和大气压。

（5）更换实验喷嘴，重复上述实验步骤，将测试数据记录在表格中。

（6）实验完毕，关闭风机电源，整理实验设备。

五、实验记录及数据处理

把实验测试数据和计算结果填入表 6.16 中。

实验要求：

（1）求出喷嘴出口断面的雷诺数。

（2）求扩散角 θ。

（3）绘制断面流速分布图、射流各断面上的速度分布图，验证公式；$U/U_m = [1-(Y/Y_0)^{1.5}]^2$。

气体温度 $t=$____℃；大气压力 $p_a=$____ Pa；气体密度 $\rho=$____ kg/m³；稳压箱压力 $p=$____ Pa；气体运动黏性系数 $\nu=$____。

表 6.16　　　　　　　　　　数 据 记 录 表

X /mm	Y /mm	测压计读数/Pa			u /(m/s)	U_m /(m/s)	U/U_m	Y/Y_0
		h_1	h_2	h_3				

第 3 部分

专业课程实验

第 7 章

泵与风机

实验一　泵的结构及性能实验

一、实验目的

（1）了解不同类型泵的结构特点。

（2）通过演示实验掌握泵的工作原理。

二、实验设备

水泵模型。

三、实验内容

（1）掌握水泵在系统中所起的作用。

（2）了解水泵的分类和水泵的特点。

（3）了解水泵叶轮的增压原理。

（4）正确测试水泵流量、扬程。

（5）根据测定的技术参数分析水泵的性能。

四、实验步骤

（1）接通电源。

（2）依次打开面板开关，相应指示灯亮表明已进入模拟工作状态，观察演示情况。

（3）认真观察各信号指示，并做记录。

（4）演示时用手扳动操作点，动作要轻。防止损坏设备，影响实验进行。

（5）实验结束后及时关闭电源。

五、实验报告及要求

（1）绘制泵的结构草图。

（2）结合演示实验和教材说明泵的工作过程。

（3）阐述泵的性能指标及节能措施。

实验二 风机的结构及性能实验

一、实验目的

(1) 了解不同类型风机的结构特点。
(2) 通过演示实验掌握风机的工作原理。

二、实验设备

风机模型。

三、实验内容

(1) 了解通风机在生活和工作中所起的作用。
(2) 掌握各种通风机的分类、结构特点和工作原理。
(3) 正确测定流量、压力。
(4) 掌握调节方法。
(5) 根据测定的技术参数分析通风机的工作性能。

四、实验步骤

(1) 接通电源。
(2) 依次打开面板开关，相应指示灯亮表明已进入模拟工作状态，观察演示情况。
(3) 认真观察各信号指示，并做记录。
(4) 演示时用手扳动操作点，动作要轻。防止损坏设备，影响实验进行。
(5) 实验结束后及时关闭电源。

五、实验报告及要求

(1) 绘制风机的结构草图。
(2) 结合演示实验和教材说明风机的工作过程。
(3) 说明风机的调节方法。
(4) 分析通风机的工作性能。

实验三 水泵轴向力平衡装置设计实验

一、实验目的

(1) 了解多级泵的结构与轴向力产生的原因。
(2) 了解轴向力平衡方法。
(3) 设计轴向力平衡装置。

二、实验设备

多级水泵模型。

三、实验内容

（1）观察多级泵的结构及模拟工作状况，分析泵的轴向力产生的原因。
（2）掌握轴向力平衡方法。
（3）设计轴向力平衡装置。

四、实验步骤

（1）接通电源。
（2）依次打开面板开关，相应指示灯亮表明已进入模拟工作状态，观察演示情况。
（3）认真观察各信号指示，并做记录。
（4）演示时用手搬动操作点，动作要轻。防止损坏设备，影响实验进行。
（5）实验结束后及时关闭电源。

五、实验报告及要求

（1）绘制多级泵的结构草图。
（2）分析轴向力产生原因。
（3）说出几种轴向力平衡方法。
（4）自行设计一种轴向力平衡装置。

实验四　空压机结构实验

一、实验目的

（1）了解螺杆式和活塞式空气压缩机的结构特点。
（2）通过演示实验掌握空气压缩机工作原理。

二、实验设备

空压机模型。

三、实验内容

（1）掌握空压机的工作原理。
（2）了解空压机的种类和特点。

四、实验步骤

（1）接通电源。
（2）按"on"键启动。

(3) 自动运行控制。

(4) 在自动状态下手动加载/卸载，观察空压机运行状况。

(5) 按 "off" 键正常停机。

五、实验报告及要求

(1) 绘制空压机的结构草图。

(2) 结合演示实验和教材说明空压机的工作原理。

(3) 阐述空压机的性能指标。

实验五　离心风机性能曲线的测定

一、实验目的

(1) 熟悉风机各项性能参数及测试方法。

(2) 绘制固定转速下离心风机的特性曲线。

二、实验内容

测试风机的各项性能参数，并绘制固定转速下离心风机的特性曲线。

三、实验仪器、设备及材料

实验装置示意图如图 7.1 所示。

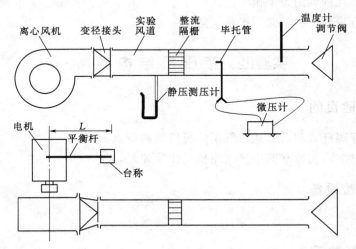

图 7.1　实验装置示意图

1. 压力测试

(1) 毕托管（L 形）。

(2) 微压计。

(3) 手持式数值压力表。

(4) QDF - 3 型热球风速仪。

（5）8386 多参数通风表。

（6）U 形管。

（7）空盒气压表。

（8）2 号、5 号电池。

2. 功率测试

（1）台秤。

（2）转速表（机械转速表和激光转速表）。

四、实验原理

固定转速 n 下离心风机的特性曲线有 3 条，即 p-Q 曲线、N-Q 曲线和 η-Q 曲线，如图 7.2 所示。图 7.1 所示为测定上述曲线的实验装置示意图。

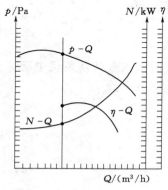

图 7.2　固定转速下的离心风机特性曲线

在转速 n 不变时，一个流量 Q 对应一组 p、N、η 值，分别测定在不同流量时各组的 p、N、η 值，将测值光滑地连接起来就得到 p-Q 曲线、N-Q 曲线和 η-Q 曲线。下面分别讲述这些参数的测定方法。

1. 动压 p_d、风量 Q 的测试

用毕托管和微压计测定动压和流量 Q，其测试方法参见《风管内风压、风速、风量的测定》，其公式为

$$p_{dcm} = \left(\frac{\sqrt{p_{d1}} + \sqrt{p_{d2}} + \cdots + \sqrt{p_{dn}}}{n} \right)^2 \tag{7.1}$$

$$\bar{v} = \sqrt{\frac{2p_{dcm}}{\rho}} \tag{7.2}$$

或用 DF-3 型热球风速仪、386 多参数通风表直接测量风管里的风速，再计算出平均风速 $\bar{v}$，即

$$\bar{v} = \frac{v_1 + v_2 + \cdots + v_n}{n} \tag{7.3}$$

平均动压 p_{dcm} 为

$$p_{dcm} = \frac{\rho \bar{v}^2}{2} \tag{7.4}$$

$$
\begin{aligned}
Q &= \bar{V}A \\
&= \bar{V}A \times 3600
\end{aligned} \tag{7.5}
$$

2. 风压 p

$$p = p_j + 1.15 p_d \tag{7.6}$$

式中　p——风机风压，又称风机全压，Pa；

　　　p_j——静压，Pa；

　　　p_d——平均动压，Pa。

考虑到从风机出口至静压测点存在着压力损失，所以用 $0.15 p_d$ 加以修正。此值很小，一般也可忽略不计。

3. 功率 N

风机的功率常指输入功率，即原动机传到风机轴上的功率，故称轴功率，用 N 表示。

本实验中轴功率测量采用平衡电机法，即

$$N = M\omega \tag{7.7}$$

其中

$$w = 2\pi n/60$$

$$M = FL = mgL \tag{7.8}$$

式中 M——作用在风机轴上的力矩，也是作用在电机轴上的反力矩，J；

m——台秤的读数，kg；

g——重力加速度，取 9.81m/s²；

L——力臂长度，即砝码中心至电机中心的距离，m；

n——电机的转速，r/min。

4. 效率 η

风机的输出功率又称为有效功率 N_e，它表示单位时间内气体从风机中所得到的实际能量，等于风压与流量的乘积。

效率表示输入的轴功率 N 被气体的利用程度。

$$\eta = \frac{N_e}{N} = \frac{PQ}{3600N} \tag{7.9}$$

五、实验步骤

(1) 记录各项实验参数（表 7.1），计算出空气密度。

(2) 将阀门关闭，开启风机，此时 $Q=0$，测定零流量时的 p、N 值。对离心风机，此时功率 N 最小，$\eta=0$。

(3) 逐渐加大阀门开度，每加大一次开度，测定一组 Q、p、N 值和计算一次 η 值；逐次加大开度可得出不同流量 Q 下的 p、N、η 值。

(4) 将实验结果点绘在坐标纸上，再将测值点光滑地连接起来即为转速 n 下的 p-Q 曲线、N-Q 曲线、η-Q 曲线。

表 7.1　　　　　　　　　　　　实验原始记录及数据计算结果

风机型号：_____　　大气压 B：_____　　风管内温度 t：_____

空气密度 ρ：_____　　风管管径 D：_____

断面面积 A：_____　　力臂长度 L：_____　　重力加速度 g=9.81m/s²。

工况	风量 Q 测定			风压测定		有效功率 N_e	轴功率 N 测定					效率 η
	平均动压 p_{dcm} /Pa	平均风速 $\bar{v}$ /(m/s)	风量 Q /(m³/h)	静压 p_j /Pa	全压 p /Pa		台秤读数 m/kg	力矩 M/J	风机转速 n /(r/min)	角速度 ω /(1/s)	轴功率 N/W	
1												
2												
3												
4												
5												
6												

六、实验报告要求

（1）实验名称、学生姓名、学号、班号和实验日期。

（2）实验目的和要求。

（3）实验仪器、设备与材料。

（4）实验原理。

（5）实验步骤。

（6）实验原始记录。

（7）实验数据计算结果。

（8）实验结果分析，讨论实验指导书中提出的思考题，写出心得与体会。

七、实验注意事项

（1）在一组 Q、p、N 测定过程中，不可改变调节阀门的开度。

（2）倾斜式微压计液面上下波动时，取其波动平均值 l。

（3）在改变阀门开度或将毕托管伸入风管时，时刻注意倾斜式微压计的量程，防止酒精冲出。

八、思考题

与样本上的同类风机性能曲线相比较，分析异同点及产生的原因。你认为如何提高测试精度？

实验六　离心泵特性曲线实验

一、实验目的

掌握离心泵特性曲线（H-Q 曲线、N-Q 曲线、η-Q 曲线）的测定方法。

二、实验内容

测试离心泵的流量 Q、扬程 H 及功率 N，并绘制其性能曲线。

三、实验仪器、设备及材料

（1）离心泵性能实验台，其示意图如图 7.3 所示。

（2）数字式光电转速表。

（3）秒表。

（4）橡胶管。

（5）5 号电池。

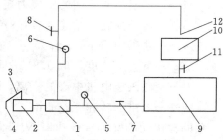

图 7.3　离心泵性能实验台

1—离心泵；2—电机；3—天平杆；4—砝码；
5—真空表；6—压力表；7—吸水管阀门；
8—压水管阀门；9—循环水箱；10—计量水箱；
11—放空阀门；12—出水口

四、实验原理

1. 流量

单位时间内泵所输送的流体量。

采用体积法进行测量，即

$$Q=\frac{V}{t}\times10^{-3} \tag{7.10}$$

式中　Q——离心泵流量，m^3/s；

　　　t——计量时间，s；

　　　V——t 时间流入计量水箱内水的体积，L。

2. 扬程

扬程指泵所输送的单位重量流量的流体从进口至出口的能量增值。

采用离心泵进口真空表及出口压力表进行测量，有

$$H=\Delta z+100(p+p_v) \tag{7.11}$$

式中　H——离心泵扬程，m；

　　　Δz——离心泵进、出口压力表的高度差，m；

　　p，p_v——离心泵进、出口压力表的读数值，MPa。

3. 功率

泵的功率常指输入功率，即原动机传到泵轴上的功率，故称轴功率，用 N 表示。

在本实验中轴功率采用马达天平测功机构进行测量，比一般使用的电功率测量法更直接、更准确。

将电机转子固定于轴承上，使电机定子可自由转动。当定子线圈通入电流时，定子与转子之间便产生一个感应力矩，该力矩使定子和转子按不同方向各自旋转。若在定子上安装一套天平，使之对定子作用一反向力矩 M'，当定子静止不动时，二力矩相等。因此，只要测得天平砝码的重量砝码距定子中心的距离，便可求出感应力矩 M。该力矩与转子角速度的乘积即是电机的输出功率。

转子的角速度 ω 可通过转速表测量转子的转速求得，即

$$N=M\omega \tag{7.12}$$

其中　　　　　　　　　$$M=mgL,\ \omega=\frac{2\pi n}{60}$$

式中　N——电机的输出功率，W；

　　　M——定子与转子间的感应力矩，N·m；

　　　ω——转子的旋转角速度，1/s；

　　　m——砝码的质量，kg；

　　　g——重力加速度，取 $9.81m/s^2$；

　　　L——砝码至电机中心的距离，m；

　　　n——电机的转速，r/min。

泵的输出功率又称有效功率 N_e，它表示单位时间内流体从泵中所得到的实际能量，等于重量流量与扬程的乘积，即

$$N_e=rQH=\rho gQH \tag{7.13}$$

4. 效率

效率表示输入的轴功率 N 被流体的利用程度，即泵的有效功率与电机的输出

功率或轴功率之比，即

$$\eta=\frac{N_e}{N}=\frac{\rho g Q H}{N} \tag{7.14}$$

式中　η——离心泵的效率；

　　　ρ——水的密度，$1000\mathrm{kg/m^3}$。

五、实验步骤

1. 准备工作

（1）全开吸水管阀门。

（2）关闭压水管阀门。

（3）搬动出水口，令其指向回流水箱（循环水箱）。

（4）打开计量水箱放空阀门，待水放空后关闭此阀。

（5）让循环水箱内进满水。

（6）将泵上的放气开关打开，对水泵充水、排气，待水均匀流出放气开关，即表示水已充满，关闭放气开关。

（7）用手盘动电机与水泵的联轴器，使其转动自如。

（8）调节天平秤的初始刻度为 0。

2. 实测

（1）启动电机。

（2）均匀开启压水管阀门至全开，稳定后记录压力表和真空表读数值，使用光电转速表测转速 n，并记录 n 及天平秤的读数 m。

（3）扳动出水口，令其指向计量水箱，同时启动秒表开始计时；等计量水箱的水到一定刻度时，扳动出水口，令其指向回流水箱，同时停止计时。记录时间 t、流入计量水箱的水体积 V、离心泵进出口压力表的读数值 p、p_V。若压力表指针或计量水箱液面有波动，读数时取平均值。

（4）打开放空阀门将水放空，然后关闭此阀门。

（5）再根据压力表读数变化范围，适当关小压水管阀门，重复上述过程。从最大流量到零流量，重复 10 次左右。

（6）测试完毕关闭电机，整理仪器、仪表。

将测试数据填入表 7.2 中。

表 7.2　　　　　　　　　　　实验原始记录及数据计算结果

$\Delta z=$ _____ m；$L=$ _____ m。

次数	p/MPa	p_V/MPa	H/m	V/L	T/s	Q/(m³/s)	m/kg	n/(r/min)	N/W	N_e/W	η
1											
2											
3											
4											
5											

续表

次数	p /MPa	p_V /MPa	H /m	V /L	T /s	Q /(m³/s)	m /kg	n /(r/min)	N /W	N_e /W	η
6											
7											
8											
9											
10											

实验过程中记录实验泵的型号及性能参数：

离心泵型号：＿＿＿＿＿＿＿；流量：＿＿＿＿＿＿＿；扬程：＿＿＿＿＿＿＿；

转　　　　速：＿＿＿＿＿＿＿；效率：＿＿＿＿＿＿＿。

六、实验报告要求

（1）实验名称、学生姓名、学号、班号和实验日期。

（2）实验目的和要求。

（3）实验仪器、设备与材料。

（4）实验原理。

（5）实验步骤。

（6）实验原始记录。

（7）实验数据计算结果。

（8）实验结果分析，讨论实验指导书中提出的思考题，写出心得与体会。

七、实验注意事项

（1）读数时视线要水平；压力表指针或计量水箱液面有波动，读数时取平均值。

（2）扳动出水口时，尽量不要让水溅出。

八、思考题

（1）根据所测数据求出的流量、扬程、功率和效率，对应地绘制在坐标纸上。流量为横坐标，扬程、功率和效率为纵坐标。

（2）曲线绘好后，任给一条管路性能曲线，找出离心泵的工况点并分析在此处工况点离心泵的性能。

实验七　离心泵串并联实验

一、实验目的

验证离心泵联合运行，即串联或并联工作时的性能以及与单泵运行时性能的关系。

二、实验内容

测试离心泵串联、并联工作时的性能以及与单泵运行时性能的关系。

三、实验仪器、设备及材料

（1）离心泵联合运行实验台，如图 7.4 所示，其中的水箱系统如图 7.5 所示。

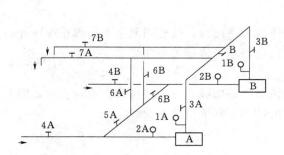

图 7.4　离心泵联合运行管路系统

A，B—离心泵；1A，1B—泵出口压力表；2A，2B—泵
进口真空压力表；3A，3B—泵压水管阀门；
4A，4B—泵吸水管阀门；5A，5B—串联
切换阀门；6A，6B—串联切换阀门；
7A，7B—系统出口阀门

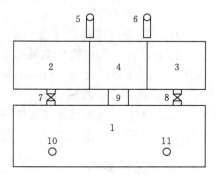

图 7.5　水箱系统

1—循环水箱；2—联合及 A 泵系统计量
水箱；3—B 泵系统计量水箱；4—泄水水箱；
5—联合及 A 泵系统出水口；6—B 泵系统
出水口；7，8—计量水箱放空阀门；
9—泄水管；10—联合及 A 泵系统
吸水管；11—B 泵系统吸水管

（2）接线插座一个。

（3）橡胶软管两根。

四、实验原理

1. 流量

流量采用体积法进行测量，即

$$Q=\frac{V}{t} \tag{7.15}$$

式中　Q——泵系统的流量，L/s；

　　t——计量时间，s；

　　V——t 时间内流入计量水箱内水的体积。

2. 扬程

扬程采用离心泵进出口压力表及真空压力表进行测量。

（1）单泵。

$$H=\Delta z+100(p+p_{\mathrm{v}}) \tag{7.16}$$

式中　H——离心泵扬程，m；

　　Δz——离心泵进出口压力表与真空表高差，m；

　　p，p_{v}——离心泵进出口压力表与真空表读值，MPa。

（2）串联。

$$H_s = \Delta z + 100(p_A + p_B + p_{VA} + p_{VB})$$

式中　H——串联泵总扬程，m；

p_A，p_B——A、B 泵出口压力表读值，MPa；

p_{VA}，p_{VB}——A、B 泵进口真空压力表读值，该读数值在正压时取负，MPa。

（3）并联。

$$H = \Delta z + 100(p + p_V) \tag{7.17}$$

式中各量含义同单泵。

3. 串联泵性能叠加原理

将串联在一起的两台单泵的扬程与流量关系曲线，按相同流量下扬程相加，即所谓竖加法原理，合成两台泵串联工作时的扬程与流量关系曲线。

4. 泵性能叠加原理

将并联在一起的两台单泵的扬程与流量关系曲线，按相同扬程下流量相加，即所谓横加法原理，合成两台泵并联工作时的扬程与流量关系曲线。

五、实验步骤

1. 单泵

（1）准备。

1）全开泵吸水管阀门 4A 或 4B，全开系统出口阀门 7A 或 7B。

2）关闭串联切换阀门 5A 或 5B、6A 或 6B，并联切换阀门 8。

3）关闭压水管阀门 3A 或 3B。

4）扳动系统出水口 6 或 5，令其指向泄水水箱 4。

5）打开计量水箱放空阀门 8 或 7，待水放空后关闭此阀。

6）用手盘动电机与水泵的联轴器，使其转动自如。

（2）实测。

1）启动电机。

2）均匀开启压水管阀门 3A 或 3B 直至全开，稳定后记录压力表和真空表读值。同时使用计量水箱 2 或 3 计量 V 升水所需的时间 t，记录时间 t 和流量 Q。读值后，打开放空阀门 8 或 7 将水放空，然后关闭此阀。若压力表指针或水箱液面有波动，读值时取平均。

3）再适当关小压水管阀门 3A 或 3B，重复上述过程。从最大流量到零流量，此重复过程应为 10 次左右。可根据压力表读值的变化，确定阀门每次的调节量。

4）A 泵和 B 泵可同时操作。

2. 串联

（1）准备。

1）全开吸水管阀门 4A、串联切换阀门 6A、5B 以及系统出口阀门 7B。

2）关闭吸水管阀门 4B，串联切换阀门 6B、5A，系统出口阀门 7A，并联切换阀门 8。

3）关闭压水管阀门 3A、3B。

4）扳动系统出水口 5，并令其指向泄水水箱 4。

5）打开计量水箱放空阀门 7，水放空后关闭此阀。

（2）实测。

1）首先启动 A 泵电机，然后均匀开启压水管阀门 3A 至全开。

2）再启动 B 泵电机，然后均匀开启压水管阀门 3B 至全开，并以 3B 为调节阀门，按上述单泵方法进行实测。

3. 并联

（1）准备。

1）全开吸水管阀门 4A、4B 以及并联切换阀门 8。

2）关闭串联切换阀门 5A、5B、6A、6B，压水管阀门 3A、3B，系统出口阀门 7A、7B。

3）扳动系统出水口 5，并令其指向泄水水箱。

4）打开计量水箱放空阀门 7，水放空后关闭此阀门。

（2）实测。

1）分别启动 A 泵电机、B 泵电机。

2）分别均匀开启压水管 3A、3B 至全开。

3）均匀缓慢开启系统出口阀门 7B 至全开，并以 7B 为调节阀门，按上述单泵方法进行实测。

实验原始记录及计算结果见表 7.3～表 7.6。

水泵型号：_____；功率：_____；转速：_____；

口径：_____；扬程：_____；流量：_____。

表 7.3 单泵（一）

$\Delta z=$ _____。

序号	p_A/MPa	p_{VA}/MPa	H_A/m	V_A/L	t_A/s	Q_A/(L/s)
1						
2						
3						
4						
5						
6						
7						
8						
9						
10						

表 7.4 单元（二）

$\Delta z=$ _____。

序号	p_B/MPa	p_{VB}/MPa	H_B/m	V_B/L	t_B/s	Q_B/(L/s)
1						
2						
3						
4						
5						

续表

序号	p_B/MPa	p_{VB}/MPa	H_B/m	V_B/L	t_B/s	Q_B/(L/s)
6						
7						
8						
9						
10						

表 7.5　　　　　　　　　　串　联

$\Delta z =$ _____。

序号	p_A/MPa	p_{VA}/MPa	p_B/MPa	p_{VB}/MPa	H/m	V/L	t/s	Q/(L/s)
1								
2								
3								
4								
5								
6								
7								
8								
9								
10								

表 7.6　　　　　　　　　　并　联

Δz _____

序号	p/MPa	p_V/MPa	H/m	V/L	t/s	Q/(L/s)
1						
2						
3						
4						
5						
6						
7						
8						
9						
10						

六、实验报告要求

（1）实验名称、学生姓名、学号、班号和实验日期。

（2）实验目的和要求。

（3）实验仪器、设备与材料。

（4）实验原理。

（5）实验步骤。

（6）实验原始记录。

（7）实验数据计算结果。

（8）实验结果分析，讨论实验指导书中提出的思考题，写出心得与体会。

七、实验注意事项

并联时系统流量比较大，每次计量结束时，应将系统出水口对准泄水水箱内的泄水管，以免水溢出影响测量。

八、思考题

（1）将所测数据求出扬程和流量，对应地绘在坐标纸上，流量为横坐标，扬程为纵坐标。

（2）将两台单泵扬程与流量性能曲线分别按竖加法和横加法原理，绘出串联与并联的扬程与流量性能曲线，并与实测值进行比较。

（3）曲线绘好后，任给一条管路性能曲线，分别找出单泵运行和联合运行时的工作点，比较联合运行与单泵运行时扬程及流量的叠加关系。

（4）若单泵叠加曲线与实测不符，分析原因。

实验八　离心泵综合性能测定实验

一、实验目的

本门实验是一个综合性实验，它包含的知识点有离心泵的特性曲线、离心泵的串联和并联特性。实验目的如下。

（1）掌握水泵流量 Q、扬程 H、功率 N 以及水泵效率 η 的测定方法。

（2）了解水泵运行特点以及调节特性曲线。

（3）增进对离心泵串、并联运行工况及其特点的感性认识。

二、实验内容

（1）离心泵单泵特性曲线 Q-H 曲线、Q-N 曲线、Q-η 曲线的测定。

（2）离心泵联合运行（串、并联）性能的测定。

三、实验原理

本实验使用离心泵综合实验台，实验台的结构简图如图 7.6 所示。

在进行泵的特性测定实验时，利用各相应阀门的开、闭调节，形成泵 1（或泵 2）单泵工作回路，在一定流量下测定一组相应的压力表 M、真空表 V、测试流量的压差计读数 h（或利用水箱、秒表来测量泵的流量），以及功率表的电机输入功率 N_m（或利用电压表 U 和电流表 I）计算求得。为了测试方便，将电机的输入功率 N_m 乘以电机的效率 η_m，可得到电机的轴功率 N（即泵的输入功率，也称泵的实用功率）。由此，通过改变阀门 11 的开度可得到泵在多组不同工况下的流量 Q、扬程 H、实用功率 N 等数据，据此可绘出泵的 Q-H、Q-N 和 Q-η 等特性曲线。在进行泵的串、并联实验时，利用相应阀门开、闭和调节，形成两个泵的串联或并

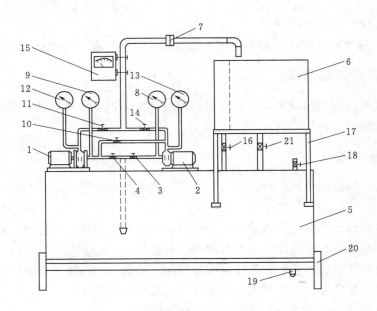

图 7.6 离心泵性能实验台结构

1—泵 1；2—泵 2；3—泵 2 上水阀；4—泵 1 上水阀；5—储水箱；6—计量水箱；
7—混合阀；8—真空表；9—真空压力表；10—串联阀；11—泵 1 出水阀；
12、13—压力表；14—泵 2 出水阀；15—功率表（电流表/电压表）；
16—回水阀；17—计量水箱支架；18—储水箱排气阀；19—泄水阀；
20—实验台基架；21—计量水箱放水阀

联回路，同理可以测定串、并联工况的运行特性。

1. 扬程 H 的测试和计算

$$H = 100(p + p_V) + z + \frac{v_2{}^2 - v_1^2}{2g} \tag{7.18}$$

式中　p——压力表读数，MPa；

　　p_V——真空压力表读数，MPa；

　　z——压力表与真空压力表接出点之间的高度，m；

　v_1，v_2——泵的进、出口流速，m/s。

一般地，进出口管径相同，$v_1 = v_2$，所以 $\frac{v_2^2 - v_1^2}{2g} = 0$，由此，得

$$H = 100(p + p_V) + z \tag{7.19}$$

（1）并联。有

$$H = \Delta z + 100(p + p_V) \tag{7.20}$$

式中　H——离心泵的扬程，m；

　　Δz——泵的进、出口压力表间的垂直距离，m；

　p，p_V——泵进口和出口压力表的读数，MPa；

　　100——单位间的换算系数。

（2）串联。有

$$H = \Delta z + 100(p_V + p_B + p_{VA} + p_{VB}) \tag{7.21}$$

式中　p_A，p_B——A、B 泵出口压力表读数，MPa；

p_{VA}，p_{VB}——A、B 泵进口真空表读数，MPa。

2. 流量 Q 的测试和计算

在某一工况下流量稳定时，利用计量水箱测定一定时间间隔 t 内泵流出的容积 W，即可计算出泵的体积流量，即

$$Q = \frac{W}{t}$$

3. 泵的实用功率 N 和泵的效率的测试和计算

离心泵综合实验台可以通过电功率表（或电压表和电流表）测定泵的驱动电机的输入电功率 N_m，再将此 N_m 乘以电机效率 η_m，即可得出泵的实用功率 N（也就是电机的输入功率），即

$$N = \eta_m N_m \tag{7.22}$$

而泵在一定工况下的效率 η 为

$$\eta = \frac{\gamma Q H}{1000 N} \tag{7.23}$$

式中 γ——流体容重，本实验取 $\gamma = 9.80 \mathrm{kN/m^3}$；

Q——泵的流量，$\mathrm{m^3/s}$；

H——泵的扬程，m；

N——在此工况下的实用功率，kW。

也可以通过马达天平法进行测量。

将电机转子固定于轴承上，使电机定子可自由转动。当定子线圈通入电流时，定子与转子之间便产生一个感应力矩 M，该力矩使定子和转子按不同的方向各自旋转。若在定子上安装一套天平，使之对定子作用一反向力矩 M'。当定子静止不动时，二力矩相等。因此，只要测得天平砝码的重量和砝码定子中心的距离，便可以求出感应力矩 M。该力矩与转子旋转角度的乘积即电机的输出功率。

转子的旋转角度 ω 可通过转速表测量转子的转速求得。

$$N = M\omega$$
$$M = mgL \tag{7.24}$$
$$\omega = \frac{2\pi n}{60}$$

式中 N——电机的输出功率，W；

M——定子与转子之间的感应力矩，N·m；

ω——转子的旋转角速度，rad/s；

L——砝码至电机中心的距离，m；

N——电机的转速，r/min。

4. 离心泵并联工作特性的测定

当用单泵不能满足工作需要的流量时，可采用两台（或两台以上）泵并联的工作方式。离心泵并联之后，在同一扬程下，其总流量是两台泵的流量之和。并联后的系统特性曲线就是在各相同的扬程下，将两台泵的特性曲线 $(Q-H)_I$ 和 $(Q-H)_{II}$ 上的对应流量相加，得到并联后的各相应合成流量，最后绘出理想的 $(Q-H)_{并}$ 曲线。

本实验台两台离心泵具有相同规格，实验时先分别测绘出单台泵I和泵II工作时的特性曲线 $(Q-H)_I$ 和 $(Q-H)_{II}$，把它们合成两台泵并联的总特性曲线 $(Q-H)_{并}$，

再将两台泵并联运行，测出并联工况下的某些实际运行工作点，并与理想的总特性曲线上相应点进行比较。

5. 离心泵串联工作特性的测定

当用单泵不能满足工作需要压头（扬程）时，可采用两台（或两台以上）泵串联的工作方式。离心泵串联之后，通过每台泵的流量是相同的，而合成压头是两台泵的压头之和。串联后系统的总特性曲线，是在同一流量下，将两台单泵的特性曲线 $(Q-H)_I$ 和 $(Q-H)_{II}$ 上对应的扬程叠加起来，得到串联后的合成压头，从而可绘出理想 $(Q-H)_串$ 曲线。

本实验台是两台相同性能的泵并联，实验时先分别测绘出单台泵 I 和泵 II 工作时的特性曲线 $(Q-H)_I$ 和 $(Q-H)_{II}$，把他们合成两台泵串联的总特性曲线 $(Q-H)_串$，再将两台泵串联运行，测出串联工况下的某些实际运行工作点，并与理想总特性曲线上相应点进行比较。

四、实验步骤

1. 实验前的准备

（1）记录实验台的主要技术指标和参数。

1）离心泵：型号。

2）最大流量。

3）最大扬程。

4）电机额定功率。

5）电机额定转速。

6）电机效率。

7）泵进口管径。

8）压力表与真空压力表接出点之间的高差 z。

（2）打开阀门 18、21，将蓄水池充满水，关闭排气阀 18。

（3）关闭阀门 3、10、14，打开阀门 4、11、16。

2. 离心泵 I 特性曲线（Q-H 曲线、Q-N 曲线、Q-η 曲线）的测定

（1）接通电源，开动泵 I，使泵 I 系统运转，此时关闭阀门 11，为空载状态，测读压力表 12 读数 p，真空压力表 9 读数 p_V，并换算成相应的水柱高。

（2）略开阀门 11，水泵开始出水，再测度 p、p_V、利用计量水箱和秒表测出在此工况下的水流量 Q 和电功率表读数 N_m。

（3）逐渐调节阀门 11，增加出水开度，重复上述步骤，测定各相应工况的 M、V、h、N_m，并记录在表 7.7 中。

3. 离心泵 II 特性 $(Q-H)_{II}$ 曲线的测定

关闭阀门 4、11，打开阀门 3、14，开动泵 II，使泵 II 系统运转。参照步骤 2 测定离心泵 II 的 Q-H 曲线。

4. 两台泵并联工况下某些工作点的测定

开启阀门 3、4、11、14，关闭阀门 10。启动泵 I、泵 II。然后调节阀门 11 和 14，使泵 I 和泵 II 都指示在同一扬程 $H_I = H_{II} = H_并$，此时记录孔板流量计相应压差值，由此测得一个工况下的 H 和 Q。

按照上述方法再测试出几个不同并联工况下的 H 和 Q，即改变 H，测出相应的 Q。将实验结果记录在实验数据记录表 7.8 中。

5. 两台离心泵串联工况下某些工作点的测定

开启阀门 3，关闭阀门 10、11、4、14。首先启动泵 II，待其运行正常后，打开串联阀门 10，再启动泵 I，待泵 I 也运行正常后，打开泵 II 的出口阀门 11。

调节阀门 11，即调到某一扬程和流量的工况，在此工况下，测读压力表 12 和真空压力表 8 的值，得出相应的 H，计算出该工况下的 Q。

按照上述方法，再测试出几个不同串联工况下的 $H_{串}$ 和 $Q_{串}$，将实验结果记录在实验数据记录表 7.8 中。

6. 实验结束并关闭电源

五、实验数据记录和整理

1. 实验数据记录

表 7.7　　　　　　　　数据记录表 I（离心泵 I 单台运行）

编号	M		V		$H(M+V+Z)$	N_m	N	H	Q	η
	MPa	mH_2O	MPa	mH_2O	mH_2O	kW	kW	$mmHg$	m^3/s	
1										
2										
3										
4										
5										
6										

表 7.8　　　　　　　　　　数据记录表 II

	序号	1	2	3	4	5	6	7	8
泵 I	H/mH_2O								
	$Q/(m^3/s)$								
泵 II	M/MPa								
	V/MPa								
	H/mHg								
	$Q/(m^3/s)$								
并联	M/MPa								
	V/MPa								
	H/mH_2O								
	h/mmH_2O								
	$Q/(m^3/s)$								
串联	M/MPa								
	V/MPa								
	H/mH_2O								
	h/mmH_2O								
	$Q/(m^3/s)$								

2. 离心泵特性曲线图

根据表 7.7 的实验记录和计算的数据，即可在坐标系中描出各工况的实验点，用光滑曲线拟合各点，绘制出该实验泵单泵的 Q-H、Q-N 和 Q-η 等特性曲线和双泵时的 Q-H 曲线。

六、思考题

（1）离心泵分别在串联和并联工况下运行时，各有什么特性？

（2）实验中，你用到的离心泵效率测定方法是什么？对具体算法能否给出推导？

（3）流量测定有多种方法，请具体介绍几种？

（4）从理论上分析水泵运行的特性？

（5）真空表和压力表有什么区别？为什么泵入口用真空表而出口用压力表测量？

（6）压力传感器是如何实现压力测定的？

（7）讨论实验中获取参数的手段。

第 8 章

工业通风

实验一 粉尘真密度的测定

一、实验目的

（1）通过实验使学生了解真空比重法测定粉尘真密度的方法。

（2）加深对真密度和容积密度的区别。

二、实验原理

利用液体介质浸没尘样，在真空状态下排除粉尘内部的空气，求出粉尘在密实状态下的体积的质量，然后计算出单位体积粉尘的质量，即真密度。如果把粉尘放入装满液体的比重瓶中，排出液体的体积（V）就是粉尘的真实体积 V_∞，即 $V = V_c$。

由图 8.1 所示看出，从比重瓶中排出的水的体积为

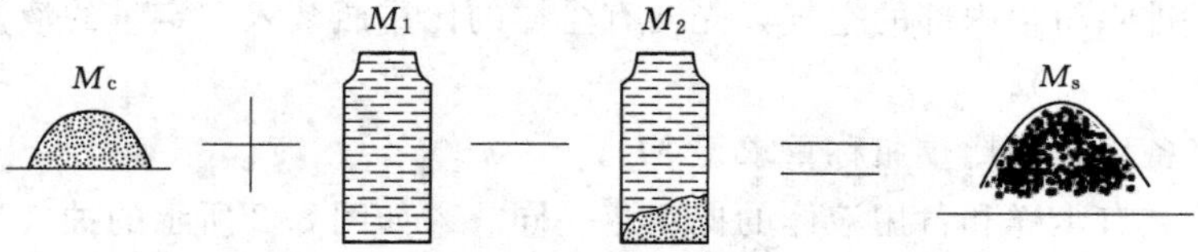

图 8.1　测定粉尘真空密度的示意图

$$V = \frac{M}{\rho} = \frac{M_1 + M_c - M_2}{\rho} \tag{8.1}$$

因 $V_s = V_c$，所以粉尘的真密度为

$$\rho = \frac{M_c}{V_c} = \frac{M_c \rho}{M_1 + M_c - M_2} \tag{8.2}$$

式中　M_c——粉尘质量；

　　　M_s——排出液体的质量；

　　　M_1——比重瓶加液体的重量；

　　　M_2——比重瓶加液体加粉尘的质量；

　　　ρ——液体的密度；

　V_c，V_s——粉尘、液体的体积。

测出公式中各项数值后即可求得粉尘真密度 ρ_∞。

三、仪器设备

（1）抽气设备，如图 8.2 所示。

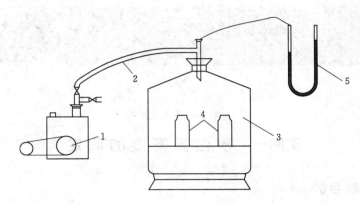

图 8.2 抽气设备示意图
1—真空泵；2—真空胶管；3—真空塔；4—比重瓶；5—压力计

（2）分析天平 1 台。
（3）水银温度计 1 支。
（4）烧杯 1 个。

四、实验步骤

（1）将烘干的尘样称重求得 M_c（烘干步骤由实验教师提前准备）并装入比重瓶中。为了排除粉尘内部的空气，先向有尘样的比重瓶装入一定量的液体介质（正好让尘样全部浸没）。

（2）将备用液和比重瓶称重求得 M_2。

（3）将装有尘样和备用液体的比重瓶一同放入如图 8.2 所示的抽气设备中，用真空泵抽气，当真空度达 100kPa 时，保持 30min，然后取出比重瓶静置 30min，使其与室温相同。

（4）将比重瓶液注满盛尘样的比重瓶，称重求得 M_2，同时记录备用液的温度。

五、记录与计算（表 8.1、表 8.2）

表 8.1 数 据 记 录 表

项目	M_c/kg	M_1/kg	M_2/kg	温度/℃	液体密度 /(kg/m³)	粉尘密度 /(kg/m³)
试样 1						
试样 2						
试样 3						
平均值						

注 本实验的液体采用纯水。纯水的真密度见表 8.3。

表 8.2　　　　　　　　　　　纯 水 的 真 密 度

温度/℃	密度/(kg/m³)	温度/℃	密度/(kg/m³)	温度/℃	密度/(kg/m³)
0	0.999987	11	0.99963	22	0.99780
1	0.99993	12	0.99952	23	0.99756
2	0.99997	13	0.99940	24	0.99732
3	0.99999	14	0.99927	25	0.99707
4	1.00000	15	0.99913	26	0.99681
5	0.99999	16	0.99897	27	0.99654
6	0.99997	17	0.99880	28	0.99626
7	0.99993	18	0.99860	29	0.99597
8	0.99988	19	0.99842	30	0.99567
9	0.99981	20	0.99823	31	0.99537
10	0.99963	21	0.99802	32	0.99505

六、允许误差

测定时应同时测定两个试样，然后求平均值。每两个试样的绝对误差不应超过 2%。

实验二　工作区含尘浓度的测试

一、实验目的

（1）熟悉实验仪器的使用方法。

（2）掌握空气测尘的原理，并能正确进行测定。

二、实验内容

称取滤膜采样前后的质量、测定采样时的流量，并计算采样点的含尘浓度。

三、实验仪器、设备及材料

（1）FC-ⅢA 粉尘采样器外形如图 8.3 所示。

（2）粉尘采样器连接示意图如图 8.4 所示。

（3）其他实验仪器及材料：电子天平、秒表、镊子、空盒气压表、干燥箱、滑石粉、刷子。

四、实验原理

测定工作区空气含尘浓度一般采用滤膜增重法。将已知质量的滤膜固定在采样器上，开动抽气泵，调节空气流量，在测量地点采集一定体积的有代表性的含尘空气。当这些含尘空气通过滤膜时，粉尘被阻留在滤膜上，然后取下滤膜称重；净化后的空气通过浮子流量计计量体积，由此可以计算出每立方米空气中所含粉尘的毫

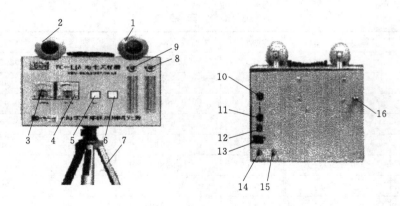

图 8.3   FC-ⅢA 粉尘采样器外形图

1，2—采样头；3—电流表；4—电压表；5—电源开关；6—充电开关；7—三脚架；8，9—流量
计阀；10—红色接线柱"＋"极（接电瓶红色端）；11—黑色接线柱"－"极（接电瓶黑色端）；
12—熔丝（8A）；13—220V 输入端；14，15—采样头接入口；16—加油孔

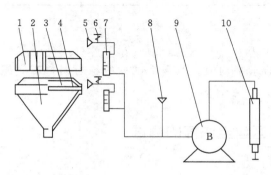

图 8.4   粉尘采样器连接示意图

1—采样头盖；2—采样头座；3—滤膜架；4—滤膜；
5—采样头；6—流量计阀；7—流量计；8—加油孔；
9—刮板泵；10—消音器

克数即含尘浓度（mg/m³）。

五、实验步骤

（1）准备滤膜。用镊子夹取经过干燥的滤膜，置于电子天平上称取采样前滤膜的质量 G_1；再将滤膜置于滤膜夹的夹座上（网状面向上），盖上锥形环，拧好夹盖。滤膜夹做好后不应有褶皱及漏缝。放入滤膜盒内并编号。

（2）采样点的选择。在全面了解生产工艺、仔细观察工作区产生粉尘的情况后，选择具有代表性的采样点，一般采样点应距地面 1.5m，并且是工人作业或经常停留的地点。

（3）采样起止时间。首先要看生产的连续性，其次要看采样量的要求。对于连续产生粉尘的作业点，应在作业开始半小时后进行；对于阵发性产生粉尘的作业点，则在工人作业时间内进行。

（4）采样时间取决于空气中含尘浓度的大小。当空气中的含尘浓度高时，采样时间可短些、抽气量小些。当空气中的含尘浓度低时，采样时间可长些，抽气量大些。平面滤膜的集尘量不应超过 20mg，为了减少测量误差，滤膜的增重不宜小于 4~6mg。

（5）在采样点将仪器安装在三脚架上（若有必要），并且调整到所需要的高度和角度，把装上滤膜的锥形采样头插入仪器顶部的支架上，选择好需要的角度和方向（采样器面向测尘的地方，水平放置在呼吸带处），锁紧三脚架固定螺母，用两根橡胶管把锥形采样头 1、2 分别与采样头接入口 14、15 连接。

（6）采样仪器架设好后即可对该点进行采样。将仪器接通电源，上好滤膜夹，

按下电源开关，开启采样器，试转 2～3min，此时电压表显示的是电机电压（就是机内直流电压或者是外按电瓶电压）。调节采样流量，一般为 20～25L/min，待流量稳定后，保持流量调节阀旋钮位置不变，关机。换上新的滤膜，再启动采样器，同时按下秒表计时。

（7）记录采样流量、大气压力、流量计前压力计读数、流量计前温度计读数等。

（8）采样完毕，关机，同时停止计时。记录采样时间。

（9）小心取下滤膜夹，受尘面向上，放入滤膜盒中，带回实验室。用镊子将滤膜从滤膜夹上小心取出，使受尘面向内对折 2～3 折，再称取其质量 G_2。如果采样现场有水雾或滤膜表面有小水珠，应将滤膜放在干燥器中干燥 30min 后再称重。

六、数据处理

1. 采样流量的修正

由于流量计是在压力为 101.3kPa、温度为 20℃ 的状况下标定的，所以当采样气体与标定气体状态相差较大时，必须对流量计读数进行修正，才能得到测定状态下的实际流量，即

$$L_j = L_j' \sqrt{\frac{101.3 \times (273 + t)}{(B + p) \times (273 + 20)}} \qquad (8.3)$$

式中　L_j——实际采样流量，L/min；

　　　L_j'——流量计读数，L/min；

　　　t——流量计前温度计的读数，℃；

　　　B——大气压力，kPa；

　　　p——流量计前压力计的读数，kPa。

2. 标准状态下的抽气量

实际采样流量再乘以采样时间，得到实际抽气量，即

$$V_\tau = L_j \tau$$

将实际抽气量换算成标准状态下的抽气量，即

$$V_0 = V_\tau \frac{273}{273 + t} \times \frac{B + p}{101.3} \qquad (8.4)$$

式中　V_τ——实际抽气量，L；

　　　τ——采样时间，min；

　　　V_0——标准状态下抽气量，L。

3. 计算含尘浓度

$$y = \frac{G_2 - G_1}{V_0} \times 10^3 \qquad (8.5)$$

式中　G_1——采样前滤膜的质量，mg；

　　　G_2——采样后滤膜的质量，mg。

七、实验原始记录及计算结果

将测定原始数据记录于表 8.3 中，并计算整理。

表 8.3   工作区含尘浓度测定记录表

采样日期：_____   地点：_____   采样仪器：_____   大气压 B：_____ kPa

采样点	温度	采样开始时间	滤膜编号	采样前滤膜的质量 G_1 /mg	采样后滤膜的质量 G_2 /mg	流量计读数 L_j' /(L/min)	实际流量 L_j /(L/min)	采样时间 τ /min	实际抽气量 V_t/L	换算成标准状况后的抽气量 V_0/L	空气的含尘浓度 Y/(mg /Nm³)	含尘浓度的相对误差	平均含尘浓度 Y_p /(mg /Nm³)
			1										
			2										
			3										
			4										
			5										
			6										
			7										
			8										
			9										
			10										
			11										
			12										
			13										
			14										

八、实验报告要求

（1）实验名称、学生姓名、学号、班号和实验日期。

（2）实验目的和要求。

（3）实验仪器、设备与材料。

（4）实验原理。

（5）实验步骤。

（6）实验原始记录。

（7）实验数据计算结果。

（8）实验结果分析，讨论实验指导书中提出的思考题，写出心得与体会。

九、实验注意事项

（1）两个平行样品所测空气的含尘浓度的相对误差不大于 20% 的为有效测定样品，取其平均值作该测点的空气含尘浓度实验。如相对误差大于 20%，则该测定样品无效，应重新采样测定。

（2）当外接 12V 电瓶时，用电瓶线把电瓶红色端与后面板上的红色接线柱连接；把电瓶的黑色端与后面板上的黑色接线柱连接，不得接反。

（3）电瓶。当电压表的指针接近红色区域时，应立即停止采样，及时充电。若电瓶长时间不用，应充足电放置；若长期搁置，应每 6 个月进行一次充放电的维护工作。即让采样器工作至电压表指针接近红色区域时停机，然后再充足电放置。过充电、过放电、电瓶红黑两端接反都可能损坏电瓶与仪器。

（4）泵运转时间。一般连续运转约 60min，应该让它自然冷却后再继续采样。

十、思考题

（1）计算空气的含尘浓度时，为什么要把实际抽气量转换成标准状态下的抽气量？

（2）总结在实际操作时使用滤膜的注意事项。

（3）为什么要规定滤膜的最小增重？如果不能满足这个要求，将如何改进测量工作？

实验三　风管风流点风压和点风速测定

一、实验目的

（1）熟悉风压测定仪表的构造和使用方法。

（2）掌握测定点风压和点风流的方法。

（3）通过实验更好地理解抽出式通风时风流任一点的全压、静压和动压的相互关系，以及风流某一断面上的风速分布。

二、实验设备和仪表

其包括扇风机管网系统、皮托管、U 形压差计、胶皮管、TH－880 采样器。

皮托管是传递风流压力的仪器，由内、外两根细金属管组成，内管前端中心有孔，与标有"＋"号的管脚相同。外管前端封闭，在其管壁开有小孔，与标有"－"号的管脚相同，测定时使管嘴与风流平行，中心孔正对风流传递测点风流的绝对全压（绝对静压与动压之和），而管壁上的小孔则只传递测点的绝对静压。

三、实验内容与方法

1. 测风流中任一点的风压

在风道的平直段选定一个断面，将皮托管插入风道内，管嘴位于断面的中心并正对风流方向。开动风机，作抽出式通风，用胶皮管将皮托管的相应管脚与压差计连接，测该点的相对全压、相对静压和动压。此外，将皮托管沿风道断面水平移动，观察相对静压有无变化，及测点的绝对全压、绝对静压、动压的关系。

2. 测定风道的断面风速分布

（1）测点布置。为了准确测得断面风速分布，必须合理地布置动压测点。

（2）圆形风道。通常是将圆断面分成若干等面积环，并在各等面积的面积平分线上布置测点，图 8.5 所示为三等面积环的测点布置。如速度场纵横对称，也可以只在纵向（或横向）上布置测点。等面积环数越多，测点越多，则测试精度越高。一般都按风筒直径大小确定等面积环数。

（3）矩形风道。通常是将断面分成若干等面积小矩形，测点布置在每个小矩形的中心，小矩形每边的长度一般不大于 220mm，如图 8.6 所示。

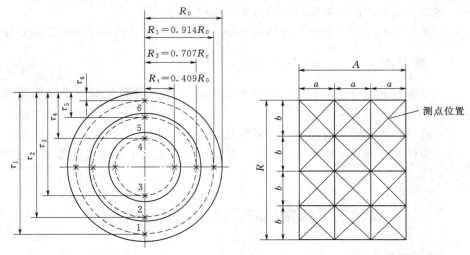

图 8.5 圆形风道测点布置　　　　　图 8.6 矩形风道测点布置

通常皮托管是从风筒一侧插入到测点的，由标尺可以算得皮托管插入深度。

风速分布测定，在测定断面直径上，按 3 个等面积环布置 7 个测点，测各点的风速。

以纵坐标表示测点位置，横坐标表示风速，用坐标纸按一定的比例绘制该断面的风速分布图。

计算断面平均风速，即

$$v = \frac{v_1 + v_2 + \cdots + v_n}{n} \tag{8.6}$$

式中　v_n——1、2、$\cdots$、n 号测点风速测值，m/s；

　　　n——测点总数。

注意：求平均风速时中心点的风速不应参与平均。

四、实验结果

测点数据记录表见表 8.4。

表 8.4　　　　　　　　　　　　测 点 记 录 表

测定点	名称 次数	全压	静压	动压	风速
A	1				
	2				
	3				
	平均				
B	1				
	2				
	3				
	平均				

续表

测定点	名称　次数	全压	静压	动压	风速
C	1				
	2				
	3				
	平均				
D	1				
	2				
	3				
	平均				
⋮					

根据表 8.4 的测定结果，以纵坐标表示测点位置，横坐标表示风速，按一定的比例绘制该断面的风速分布图。

五、思考题

（1）计算各断面的速度场不均匀系数，$K = v/v_{中}$（式中 v 为断面平均风速，$v_{中}$ 为断面中心点风速）。

（2）在实验室里，管道内风速及风量的测定有哪些必要条件？

（3）如何布置测点以保证测得数据的准确性？

实验四　旋风除尘器性能实验（一）

一、实验目的

（1）掌握除尘器性能测定的基本方法。

（2）了解除尘器运行工况对其效率和阻力的影响。

二、实验内容

（1）测定或调定除尘器的处理风量。

（2）测定除尘器阻力与负荷的关系（即不同入口风速时阻力变化规律或情况）。

（3）测定除尘器效率与负荷的关系（即不同入口风速时除尘效率的变化规律情况）。

三、实验台简介及原理

实验台主要由测试系统、实验除尘器、发尘装置等三部分组成，如图 8.7 所示。

（1）流量用孔板测定，在除尘器及管路密封良好的情况下也可以在出口管道用毕托管测定。

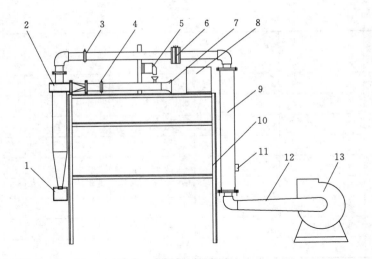

图 8.7　实验台测试系统示意图

1—接灰斗；2—实验除尘器；3—出口测压点；4—进口测压点；5—发尘装置；

6—孔板流量计；7—进风口；8—控制板；9—毕托管测风管道；10—固定架；

11—毕托管测试点；12—风机入口软管；13—引风机（注：测压表未画出）

$$Q = a\varepsilon F_0 \sqrt{\frac{2\Delta p}{\rho}} \tag{8.7}$$

式中　a——流量系数；

　　　ε——被测介质的膨胀校正系数；

　　F_0——孔板喉部断面面积，m^2；

　　Δp——孔板前、后取压断面的静压差，Pa；

　　　ρ——气体密度，kg/m^3。

　　为保证除尘器前、后两测压断面取压的准确性，除尘器前、后测点与除尘器进、出口之间均分别有一定长度的直管段。前测点距除尘器的进口不少于管径的 6 倍，后测点距除尘器的出口不少于管径的 10 倍。

　　（2）除尘器前、后两测压断面的全压差 $\Delta p_q'$ 减去除尘器前、后管路的附加阻力 $\sum \Delta p_f$ 即为除尘器的阻力 Δp_q，即

$$\Delta p_q = \Delta p_q' - \sum \Delta p_f \tag{8.8}$$

或

$$\Delta p_q = \Delta p_j' + \Delta p_d - \sum \Delta p_f \tag{8.9}$$

在式（8.9）中，$\Delta p_j'$ 由静压孔前、后测得的静压差；Δp_d 为除尘器前、后测压断面动压差。

$$\Delta p_d = p_{d1} \left[1 - \left(\frac{d_1}{d_2} \right)^4 \right] \tag{8.10}$$

式中　Δp_d——除尘器前、后动压差，Pa；

　　p_{d1}——除尘器前测压断面处的动压，Pa；

　d_1，d_2——除尘器前、后直管径的管径（实测）。

　　本实验因除尘器前后 d_1、d_2 相等，故有

$$\Delta p_d = 0$$

除尘器前、后的沿程阻力很小。

$$\sum \Delta p_f = 0$$
$$\Delta p_q = \Delta p_j'$$ 　　　　　　(8.11)

除尘器阻力用式（8.12）表示，即

$$\Delta p_q = \xi \frac{V_i^2 \rho}{2}$$ 　　　　　　(8.12)

$$\Delta p_j' = \xi \frac{V_i^2 \rho}{2}$$ 　　　　　　(8.13)

$$\xi = \frac{2\Delta p_j'}{V_i^2 \rho}$$ 　　　　　　(8.14)

（3）除尘器全效率的测定采用重量法，即按式（8.15）计算，即

$$\eta = \frac{G_2}{G_1}$$ 　　　　　　(8.15)

式中　G_1——进入除尘器粉尘量，g；

　　　G_2——除尘器除下的粉尘量，g。

四、测定方法及步骤

（1）关闭风机出风口阀门，启动风机，待稳定后打开风阀到一定的开度（较小风量），测出孔板流量计前后断面静压差 Δp 及除尘器前、后静压孔的压差 $\Delta p_j'$。

（2）称取一定量 G_1 的粉尘倒入进灰斗，待粉尘全部进入除尘器后停止风机，打开接灰斗，称量粉尘的重量 G_2。

（3）重复步骤（1）、（2），逐渐加大风阀开度（加大风量）1～2 次，读取相应读数计入表 8.5。

五、记录表格

表 8.5　　　　　　　　　数 据 记 录 表

测次	Δp	$\Delta p_j'$	Q	V_i	Δp_q	ξ	G_1	G_2	η
1									
2									
3									
4									
5									

六、结论

分析除尘器阻力系数与风速风量的关系。

实验五　施风除尘器性能实验（二）

一、实验目的

（1）学会使用微压计和毕托管配合测试管道中含尘气体的压力，进而计算出风

速、风量。

(2) 掌握除尘器阻力和除尘效率测定的基本方法。

二、实验内容

(1) 用微压计和毕托管配合测试管道中含尘气体的压力，进而计算出风速、风量。

(2) 用质量法测定除尘器的除尘效率。

三、实验仪器、设备及材料

(1) 旋风除尘器实验台，如图 8.8 所示。

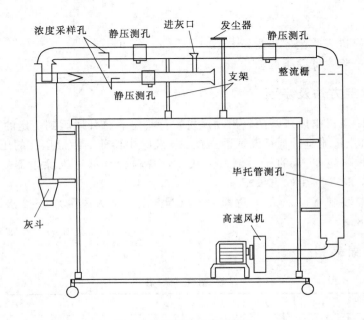

图 8.8　旋风除尘器实验台

(2) L 形毕托管（在实际工程中是用 S 形毕托管）。

(3) 微压计（另有斜管压力计：是一般通风工程最常用测定压力的仪器；手持式数值压力表；U 形压力计）。

(4) QDF-3 型热球风速仪。

(5) 8386 多参数通风表。

(6) 电子天平。

(7) 秒表。

(8) 鼓风干燥箱。

(9) 空盒气压表。

(10) 2 号、5 号电池。

(11) 滑石粉。

(12) 镊子。

四、实验原理

1. 风量的测定

风量的测定采用毕托管测量，其原理是利用毕托管和微压计测出风管端面的流速，从而计算出风量，即

$$L = F \cdot \overline{v} \tag{8.16}$$

式中　L——风量，m^3/s；

　　　F——测量断面面积，m^2；

　　　$\overline{v}$——测量断面空气平均流速，m/s。

由于气流速度在风管断面上的分布是不均匀的，因此在同一断面上必须进行多点测量，然后求出该断面的平均流速 $\overline{v}$。毕托管所测量的断面为 $\phi 90mm$ 的圆形断面，故可划分为两环，微压计测出动压值 p_d，相应的空气流速为

$$\overline{v} = \sqrt{\frac{2p_d}{\rho}} \tag{8.17}$$

式中　p_d——测得的动压平均值，Pa；

　　　ρ——空气的密度，kg/m^3。

2. 旋风除尘器阻力的测定

旋风除尘器阻力为

$$\Delta p = \Delta p_q - p_1 - z \tag{8.18}$$

式中　Δp_q——旋风除尘器进出口空气的全压差，Pa；

　　　p_1——沿程阻力，即静压孔 4 和 5 的静压差×1.3，Pa；

　　　z——局部阻力，$z = \sum \zeta \frac{\rho v^2}{2}$（$\sum \zeta = 0.52$），$Pa$。

由于旋风除尘器进出口管段的管径相等，故动压相等，所以

$$\Delta p_q = \Delta p_j \tag{8.19}$$

式中　Δp_j——旋风除尘器进、出口空气的静压差，即用微压计测得的静压孔 3 和 4 的静压差。于是，有

$$\Delta p = \Delta p_j - p_1 - z \tag{8.20}$$

3. 旋风除尘器效率的测定

除尘器效率是评价除尘器性能的重要指标之一。在一定的运行工况下除尘器除下的粉尘量与进入除尘器的粉尘量之比称为除尘器的全效率。

除尘器效率的测定有两种方法，即质量法和浓度法。用质量法测出的结果比较准确，主要用于实验室。在现场测除尘器效率时，通常用浓度法。

（1）质量法。测出进入除尘器的粉尘量和除下的粉尘量，由下式算出除尘器效率（η），即

$$\eta = \frac{G_2}{G_1} \times 100\% \tag{8.21}$$

式中　G_1——单位时间进入除尘器的粉尘量；

　　　G_2——单位时间除尘器除下的粉尘量。

（2）浓度法。

$$\eta = \frac{y_1 - y_2}{y_1} \times 100\%　\tag{8.22}$$

式中　y_1——除尘器进口处平均含尘浓度，mg/m^3；

　　　y_2——除尘器出口处平均含尘浓度，mg/m^3。

含尘浓度为

$$y = \frac{\Delta G}{V} = \frac{G_2 - G_1}{V}　\tag{8.23}$$

其中，总抽气量为

$$V = \frac{\overline{K} \times (B - \overline{p}) \times T_0}{p_0 \times (273 + \overline{t})} \times (\chi_2 - \chi_1)　\tag{8.24}$$

式中　G_2——滤筒终重，mg；

　　　G_1——滤筒初重，mg；

　　　χ_2——累计流量计终读数，m^3；

　　　χ_1——累计流量计初读数，m^3；

　　　B——当地大气压，$mmHg$；

　　　$\overline{K}$——累计流量计校正系数，$\overline{K} = \dfrac{浮子流量计读数}{累计流量计在\ 1min\ 内的累计读数}$；

　　　$\overline{p}$——流量计前负压表读数的平均值，$mmHg$；

　　　$\overline{t}$——流量计前温度计读数的平均值，$℃$；

　　　T_0——$273K$；

　　　p_0——$760mmHg$。

五、实验步骤

（1）测定室内环境的大气压、温度，计算空气密度。检查实验装置，做好压力测定前的准备工作。

（2）称取一定量经干燥过的滑石粉，放入到粉尘发生器。

（3）启动电机，观察粉尘在管道中的运动曲线。

（4）在除尘器出口的采样口用毕托管、手持式数字压力表或压力计测量风管的动压 p'_d，或用 QDF－3 型热球风速仪或 8386 多参数通风表直接测量风管里的风速，并记录。

（5）用 U 形管测量静压孔 3 和 4 的静压差 Δp_j 和静压孔 4 和 5 的静压差。

（6）重复步骤（4）、步骤（5），共测量 5 次。

（7）测量完毕关闭电机，同时移开粉尘发生器，称取发生器里余下的粉尘，计算出进入除尘器的粉尘量 G_1。待电机完全停止后取出灰斗里的粉尘，在电子天平上称取除尘器除下的粉尘量 G_2。计算出除尘器的除尘效率 η。

实验原始记录及计算结果填入表 8.6～表 8.8 中。

表 8.6　　　　　　　　数 据 记 录 表 一

大气压 $B=$ _____；环境温度：_____；空气密度 $\rho=$ _____；断面面积 $F=$ _____。

次数	测量仪器	测量点	动压 p'_d /Pa	平均动压 p_d/Pa	风速 v /(m/s)	平均流速 $\bar{v}$/(m/s)	风量 L /(m³/s)
1		1					
		2					
		3					
		4					
2		1					
		2					
		3					
		4					
3		1					
		2					
		3					
		4					
4		1					
		2					
		3					
		4					
5		1					
		2					
		3					
		4					

表 8.7　　　　　　　　数 据 记 录 表 二

次数	时间	孔 3 的静压 /cmH₂O	孔 4 的静压 /cmH₂O	3、4 的静压差 /cmH₂O	3、4 的静压差 /Pa	孔 4 的静压 /cmH₂O	孔 5 的静压 /cmH₂O	4、5 的静压差 /cmH₂O	4、5 的静压差 /Pa
1	初始								
	终了								
2	初始								
	终了								
3	初始								
	终了								
4	初始								
	终了								
5	初始								
	终了								

表 8.8   数 据 记 录 表 三

次数	静压孔 3 和 4 的静压差 Δp_j	静压孔 4 和 5 的静压差	沿程阻力 p_1	局部阻力 z	阻力 Δp	平均阻力 $\overline{\Delta p}$	进入的粉尘量 G_1	除下的粉尘量 G_2	除尘效率 η
	Pa	Pa	Pa	Pa	Pa	Pa	mg	mg	
1									
2									
3									
4									
5									

六、实验报告要求

（1）实验名称、学生姓名、学号、班号和实验日期。

（2）实验目的和要求。

（3）实验仪器、设备与材料。

（4）实验原理。

（5）实验步骤。

（6）实验原始记录。

（7）实验数据计算结果。

（8）实验结果分析，讨论实验指导书中提出的思考题，写出心得与体会。

七、实验注意事项

（1）U 形管读数时视线一定要保持水平。

（2）滑石粉放入、取出时不要洒落。

八、实验分析

（1）根据所得结果，对该除尘器进行评价。

（2）不同仪器测的风速是否基本相同？对其进行分析。

实验六　通风风道内阻力测定

一、实验目的

了解测定流体直管或管件时的阻力损失方法，通过测定加深理解能量方程在通风中的应用。

二、实验原理

通过对通风网管的选段测定压力（动压、静压和全压），来计算通风管道的阻力。

三、实验设备及仪器

其包括风机和管网系统、皮托管、胶皮管、皮尺、小钢尺。

四、实验内容和实验方法

（1）测定断面选择。按已介绍的方法进行测定。

（2）测点布置。按已介绍的方法进行布置。

1）矩形管道。

2）圆形管道。

（3）管道内压力的测定。按已介绍的方法进行测定。在测定断面上测得各点的压力值后计算其平均值。改变风机的转速，分别测定断面上测得各点的压力值后计算其平均值。计算不同转速下通风管道内的阻力，阻力的大小为管道内静压差。

测点记录表见表 8.9。

表 8.9　　　　　　　　　　　　测 点 记 录 表

测定点	转速	名称 ╲ 次数	全压	静压	动压	阻力
A		1				
		2				
		3				
		平均				
⋮		1				
		2				
		3				
		平均				

五、思考题

影响风道内风速、风压、风量等测定结果的因素有哪些？如何保证测定结果的准确性和精确性？

实验七　袋式除尘器性能测定演示

一、实验目的

（1）熟悉袋式除尘器的结构及除尘机理。

（2）掌握袋式除尘器的性能测试方法。

二、仪器设备

袋式除尘器实验台。

三、所需耗材

煤尘。

四、实验原理、方法和手段

袋式除尘器是利用滤布捕集尘粒的一种过滤式除尘装置。以布袋除尘器为代表的表面过滤式除尘器被广泛应用于锅炉烟气除尘及工业排放粉尘的捕集。其捕尘过程分为两个阶段：首先是含尘气流通过清洁滤布，此时起作用的主要是纤维，一般滤布网孔在 $20\sim50\mu m$ 之间，故清洁滤布的过滤效率并不高，其后捕集的粉尘不断增加，一般部分尘粒嵌入到滤层内部，一部分覆盖在表面形成一层初尘层，在此后的过滤阶段中，含尘气流的净化主要靠初尘层，这时初尘层起着比滤料更重要的作用，使得除尘效率大大提高，从这种意义上讲，袋式除尘器实际上是以尘粒除去尘粒。在正常运行情况下，袋式除尘器具有很高的除尘效率，即使是对微细粉尘，其除尘效率也在 95% 以上。

1. 除尘器进口风量

$$Q_1 = 0.0072\varphi\sqrt{\frac{2}{\rho}|p_{\text{stj}}|} \tag{8.25}$$

式中　$|p_{\text{stj}}|$——锥形集流器进口静压；

　　　φ——锥形集流器流量系数，取 0.98；

　　　ρ——空气密度，取 1.2；

　0.0072——进口管路截面积，m^2。

2. 除尘器除口风量

$$Q_2 = 0.0072\,\overline{v} = 0.0072\varphi\sqrt{\frac{2}{\rho}\overline{p}_{\text{d}}} \tag{8.26}$$

式中　$\overline{p}_{\text{d}}$——笛型管测出的平均动压。

3. 除尘器阻力 ΔP

除尘器的阻力是用除尘器前后管道中气流的平均全压差来表示的。为了测点断面取压的正确性，测点设置在管路上的位置与滤尘器是有一定距离的，因此在测出的两端面全压差后，还应减去前后管路及弯头的附加阻力 $\sum\Delta P_{\text{w}}$。

$$\Delta P = \Delta P' - \sum\Delta P_{\text{w}} = \Delta P_1 + \Delta P_{\text{d}} - \sum\Delta P_{\text{w}} \tag{8.27}$$

式中　ΔP——除尘器的阻力，Pa；

　　　ΔP_1——除尘器前后测点静压值，由测点测读；

　　　ΔP_{d}——除尘器前后测点断面动压差；

　$\sum\Delta P_{\text{w}}$——管段与管件的附加阻力。

由于除尘器前、后管路断面相等，所以 $\Delta P_{\text{d}} = 0$，$\sum\Delta P_{\text{w}}$ 则是管路沿程阻力 ΔP_{f} 和弯头的局部阻力 ΔP_{j} 之和。经查表知弯头的局部阻力系数 $\zeta = 0.15$，而管路的沿程阻力可用管道的比摩阻与管路的长度乘积计算，即

$$\Delta P_{\text{j}} = \zeta\frac{\rho v^2}{2} = 0.075\rho v^2 \tag{8.28}$$

由此可得

$$\Delta P = \Delta P_1 - \Delta P_f - 0.075 \rho v^2 \tag{8.29}$$

式中　v——管路中平均风速，$v = Q_2/0.075$。

4. 除尘器的效率

现场测定时，一般常采用重量浓度法进行测定，按下式计算除尘器效率，即

$$\eta = \frac{Y_1 - Y_2}{Y_1} \times 100\% \tag{8.30}$$

式中　Y_1——除尘器进口处平均含尘浓度，mg/m^3；

　　　Y_2——除尘器出口处平均含尘浓度，mg/m^3。

测定除尘效率时必须采用同样的仪器，同时在进、出口采样。由于除尘器效率与粉尘的粒度、相对密度以及除尘器的运行工况有很大关系，因此在给出除尘器效率时，应同时说明除尘器处理粉尘的分散度、相对密度和运行工况，或者直接测出除尘器的分级效率。

五、实验步骤

(1) 滤尘器打地脚，风机打地脚。将进风管道、出风管道分别与滤尘器用螺栓连接，出风管道用软接线与风机连接后，接通风机、发尘盒、气泵与控制箱连接线。

(2) 启动风机，调节风机风门，调节风量。

(3) 将灰尘放入发尘盒，使发尘盒振动发尘。

(4) 等运行平稳后，测读除尘器前后测点压差，计算滤尘器阻力；测读笛形管压差，计算滤尘器出口风量；测读进口锥形集流器压差，计算入口风量。

(5) 用灰尘取样器在除尘器前后灰尘取样口提取尘样，对除尘器除尘效率进行分析。

六、预习与思考题

(1) 改变风机风量后，除尘器的阻力与除尘效率有什么关系？

(2) 灰尘粒径大小，对除尘器的除尘效率产生何种影响？

实 验 八　电 除 尘 器 性 能 实 验

一、原理、用途及特点

电除尘器的除尘原理是使含尘气体的粉尘微粒，在高压静电场中荷电，荷电尘粒在电场的作用下，趋向集尘极和放电极，带负电荷的尘粒与集尘极接触后失去电子，成为中性而粘附于集尘极表面上，极少数带电荷尘粒沉积在截面很小的放电极上。然后借助于振打装置使电极抖动，将尘粒脱落到除尘的集灰斗内，达到收尘目的。板式电除尘器模型具有较高的除尘效率，适于教学使用，易于操作，方便演示。该除尘器的特点：气流均布；壳体结构、振打清灰简单；处理烟尘颗粒范围广；对烟气的含尘浓度适应性好；压力损失小；能耗低；耐高温及腐蚀；捕集效率高；容易自动化控制，运行费用低，维护管理方便。

电除尘器性能实验系统的特点如下：

（1）可测定板式静电除尘器除尘效率。

（2）可测定研究处理风量、待处理气体含尘浓度对除尘效率及压力损失的影响。

（3）配有微电脑粉尘浓度检测系统（可以在线监测进口处与出口处含尘浓度的变化，并具有数据采集与输出功能）。

（4）配有微电脑风量、风压检测系统（可以在线监测各段的风压、风速、风量，并具有数据采集与输出功能）。

（5）设备配有机械自动发尘装置、发尘量可精确控制调节。

（6）设备配有均流板，使风管内的粉尘分布均匀、取样检测更精确。

（7）具备机械振打、卸灰的功能，处理风量、进尘浓度等可自行调节。

（8）可在线数据采集，也可备用数据采集接口，设备系统还在净化设备前后配有人工采样口。

（9）具备高压下无法启动、短路保护等安全措施。

（10）各传感器均经防震处理，数据经标准仪器标定，数据可靠稳定。

二、技术条件与指标

（1）设备型号：HYEP—401—1。

（2）电场电压：0～20kV（可调），处理气量：150m³/h，除尘效率：98%。

（3）电晕极有效驱进速度：10m/s，电场风速：0.03m/s。

（4）通道数：3个，压力降：<500Pa。

（5）气流速度：1.0m/s，气体的含尘浓度：<30g/m³。

（6）电压/功率：380V/1600W，环境温度：0～50℃。

（7）电场电流：0～10mA。

（8）装置外形尺寸：长 2500mm×宽 500mm×高 1600mm。

（9）电源 380V，三相四线制，功率 2000W。

（10）带微机接口和在线数据采集功能。

（11）机械振打频率 50 次/min。

三、实验目的

（1）了解电除尘器的电极配置和供电装置。

（2）观察电晕放电的外观形态。

（3）测定板式静电除尘器的除尘效率。

（4）管道中各点流速和气体流量的测定。

（5）板式静电除尘器的压力损失和阻力系数的测定。

（6）测定静电除尘的风压、风速、电压、电流等因素对除尘效率的影响。

四、实验装置、供电装置和测量仪表

板式高压静电除尘实验设备主要由集尘极、电晕极、高压静电电源、高压变压器、离心风机及机械振打装置等组成。电晕极挂在两块集尘板中间，放电电压可调，集尘板与支架都必须接地。

板式静电除尘器示意如图 8.9 所示，本实验采用质量法测定板式静电除尘器的除尘效率。

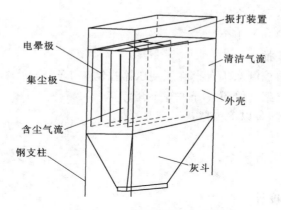

电晕极
集尘极
含尘气流
钢支柱
振打装置
清洁气流
外壳
灰斗

图 8.9　板式静电除尘器示意图

配套实验装置包括：

（1）微电脑进气粉尘浓度检测系统 1 套。

（2）微电脑尾气粉尘浓度检测系统 1 套。

（3）微电脑在线风量检测系统 1 套。

（4）微电脑在线风速检测系统 1 套。

（5）微电脑在线风压检测系统 1 套。

（6）10 英寸液晶显示器 1 套。

（7）控制检测系统开关电源 1 套。

（8）可控硅直流调压装置 1 套。

（9）高压静电电源 1 套（集成开关电源形式，并带有各种安全与短路保护措施）。

（10）设备相关展示台 1 套（展示并讲解设备的工艺流程）。

（11）电晕极。

（12）高压电源线 1 条。

（13）集尘极 3 块。

（14）信号指示灯 5 个。

（15）专用测压软管 1 套。

（16）气尘混合系统 1 套。

（17）气体整流板 1 套。

（18）系统静压测口 2 个。

（19）机械振打装置 1 套。

（20）透明有机玻璃喇叭形进灰管段 1 套。

（21）自动粉尘加料装置 1 套。

（22）卸灰装置 1 套。

（23）进出口风管 1 套。

（24）人工取样口 2 个。

(25) 高压离心鼓风机 1 台。

(26) 风量调节阀 1 套。

(27) 调节电位器 1 个。

(28) 漏电保护开关 1 个。

(29) 电源线 2 批。

(30) 金属电器控制箱 1 台、高压变压器控制箱 1 台。

(31) 不锈钢支架、管道、开关等 1 套。

本实验需自行配备以下仪器：

(1) 倾斜微压计 2 台。

(2) U 形管压差计 1 个。

(3) 毕托管 2 支。

(4) 干湿球温度计 1 支。

(5) 空盒气压计 1 台。

(6) 托盘天平（分度值 1g）1 台。

(7) 秒表 2 块。

(8) 钢卷尺 2 个。

五、实验原理

（1）气体温度和含湿量的测定。

由于除尘系统吸入的是室内空气，所以近似用室内空气的温度和湿度代表管道内气流的温度 t_s 和湿度 y_w。由挂在室内的干湿球温度计测量的干球温度和湿度，可查得空气的相对湿度 ϕ，由干球温度可查得相应的饱和水蒸气压力 P_v，则空气所含水蒸气的体积分数为

$$y_w = \phi \frac{P_v}{P_a} \tag{8.31}$$

式中　P_v——饱和水蒸气压力，kPa；

　　　P_a——当地大气压力，kPa。

（2）管道中各点气流速度的测定。

本实验用测压管和 U 形管压差计或倾斜微压计测定管道中各测点的动压 P_k 和静压 P_s。各点的流速按下式计算：

$$V = K_p \sqrt{\frac{2P_k}{\rho}} \tag{8.32}$$

式中　K_p——毕托管的校正系数；

　　　P_k——各点气流的动压，Pa；

　　　ρ——测定断面上气流的密度，kg/m³。

气流的密度可按下式计算：

$$\rho = 2.696 \times [1.293(1-y_w) + 0.804 y_w] \frac{P_s'}{T_s} \tag{8.33}$$

式中　P_s'——测定断面上气流的平均静压（绝对压力），$P_s' = P_s + P_a$，kPa；

　　　P_s——气流的平均静压（相对压力），kPa；

T_s——气体（即室内气体）温度，K。

（3）管道中气体流量的测定。

1）根据断面平均流速计算。

根据各点流速可求出断面平均流速 $\bar{v}$，则气体流量为

$$Q = A\bar{v} \tag{8.34}$$

式中　A——管道横断面积，m^2。

2）用静压法测定。

根据测得的吸气均流管入口处的平均静压的绝对值 $|P_s|$，并算出气体流量：

$$Q = \varphi A\sqrt{\frac{2|P_s|}{\rho}} \tag{8.35}$$

式中　$|P_s|$——均流管处气流平均静压的绝对值，Pa；

φ——均流管的流量系数。

标准状态下（273.15K，101.33kPa）的干气体流量为

$$Q_N = 2.696Q(1 - y_w)\frac{P_s}{T_s} \tag{8.36}$$

（4）静电除尘器压力损失和阻力系数的测定。

本实验采用静压法测定静电除尘器的压力损失。由于本实验装置中除尘器进口、出口接管的断面积相等，气流动压相等，所以除尘器压力损失等于进口、出口接管断面静压之差，即

$$\Delta P = P_{si} - P_{s0} \tag{8.37}$$

测出静电除尘器的压力损失之后，便可计算出旋风除尘器的阻力系数：

$$\xi = \frac{\Delta p}{\dfrac{\rho v_1^2}{2}} \tag{8.38}$$

式中　v_1——静电除尘器进口风速，m/s。

（5）除尘系统中气体含尘浓度的计算。

1）静电除尘器进口前气体含尘浓度的计算。

$$C_i = \frac{G_f}{G_i t} \tag{8.39}$$

2）静电除尘器出口后气体含尘浓度的计算。

$$C_0 = \frac{G_f - G_s}{Q_0 t} \tag{8.40}$$

式中　C_i、C_0——除尘器进口、出口的气体含尘浓度，g/m^3；

G_f——发尘量与收尘量；

Q_i、Q_0——除尘器进口、出口的气体量，m^3/s；

τ——发尘时间，s。

（6）除尘效率的测定与计算。

1）质量法。

测出同一时段进入除尘器的粉尘质量 G_f（g）和除尘捕集的粉尘质量 G_s（g），则除尘效率为

$$\eta = \frac{G_s}{G_f} \times 100\% \tag{8.41}$$

2）浓度法。

用等速采样法测出除尘器进口和出口管道中气流含尘浓度 C_i 和 C_0（mg/m^3），则除尘效率为

$$\eta=\left(1-\frac{C_0 Q_0}{C_i Q_i}\right)\times 100\% \tag{8.42}$$

（7）除尘器处理气体量和漏风率的计算。

处理气体量：

$$Q=\frac{1}{2}(Q_1+Q_0)$$

漏风率：

$$\delta=\frac{Q_i+Q_0}{Q_i}\times 100\%$$

（8）荷电粒子在电场中的驱进速度。

荷电粒子（电晕区外）在电场和空气阻力的共同作用下，向集尘记极板运动，其所达到的终末电力沉降速度称为粒子驱进速度，其计算式为

$$\omega=\frac{qEC}{3\pi\mu d_P}$$

式中　ω——荷电粉尘粒子在电场中的驱进速度，m/s；

$\quad\quad q$——粉尘粒子荷电量，C；

$\quad\quad E$——粉尘粒子所处位置的电场强度，V/m；

$\quad\quad \mu$——气体黏度，$Pa\cdot s$；

$\quad\quad d_P$——粉尘粒子的直径，μm；

$\quad\quad C$——肯宁汉修正系数，这里可以近似估算为

$$C=1+\frac{1.7\times 10^{-7}}{d_P}$$

（9）起晕电压。

板式静电除尘器起晕电压的计算公式为

$$V_C=r_a\left(31.028+0.0954\sqrt{\frac{\delta}{r_a}}\right)\ln(d/r_a)\times 10^5$$

式中　V_C——起晕电压，V；

$\quad\quad r_a$——电晕极半径，m；

$\quad\quad \delta$——空气的相对密度，当大气压力为 $P(Pa)$、温度为 $t(℃)$ 时：

$$\delta=\frac{P}{101325}\cdot\frac{298}{t+273}$$

（10）捕集效率。

电除尘器的捕集效率与粒子性质、电场强度、气流性质及除尘器结构等因素有关。从理论上严格地推导捕集效率公式是困难的，所以需要做一定的假设。

德意希在 1922 年推导出除尘效率与集尘板面积、气体流量和粒子驱进速度之间的关系式（即德意希公式）时，做了以下假设：电除尘器内含尘气流为紊流；通过垂直与集尘极表面的任一断面的粉尘浓度和气流分布均匀；粉尘粒子进入电除尘器后就认为完全荷电；忽略电风、气流分布不均匀及捕集粒子重新进入气流等的影响。

德意希公式为

$$\eta = 1 - \exp\left(-\frac{A}{Q}\omega\right)$$

式中　A——电除尘器集尘板总面积，m^2；

　　　Q——电除尘器的处理气量，m^3/s；

　　　ω——荷电粉尘粒子在电场中的驱进速度，m/s。

（11）集尘极的比集尘面积。

$$f = \frac{1}{\omega}\ln\left(\frac{1}{1-\eta}\right)$$

（12）有效截面积的计算。

$$F = \frac{Q}{v}$$

式中　F——电除尘器有效截面积，m^2；

　　　Q——处理气量，m^3/s；

　　　v——气体速度，m/s。

（13）集尘极总长度的计算。

$$l = \frac{A}{2nh}$$

式中　l——电场总长度，s；

　　　n——气体在电除尘器内的通道数；

　　　h——集尘极极板高度，m。

六、实验步骤

（1）测定室内空气干球和湿球温度、大气压力、计算空气湿度。

（2）测量管道直径，确定分环数和测点数，求出各测点距管道内壁的距离，并用胶布标志在毕托管和采样管上。

（3）开起风机，测定各点流速和风量。用测压计测出各点气流的动压和静压，求出气体的密度、各点的气流速度、除尘器前后的风量。

（4）先检查设备是否接地，如未接地请先将接地接好。

（5）检查无误后，将控制器的电流插头插入 220V 插座中。将"电源开关"旋柄旋至"开"的位置。控制器接通电源后，低压绿色信号灯亮。

（6）将电压调节手柄逆时针转到零位，轻轻按动高压"启动"按钮，高压变压器输入端主回路接通电源。这时高压红色信号灯亮，低压信号灯灭。

（7）顺时针缓慢旋转电压调节手柄，使电压慢慢升高。待电压升至 5kV 时，打开保护开关 K，读取并记录。读完后立即将保护开关闭合，继续升压。以后每升高 5kV 读取并记录一组数据，读数时操作方法和第一次相同，当开始出现火花时停止升压。

（8）停机时将调压手柄旋回零位，按动停止按钮，则主回路电源切断。这时高压信号灯灭，绿色低压信号灯亮。再将电源"开关"关闭，即切断电源。

（9）断电后，高压部分仍有残留电荷，必须使高压部分与地短路消去残留电荷，再按要求做下一组的实验。

（10）用托盘天平称量好一定量的尘样。

（11）测定除尘效率：启动风机后开始发尘，记录发尘时间和发尘量。观察除尘系统中的含尘气流和粉尘浓度的变化情况。关闭风机后，收集静电除尘器灰斗中捕集的粉尘，然后称量，用式（8.41）计算除尘效率。

（12）改变系统风量，重复上述实验，确定静电除尘器在各种工况下的性能。

（13）改变电场电压，重复上述实验，确定静电除尘器在各种工况下的性能。

七、实验数据的记录与整理

实验时间：　年　月　日　　　　　空气干球温度（t_d）：　　　℃

空气相对湿度（ϕ）：　　　％　　　　空气湿球温度（t_v）：　　　℃

空气压力（P）：　Pa　　　　　　　空气密度（ρ）：　　kg/m³

电场电压：　kV　　　　　　　　　　电场电流：　　mA

（1）计算静电除尘器的处理气体量和漏风率，并将测定及计算结果记入表 8.10。

（2）计算静电除尘器在各种工况下的压力损失和阻力系数并记入表 8.11。

（3）计算静电除尘器在各种工况下的除尘效率记入表 8.12。

八、注意事项

（1）实验前准备就绪后，经指导老师检查后才能启动高压。

（2）设备启动时，电压需先调至零位，才能重新启动。

（3）电流表与本测点牢靠连接，严禁开路运行。

（4）实验进行时，严禁触摸高压区。

（5）使用前，检查设备是否接地，如未接地请勿使用，以免危险。

（6）粉尘传感器使用一定时间后，必须定时清洁，以保证其测量精度。

（7）板式高压静电除尘器实验含量浓度不宜超过 30g/m³。

九、讨论（讨论结果写入实验报告中）

（1）用动压法和静压法测得的气体流量是否相同，哪一种方法更准确些，原因是什么？

（2）当用静压法测定风量时，在清洁气流中测定和在含尘气流中测定的数值是否相等，哪一个数值更接近除尘器的运行工况，原因是什么？

（3）用质量法和采样浓度计算的除尘效率，哪一个更准确些，原因是什么？

（4）用静压法测定和计算静电除尘器的压力损失有何优缺点？有何改进方法？

（5）静电除尘器的除尘效率随处理气量的变化规律是什么？它对静电除尘器的选择和运行控制有何意义？

（6）你认为实验中还存在什么问题？应如何改进？

（7）影响起始电晕电压和火花电压的主要因素是什么？

（8）电场电压及电流的变化与除尘效率的关系是什么？

表 8.10

除尘器处理风量测定结果记录表

测定次数	U形管压差计读数 初读 l_1/mm	U形管压差计读数 次读 l_2/mm	U形管压差计读数 实际 $\Delta l=l_1-l_2$/mm	微压计倾斜角度系数 K	静压/Pa $p_s=K\Delta \cdot g$	流量系数 φ	管内流速 v/(m/s)	风管横截面积 F_1/m²	风量 Q/(m³/h)	除尘器进口面积 F_2/m²	除尘器进口气速 v_1/(m/s)

表 8.11

除尘器阻力测定结果记录表

测定次数	U形管差计读数 初读 l_1/mm	U形管差计读数 次读 l_2/mm	U形管差计读数 实际 $\Delta l=l_1-l_2$/mm	微压计 K 值	a、b 断面间的静压差 ΔP_{ab}/Pa	比摩阻 R_L	直管长度 l/m	管内平均动压 P_d/Pa	管间的总阻力系数 $\Sigma \xi$	管间的局部阻力系数 ΔP_m/Pa	除尘器阻力 ΔP/Pa	除尘器在标准状态下的阻力 ΔP_{Nm}/Pa	除尘器进口截面动压 P_{d1}/Pa	除尘器阻力系数 ξ

表 8.12

除尘器效率测定结果记录表

测定次数	发尘量 G_i/g	发生时间 τ/s	电场电压	电场电流	有效驱进速度	除尘器进口气体含尘浓度 C_i/(g/m³)	除尘器出口气体含尘浓度 C_j/(g/m³)	收尘量 G_s/g	除尘器效率 η/%

第 9 章

供热工程

实验一　采暖系统模拟演示实验

一、实验目的

（1）了解常见的热水采暖系统形式。

（2）掌握系统中各部件的作用及连接方式。

二、实验内容

熟悉热水采暖系统从不同角度划分的多种形式。

三、演示系统简介

演示系统如图 9.1 所示。

四、实验步骤

（1）系统工作前将水箱充满。

（2）打开水箱下的阀门 B 和锅炉后阀门 C，同时启动水泵向系统充水。充水时不断地开关集气罐放气阀，让系统中的空气从集气罐和膨胀水箱中排出。

（3）系统充满水后，关闭水箱下的阀门 B，打开循环水泵前的阀门 A，在水泵的作用下水沿供水干管进入散热器，经回水干管返回水泵吸入口，如此不断循环将热量散到供暖房间。

五、实验报告要求

（1）实验名称、学生姓名、学号、班号和实验日期。

（2）实验目的和要求。

（3）实验仪器、设备与材料。

（4）实验步骤。

（5）实验原始记录。

（6）实验数据计算结果。

（7）实验结果分析，讨论实验指导书中提出的思考题，写出心得与体会。

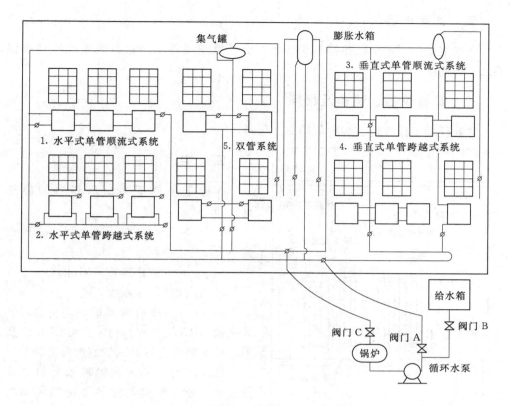

图 9.1　演示系统

六、实验注意事项

充水时不断地开关集气罐放气阀，让系统中的空气从集气罐和膨胀水箱中排出。

七、思考题

膨胀水箱有几根连接管？各起什么作用？每根连接管上是否可以装阀门？

本演示实验中，热水采暖系统有几种连接方式？画出各种连接方式的原理图，并简述其特点。

实验二　散热器热工性能实验

一、实验目的

（1）通过实验了解散热器热工性能测定方法及低温水散热器热工实验装置的结构。

（2）测定散热器的散热量 Q，计算分析散热器的散热量与热媒流量 G 和温差 ΔT 的关系。

二、实验内容

在稳定条件下测出散热器的散热量，分析散热器的散热量与热媒流量 G 和温差 ΔT 的关系。

三、实验仪器、设备及材料

实验仪器工作性能实验台如图 9.2 所示。

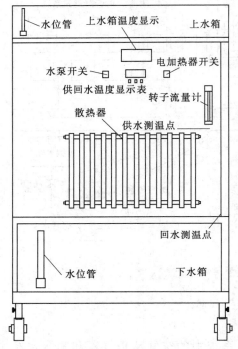

图 9.2　散热器热工性能实验台

四、实验原理

在稳定条件下测出散热器的散热量，即

$$Q = Gc_p(t_g - t_h) \qquad (9.1)$$

式中　G——热媒流量，kg/h；

c_p——水的比热容，kJ/kg；

t_g，t_h——供回水温度，℃。

式（9.1）计算所得散热量除以 3.6 即可换算成瓦（W）。由于实验条件所限，在实验中应尽量减少室内温度波动。

低位水箱内的水由循环水泵打入高位水箱，经电加热器加热并由温控器控制其温度在某一固定温度点，由管道流入散热器中，经其传热将一部分热量散入房间，降低温度后的回水通过转子流量计流入低位水箱。流量计计量出流经每个散热器在温度为 t_h 时的体积流量。循环泵打入高位水箱的水量大于散热器回路所需的流量时，多余的水量经溢流管流回低位水箱。

五、实验步骤

（1）系统充水，注意充水的同时要排除系统内的空气。

（2）打开总开关，启动循环水泵，使水正常循环。

（3）将温控器调到所需温度（热媒温度），打开电加热器开关，加热系统循环水。

（4）根据散热量的大小调节每个流量计入口处的阀门，使流量达到一个相对稳定的值，如不稳定则需找出原因，系统内有气体及时排除；否则实验结果不准确。

（5）系统稳定后进行记录并开始测定。

当确认散热器供、回水温度和流量基本稳定后，即可进行测定。散热器供回水温度 t_g 与 t_h 及室内温度 t 均采用热电阻传感器 Pt100 进行测量，流量用转子流量计测量。温度和流量均为每 10min 读一次。

$$G_t = \frac{L}{1000} = L \times 10^{-3} \qquad\qquad (9.2)$$

式中 L——转子流量计读值，L/h；

$\quad\quad G_t$——温度为 t_h 时水的体积流量，m^3/h。

$$G = G_t \times \rho_t \qquad\qquad (9.3)$$

式中 G——热媒流量，kg/h；

$\quad\quad \rho_t$——温度为 t 时的水的密度，kg/m^3。

（6）改变工况进行实验。

1）改变供回水温度，保持水流量不变。

2）改变流量，保持散热器平均温度不变。

即保持

$$t_p = \frac{t_g + t_h}{2} \quad 恒定 \qquad\qquad (9.4)$$

（7）实验测定完毕。

1）关闭电加热器开关。

2）停止运行循环水泵。

3）检查水、电等有无异常现象，整理测试仪器。

将实验原始记录及数字计算填入表 9.1 中。

表 9.1 　　　　　　　　　　数　据　记　录　表

序号	供水温度 t_g/℃	回水温度 t_h/℃	室温 t/℃	流量 G/(kg/h)	散热量 Q	
					kJ/h	W
1						
2						
3						
4						
5						

六、实验报告要求

（1）实验名称、学生姓名、学号、班号和实验日期。

（2）实验目的和要求。

（3）实验仪器、设备与材料。

（4）实验原理。

（5）实验步骤。

（6）实验原始记录。

（7）实验数据计算结果。

（8）实验结果分析，讨论实验指导书中提出的思考题，写出心得与体会。

七、实验注意事项

（1）测温点应加入少量机油，以保证温度稳定。

（2）上水箱内的电热管应淹没在水面下时才能打开。

（3）实验台应接地。

八、思考题

（1）散热器的散热量与哪些因素有关？本次实验限制了哪些因素？

（2）所测散热器的散热量和实验标准流量是多少？你认为散热器的热工性能如何？

实验三 热网水压图水力工况实验

一、实验目的

使用热网水力工况模型实验装置进行几种水力工况变化的实验，能直接地了解热网水压图的变化情况，巩固热水网路水力工况计算的基本原理。掌握水力工况的分析方法、验证热水网路水压图和水力工况的理论。

二、实验内容

使用热网水力工况模型实验装置进行几种水力工况变化的实验。

三、实验仪器、设备及材料

实验设备工况实验台如图 9.3 所示。

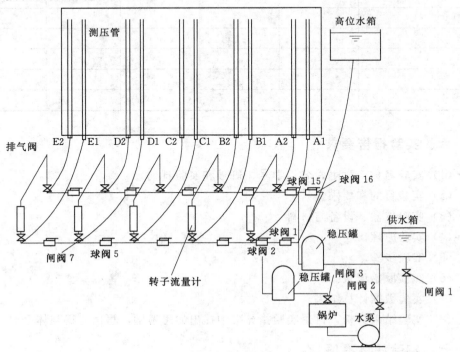

图 9.3 热网水力工况实验台

四、实验原理

图 9.3 的下半部由管道、阀门、流量计、稳压罐、锅炉、水泵组成，用来模拟由 5 个用户组成的热水网络。上半部有高位水箱和 10 根玻璃测压管，测压管的顶端与大气相通，测压管的下部用胶管与网络分支点相接，用来测量热网用户连接点处的供水干管与回水干管的测压管水头（水压曲线高度）。每组用户的两支测压管间附有标尺以便读出各点压力。

五、实验步骤

（1）正常水压图。启动水泵缓慢打开闸阀 1 和 3，水由水泵经锅炉、稳压罐后一部分进入供水干管、用户、回水管，另一部分进入高位水箱，待系统充满水，打开闸阀 2 的同时关闭闸阀 1，保持水箱水位稳定，调节各阀门，以增加或减少管段的阻力，使各节点之间有适当的压差，待系统稳定后记录各点的压力和流量，并以此绘制正常水压图。

（2）关小供水干管中球阀 5 时的水压图。将球阀 5 关小一些，这时热网中总流量减少，供水干管和回水干管的水速降低，单位长度的压力降减少，因此水压图比正常工况时平坦些，并在球阀 5 处压力突然降低，球阀 5 以前的用户流量都增加，但比例不一样，越近球阀 5 的用户增加越多，即发生了不等比的一致失调。球阀 5 以后各用户的流量则减少，减少的比例相同，即一致等比失调。记录各点压力、流量，绘制新的水压图，与正常的进行比较，并记录各用户的变化程度。

（3）关小球阀 2 时的水压图。将球阀 5 恢复原状，各点的压力一般不会恢复到原来读数位置，待稳定后记下新的正常工况下各点的压力、流量。

把球阀 2 关小，待稳定后记下各点的压力、流量。

（4）关闭用户 4 时的水压图。将球阀 2 恢复原状，待稳定后记下新的正常工况下各点的压力、流量。然后关闭闸阀 7，此时网路总阻力增加、总流量减少。从热源到用户 4 的供水管和回水管水压线将变得平缓些，但因水泵扬程变化甚微，所以在用户 4 处供水管的压力差将会增加，使用户 4 后面用户的流量以相同的比例增加。待系统稳定后记下各点的压力、流量。

（5）闸阀 7 恢复原来位置，关闭球阀 1，观察网路各点的压力变化情况，即回水定压。

（6）球阀 1 恢复原来位置，关闭球阀 15，观察网路各点的压力变化情况，即给水定压（注：此时应将水箱位置升高一些）。

（7）实验完毕，关闭闸阀 1 和 2，停止水泵运行。

将实验原始记录及数据整理，并填入表 9.2 中。

水力失调度 χ 计算，即

$$\chi = \frac{V}{\sqrt{\Delta p_{变}}}$$

表 9.2　　　　　　　　　　　　　　记录压力及流量读数

水压/mmH₂O 工况		A1 A2	B1 B2	C1 C2	D1 D2	E1 E2	备注
1	正常						
	关小球阀 5						
	流量/(L/h)						
2	正常						
	关小球阀 2						
	流量/(L/h)						
3	正常						
	关小闸阀 7						
	流量/(L/h)						

六、实验报告要求

（1）实验名称、学生姓名、学号、班号和实验日期。

（2）实验目的和要求。

（3）实验仪器、设备与材料。

（4）实验原理。

（5）实验步骤。

（6）实验原始记录。

（7）实验数据计算结果。

（8）实验结果分析，写出心得与体会。

实验四　空气加热器性能测试实验

一、实验目的

（1）熟悉实验装置中各组成部分的功能，以及在实验中的作用。

（2）分析加热器换热系数的影响因素，通过实验数据的计算和分析，确定该实验设备的换热系数在函数关系式中的数值，从而确定其函数关系式；在此基础上提出强化换热的技术措施。

（3）了解本专业常用热质交换设备的形式与结构，掌握其不同结构特点对换热的影响。

（4）掌握孔板流量计、毕托管、微压计、温度计、压力表等仪器仪表的测量和读取方法。

（5）能分析所进行的实验步骤和操作程序对实验结果造成的影响。

二、实验内容

空气加热器的类型有很多，通风工程中较常用的有串片式、绕片式、轧片式等。其热媒可用蒸汽或热水。

在设计空气加热器的结构时，应满足热工、流体阻力、安装使用、工艺和经济等方面的要求。最主要的是在一定的外形尺寸和金属材料用量下，其空气加热器的放热量最大和空气通过的阻力最小。

经过研究结果表明，空气加热器的传热系数及空气阻力与下列几种因素有关。

（1）空气加热器有效断面上的空气平均速度 $v(\mathrm{m/s})$。

（2）空气密度 ρ（$\mathrm{kg/m^3}$）。

（3）空气通过的管子排数及其管径。

（4）管内热水的流速 $w(\mathrm{m/s})$。

这些影响因素从理论上来确定是很复杂的，一般都是采用实验方法来确定其性能。空气加热器的传热系数及空气阻力可由下列关系式表示。

热媒为热水时，有

$$K = A(v\rho)^n w^p$$
$$H = B(v\rho)^m \tag{9.5}$$

式中　A，B——经验系数，与空气加热器的结构有关；

$\qquad v$——空气加热器有效断面上的空气流速，$\mathrm{m/s}$；

$\qquad \rho$——空气密度，$\mathrm{kg/m^3}$；

$\qquad w$——加热器管束内热水的流速，$\mathrm{m/s}$；

$\quad p$，m，n——经验指数，与空气加热器的结构有关。

若热媒为蒸汽时，蒸汽在空气加热器管束中的流速对传热影响很小，可不予考虑，则其关系式为

$$K = A(v\rho)^n w^p$$
$$H = B(v\rho)^m \tag{9.6}$$

本实验的目的为研究上述式中的 K、H 与 v、ρ 的函数关系，确定各经验系数 A、B、m、n 等数值。

三、实验仪器、设备及材料

空气加热器性能实验台如图 9.4 所示，包括电子微风仪 EY3 - 2A、毕托管、差压表、数位温度计 CENTER304/309。

四、实验原理

空气在风机作用下流入风管，经空气加热器加热后排出。风量用毕托管及微压计测量，还可以利用孔板流量计测量，公式为 $G = 0.074\sqrt{\Delta p \rho}\,(\mathrm{kg/s})$，$\Delta p$ 为孔板前后压力差（$\mathrm{mmH_2O}$ 柱），ρ 为空气密度（$\mathrm{kg/m^3}$）。调节风机前的阀门，即可控

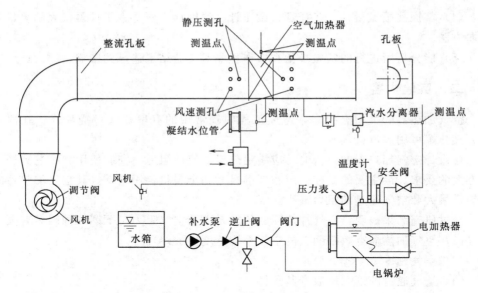

图 9.4 空气加热器性能实验台

制系统的进风量。

空气被加热前后的温度，由玻璃温度计测得，在空气加热器前后各设一个测点。通过空气加热器的空气阻力可用微压计测量。

空气加热器的热媒为低压蒸汽，由蒸汽发生器流出后经汽水分离器、蒸汽过热器后进入空气加热器。与空气进行冷凝换热后流出，再经冷却器回到冷凝水箱，由泵打入蒸汽发生器。

冷凝水量即进入空气加热器的蒸汽量，由重量法测得。蒸汽进、出口参数由温度计确定。

实验系统安装的空气加热器形式为钢管绕铝片。其结构尺寸如下。

散热面积：$F = 2.5\text{m}^2$。

流通截面积：$f = 0.05133\text{m}^2$。

传热基本计算公式为

$$Q_1 = FK\left(t_q - \frac{t_1 + t_2}{2}\right) \tag{9.7}$$

$$Q_2 = G_z(i'' - i')$$

$$Q_3 = G_k c_p(t_2 - t_1)$$

式中 Q_1——空气加热器的散热量，kW；

      Q_2——蒸汽传给空气的热量，kW；

      Q_3——空气通过加热器后得到的热量，kW；

      F——空气加热器的散热面积，m^2；

      t_q——蒸汽入口温度，℃；

  t_1，t_2——空气的初温和终温，℃；

      G_z——蒸汽量，kg/s；

      G_k——空气量，kg/s；

      i''——入口蒸汽热焓值，kJ/kg；

i'——出口冷凝热焓值，kJ/kg；

c_p——空气定压比热容，$c_p = 1.01 \text{kJ}/(\text{kg} \cdot \text{℃})$。

在稳定传热状态下有 $Q_1 = Q_2 = Q_3$。

实验时求出蒸汽耗热量 Q_2 与空气的得热量 Q_3，并要求其相对误差：$\dfrac{Q_2 - Q_3}{Q_2} \times 100\% < 5\%$。

空气加热器的散热量：$Q_1 = \dfrac{Q_2 + Q_3}{2}$。

空气加热器的传热系数：$k = \dfrac{Q_1}{F\left(t_q - \dfrac{t_1 + t_2}{2}\right)}$，空气通过空气加热器的阻力 H，可由测量空气加热器前、后的静压差直接得出。

空气通过空气加热器的质量流速按式（9.8）计算，即

$$v\rho = \frac{G_k}{f} \tag{9.8}$$

实验过程中应在不同风量下，即在不同的质量流量下进行测定，一般取 $4 \sim 6$ 个实验工况，每次测定均应在系统运行稳定后进行，每个工况测 4 次，间隔时间为 5min。

五、实验步骤

（1）实验之前先熟悉实验装置的流程、测试步骤，实验中所要调试的部件，并准备好测试仪表。

（2）给电加热锅炉加水，使水位达到玻璃管水位计的上部（注意：水位不得低于水位计管的 1/3 处，以免烧毁电加热管）。若水位不够，可给锅炉补水。步骤为：启动水泵电源开关，打开锅炉下部的进水球阀向其补水，当水位达到接近水位管的上部时关闭阀门，切断水泵电源。

（3）将电加热锅炉上面的蒸汽出口阀关闭。接通电加热器总电源，依次合上锅炉电加热器的开关，并将可调加热器旋至 200V 左右的位置进行加热。观察锅炉上压力表和温度计的值，使其达到所要求的温度。注意：压力不得超过 0.35MPa；否则应立即关掉电源。

（4）当温度达到所要求的值时，打开蒸汽出口阀门。同时打开冷却水阀门，并控制冷却水出口温度，以降至不烫手为宜。打开冷凝水箱上部的流量调节阀，由于锅炉的蒸发量一定，所以调节阀不宜开启过大。

（5）排出凝结水位管内的空气，观察其水位，使水位稳定，以保持进入空气加热器的蒸汽量恒定。

（6）调节蒸汽过热器的电压，使空气加热器入口处的蒸汽过热度为 $2 \sim 5$℃，以保证蒸汽的质量。

（7）待系统稳定后实验测定方可进行，测量并记录所有实验参数，直至这一工况结束。改变工况并检查锅炉水位，进行下一工况。

（8）所有实验工况测定结束后，关闭锅炉及过热器的加热开关，风机继续运行 5min 后关闭，最后

六、实验结果整理

首先计算各测定工况的 Q、K 值，然后进行数据处理，得出有关公式中的常数。将 $K=A(v\rho)^n$ 及 $H=B(v\rho)^m$ 等式两边分别取对数得 $\lg K=\lg A+n\lg(v\rho)$，$\lg H=\lg B+m\lg(v\rho)$。

按实验顺序列出各方程式，求解 A、B、m、n 等值。

例如，由实验得出表 9.3 中的各数值，求各关系值。

表 9.3　　　　　　　　　　　　实 验 数 据

序号	$v\rho$	K	$\lg(v\rho)$	$\lg K$
1	7.21	21.80	0.86	1.34
2	6.30	23.10	0.95	1.36
3	11.00	25.38	1.04	1.40
			$\sum\lg(v\rho)=2.849$	$\sum\lg K=4.106$
4	13.25	26.90	1.12	1.43
5	15.10	28.20	1.79	1.45
6	17.45	29.30	1.24	1.47
			$\sum\lg(v\rho)=3.543$	$\sum\lg K=4.347$

联立解上、下两边方程式，即

$$\sum\lg K=3\lg A+n\sum\lg(v\rho)$$

即上边为

$$4.016=3\lg A+n\times 2.849 \tag{9.9}$$

下边为

$$4.347=3\lg A+n\times 3.543 \tag{9.10}$$

式（9.9）~式（9.10）　　　　$0.241=n\times 0.694$

则得 $n=0.347$。

把 n 值代入式（9.9）得 $4.106=3\lg A+0.347\times 2.849$。

则 $A=10.94$。

故得所求的方程式为

$$K=10.94(v\rho)^{0.347}$$

同理求出 $H=B(v\rho)^m$ 的关系式。

最后根据实验结果加以分析，实验数据记录表见表 9.4。

由于风道截面上各点含尘浓度的分布式不均匀，水平管道与垂直管道的截面含尘浓度的分布规律也不相同，所以应进行多点采样。其测点的位置与测动压的测点布置方法相同。

在管道内进行多点采样时可以移动采样头，在每个测点用同样的时间进行连续采样。由于各测点的气流速度不同，要做到等速采样，每移动一个测点，须迅速调整采样流量，或使几个速度相同的点以同样的流量采样，其他速度相近的几个点，再另行调整采样量进行采样。

在测定过程中，随滤膜上粉尘的积聚，其阻力将不断增加，因此必须随时调整旋钮，以保证各测点的采样流量保持稳定。

在风道中采样，其滤膜的准备和称重、采用步骤、抽气量的换算以及含尘浓度的计算等，与工作区含尘空气采样的方法相同。

表 9.4　　　　　　　　　　**实验数据记录计算表**

实验日期：＿＿＿＿＿＿＿＿＿＿＿

实验环境温度 $t=$ ＿＿＿＿＿＿；相对湿度 $\phi=$ ＿＿＿＿＿＿；大气压力 $B=$ ＿＿＿＿＿＿

状态参数 ＼ 状态点	1	2	3	4	5	6
G_k						
V_p						
T_2						
T_1						
Q_3						
Q_2						
i''						
i'						
G_z						
Q_1						
t_q						
c_p						
F						
f						
K						
T''						
T'						
p						
H						

七、实验报告要求

（1）实验名称、学生姓名、学号、班号和实验日期。

（2）实验目的和要求。

（3）实验仪器、设备与材料。

（4）实验原理。

（5）实验步骤。

（6）实验原始记录。

（7）实验数据计算结果。

（8）实验结果分析，讨论实验指导书中提出的思考题，写出心得与体会。

八、思考题

（1）试分析对加热器换热系数 K 值的影响因素有哪些？为什么？提高 K 值及换热效果可采取哪些技术措施？

（2）对现有的实验测试手段你有哪些合理化改进建议？

第 10 章

锅炉及锅炉房设备

实验一 煤 的 工 业 分 析

一、实验目的

（1）熟悉了解并初步掌握各种实验设备及仪器的操作方法。

（2）箱形电炉和干燥箱在实验前2~3h加热升温。箱形电炉的炉温：对于灰分的测定，控制调节在815℃±10℃；对于挥发分测定，则控制在900℃±10℃。干燥箱恒温在105~110℃。

（3）实验所用的玻璃称量瓶或瓷皿、灰皿及挥发分坩埚都应事先洗净、干燥或灼烧，每只器皿（包括盖子）都要进行编号，以免实验中搞乱弄错。

（4）实验中要细心操作，精确称量并审慎详细记录于表格中。

二、实验内容

煤的工业分析，也叫煤的技术分析或实用分析，是煤质分析中最基本也是最重要的一种定量分析。具体地说，它是用实验的方法来测定煤的水分、灰分、挥发分和固定碳的质量百分数含量。从广义上讲，煤的工业分析还包括煤的发热量、硫分、焦渣特性以及灰的熔点测定，它为锅炉的设计、改造、运行和实验研究提供必要的原始数据。

三、实验设备和仪器

（1）干燥箱又名烘箱或恒温箱，供测定水分和干燥器皿等使用。干燥箱带有自动调温装置，内附风机，其顶部由水银温度计指示箱内温度，温度能保持在105~110℃或145℃±5℃范围内。

（2）箱形电炉供测定挥发分、灰分和灼烧其他试样之用。它带有调温装置，最高温度能保持在1000℃左右，炉膛中具有相应的恒温区，并附有测温热电偶和高温表。

（3）分析天平感量为1mg。

（4）托盘天平感量为1g和5g各一台。

（5）干燥器下部置有带孔瓷板，板下装有变色硅胶或未潮解的块状无水氯化钙一类的干燥剂。

(6) 玻璃称量瓶或瓷皿玻璃称量瓶的直径为 401mm、高为 25mm，并带有严密的磨口盖。瓷皿的直径为 40mm、高为 16.5mm、壁厚为 1.5mm，它也附有磨合的盖。

(7) 灰皿。长方形灰皿的底面为长 45mm、宽 22mm，其高度为 14mm。

(8) 挥发分坩埚、坩埚架、坩埚架夹以及耐热金属板、瓷板或石棉板测定挥发分用的坩埚是高为 40mm、上口外径为 33mm、底径为 18mm、壁厚为 1.5mm 的瓷坩埚，它的盖子外径为 35mm，盖槽外径为 29mm，外槽深为 4mm。坩埚架是由镍铬丝制成的架子，其大小以能放入箱形电炉中的坩埚不超过恒温区为限，并要求放在架上的坩埚底部距炉底 20~30mm。耐热金属板、瓷板或石棉板的宽度略小于炉膛，规格与炉膛相适应。

四、实验原理与方法

(一) 煤样的采集和制备

煤的取样（也叫采样）、制样和分析化验是获得正确、可靠结果的 3 个重要环节。因此，必须严格按规定的取样方法采集，使之得到与大量煤样的平均质量相近似的分析化验煤样。

炉前应用煤的煤样通常可在称量前的煤堆小车上、炉前煤堆中或胶带输煤机上直接采集。取样方法，一般在小车四角距离 5cm 处和中心部位五点采集；在炉前煤堆中取样时，取样点不得少于 5 个，且需高出煤堆四周地面 10cm 以上。若在输煤胶带上采样，应用铁锹横截煤流，不可在上层或某侧采集煤流。上述方法取样每点或每次取样量不得少于 0.5kg，取好煤样应放入带盖容器中，以防煤样中水分蒸发。需要特别强调的是，采样时煤中所包含的煤矸石、石块等杂质也要相应取入，不得随意剔出，要尽可能地保证所取煤样具有代表性。

原始煤样一般数量为总燃煤量的 1%，但总量不应小于 10kg。混合缩分时必须迅速把大块破碎，然后进行锥体四分法缩制。缩分制备的操作过程是：将煤样倒在洁净的铁板或水泥地上，先将大的煤块和煤矸石砸碎至粒度小于 13mm，而后掺混均匀，用铁锹一锹一锹地堆聚成塔，每锹量要少，自上而下逐渐撒落，并且锹头方向要变化，以使锥堆周围的粒度分布情况尽量接近。如此反复堆掺 3 次，最后用铁锹将圆锥体煤样向下均匀压平呈圆饼形，划"十"字形分为 4 个相等扇形，按图

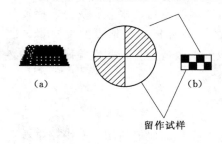

(a)　　　　(b)

留作试样

图 10.1　煤样缩分

10.1（a）所示进行四分法缩分。四分法缩样可以连续进行几次，如有较大煤块应随时破碎至粒径小于 13mm，最终一次缩样采用图 10.1（b）所示的选择办法，缩分出不小于 2kg 煤样，分为两份密封于镀锌铁皮取样筒中，贴上标签，注明煤样名称、重量和采集日期，一份送化验室测定全水分和制备分析煤样，一份保存备查。整个四分缩样的操作要果断迅速，尽量减少煤样中水分蒸发造成的误差。

(二) 测定条件及技术要求

为了保证分析结果的精确可靠，除外在水分 W_w^y 外，工业分析的其他各个测定

项目均需平行称取两个试样；两个平行试样测定结果的误差不得超过国家标准规定的允许值。如果超过允许误差，须进行第三次测定。分析结果取两个在允许误差范围内数据的平均值。如第三次测得结果与前两次结果相比均在允许误差范围内时，则取 3 次测定结果的算术平均值。

1. 水分的测定

煤中全水分的测定工作分两步进行，先测定煤样的外在水分，然后再把煤样破碎，测定其内在水分。最终由这两项测定的结果计算而得。

(1) 外在水分的测定。将煤样取来，先不打开取样盖筒，上下倒动摇晃几分钟使之混合均匀。然后启盖，在已知质量的浅盘中称取 500g（精确到 0.5g）左右的煤样。将盘中煤样摊平，随即放入温度为 70～80℃ 的烘箱内干燥 1.5h。取出试样，放在室温下使其完全冷却并称量。然后，再让它在室温条件下自然干燥，并经常搅拌，每隔 1h 称量一次，直至质量变化不超出前次称量的 0.1％，则认为完全干燥，并以最后一次质量为计算依据。至此，煤样失去的水分即为应用基外在水分 W_w^y：

$$W_w^y = \frac{m - m_1}{m} \times 100\% \tag{10.1}$$

式中 m——应用基煤样的质量，g；

m_1——风干后煤样的质量，g。

将除去外在水分的煤样磨碎，直至全部通过孔径为 0.2mm 的筛子，再用堆掺四分法分为两份。一份装入煤样瓶中，以供测定分析水分（即内在水分）和其他各项之用；另一份封存备查。这种煤样称为分析试样。

(2) 分析水分（内在水分）的测定。用预先烘干并称量（称准到 0.0002g）的玻璃称量瓶，平行称取两份 1g±0.1g（称准到 0.0002g）分析试样，然后开启盖子将称量瓶放入预先通风，并加热到 105～110℃ 的干燥箱中。在一直通风的条件下，无烟煤干燥 1.5～2h，烟煤干燥 1h 后，从干燥箱内取出称量瓶并加盖。在空气中冷却 2～3min 后，放入干燥器冷却至室温（约 25min）称量。最后进行检查性的干燥，每次干燥 30min，直到试样量的变化小于 0.001g 或增量为止。如果是后一种情况，要采用增量前一次质量为计算依据。对于水分在 2％ 以下的试样，不进行检查性干燥。至此，试样失去的质量占试样原量的百分数，即为分析试样的分析水分，即

$$W^f = \frac{m - m_1}{m} \times 100\% \tag{10.2}$$

式中 m——分析煤样的原有质量，g；

m_1——烘干后的煤样质量，g。

如此，煤的应用基水分即可由下式求得，即

$$W^y = W_w^y + W^f \left(\frac{100 - W_w^y}{100} \right) \tag{10.3}$$

上述两个平行试样测定的结果，其误差不超过表 10.1 所列的数值时，可取两个试样的平均值作为测定结果；超过表中的规定值时实验应重做。

表 10.1　　　　　　　　　　　　　　　　**水 分 测 定 允 许 误 差**

水分 W_t/%	同一化验室的允许误差/%	水分 W_y/%	平行测定结果的允许误差/%
<5	0.20	<20	0.40
5~10	0.30	≥20	10.50
>10	0.40		

（3）注意事项及查找误差根源。称取试样应迅速、准确，不应有外界水汽的干扰，称量试样时不能将嘴对准瓶口或试样，以免呼气影响称量的结果。取样时应将试样瓶半卧放，旋转 1~2min，然后再用玻璃棒搅拌均匀，应在瓶内各个不同位置分 2~3 次取样。当水分相差较大时，应在不同的干燥箱内进行干燥。水分含量较高时，放入干燥箱的试样量要相应减少。正常情况下，将试样放入干燥箱后温度应有所下降，待升到所需温度后再开始计时，中途不允许随意增加或减少试样。要求环境温度保持稳定，并以干燥凉爽为宜，避免一切水汽来源。

2. 灰分的测定

在经预先灼烧和称量（称准到 0.0002g）的灰皿中，平行称取两份 1g±0.1g 分析煤样（称准到 0.0002g），且铺平摊匀。把灰皿放在耐热瓷板上，然后打开已被加热到 850℃的箱形电炉炉门，将瓷板放进炉口加热，缓慢灰化。待煤样不再冒烟，微微发红后，缓慢小心地把它推入炉中高温区（若煤样着火发生爆炸，试样作废）。关闭炉门，让其在 815℃±10℃ 的温度下灼烧 40min。取出瓷板和灰皿，先放在空气中冷却 5min，再放到干燥器中冷却至室温（约 20min），称量。最后，再进行每次为 20min 的检查性灼烧，直至量的变化小于 0.001g 为止。采用最后一次质量作为测定结果的计算值。灰分小于 15% 时不进行检查性灼烧。如此，残留物质量占试样原量的百分数即为分析煤样的灰分 A^f。

$$A^f = \frac{m_1}{m} \times 100\% \tag{10.4}$$

式中　m_1——灼烧后瓷皿中残留物的质量，g；

　　　m——灼烧前分析试样的质量，g。

如此，煤的应用基灰分为

$$A^y = A^f \left(\frac{100 - W_w^y}{100} \right) \tag{10.5}$$

两份平行试样测定的结果，其误差不超过表 10.2 所列的允许值时取二者的平均值；超出允许值时则应重做。

表 10.2　　　　　　　　　　　　　　**灰分测定的允许误差**

煤样来源：_____；煤种：_____；外在水分 W_w^y：_____%。

实验者：_____；实验日期：_____。

灰分范围/%	同一化验室 A^f/%	不同化验室 A^g/%
<15	0.20	0.30
15~30	0.30	0.50
>30	0.50	0.70

依据灰分的颜色，可以粗略地判断它的熔化特性，如灰为白色，则表示难熔，橘黄色或灰色表示可熔，褐色或浅红色表示易熔。

　　锅炉热效率实验时，对于灰渣、漏煤和飞灰中的可燃物含量的分析，具体方法和实验条件与灰分测定相同。

3. 挥发分的测定

　　先将带调温装置的箱形电炉加热到 920℃，再用预先在 900℃ 的箱形电炉中烧至恒重的带有盖坩埚称取 1g±0.1g 分析平行试样两份（精确到 0.0002g）轻轻振动使其煤样摊开，然后加盖，放在坩埚架上。打开炉门，迅速将摆有坩埚的架子推入炉内的恒温区，搞好炉门，在 900℃±10℃ 的高温下加热 7min 后取出。在空气中冷却 5～6min 后放到干燥器中冷却至室温（约 20min），称量。其中失去的量占试样原量的百分数，减去该试样的分析水分 W^f，即为分析试样的挥发分 V^f，即

$$V^f = \frac{m - m_1}{m} \times 100\% - W^f \tag{10.6}$$

式中　m——分析试样的质量，g；

　　　m_1——分析试样灼烧后的质量，g。

　　显然，煤的可燃基挥发分就可按下式求得，即

$$V^t = V^f \left(\frac{100}{100 - W^f - A^f} \right) \times 100\% \tag{10.7}$$

　　应该指出，实验开始时炉温会有所下降，但 3min 内炉温必须恢复正常（900℃±10℃），并继续保持此温度直至实验完毕；否则，这次实验即予作废。两份平行试样测定结果误差，不得超过表 10.3 规定的允许值，其测定数据同样以二者平均值为准。

表 10.3　　　　　　　　　　　　　　挥发分测定的允许误差

挥发分范围 /%	同一化验室 V^f/%	不同化验室 V^g/%
＜20	0.30	0.50
20～40	0.50	1.00
＞40	0.80	1.50

　　在挥发分测定的同时，可以观察坩埚中的焦渣特性，以初步鉴定煤的黏结性能。根据国家标准，焦渣特征区分有 8 类（通常即把下列序号作为焦渣特性的代号）。

　　（1）粉状。全部粉状，没有互相黏着的颗粒。

　　（2）黏着。一手指轻压即碎成粉状，或基本上呈粉状，其中较大的团块或团粒轻碰即成粉状。

　　（3）弱黏结。以手指轻压即碎成小块。

　　（4）不熔融黏结。以手指用力压才裂成小块，焦渣的上表面无光泽，下表面稍有银白色金属光泽。

　　（5）不膨胀熔融黏结。焦渣是扁平的饼状，煤粒的界限不易分清，表面有明显银白色金属光泽，下表面银白色金属光泽更明显。

　　（6）微膨胀熔融黏结。用手指压不碎，在焦渣的上、下表面均有银白色光泽，但在焦渣的表面上具有较小的膨胀泡（或小气泡）。

　　（7）膨胀熔融黏结。焦渣的上、下表面有银白色金属光泽，明显膨胀，但高度不超过 15mm。

　　（8）强膨胀熔融黏结。焦渣的上、下表面有银白色金属光泽，焦渣膨胀高度大

于 15mm。

这里需要注意的是，测定时分析煤样的水分不宜过高（<1%），若超过 2% 时则要进行干燥处理。不然在进行挥发分测定时，由于水分强烈蒸发汽化产生较大压力，可能会将坩埚盖崩开，导致测定结果的不准确。

4. 固定碳的计算

利用水分、灰分及挥发分的测定结果，分析煤样的固定碳含量就可方便地由下式求得，即

$$C_{yd}^f = 100 - (W^f + A^f + V^f) \qquad (10.8)$$

乘以换算系数 $\dfrac{100 - W_y}{100 - W_f}$ 得应用基的固定含碳量

$$C_{yd}^y = C_{yd}^f \left(\frac{100 - W^y}{100 - W^f} \right) \qquad (10.9)$$

五、实验记录及计算表格

将实验结果记入表 10.4 中。

表 10.4 　　　　　　　数 据 记 录 表

名　　称	单位	测 定 项 目							
		水分 W^f		灰分 A^f		挥发分 V^f		固定碳 C	
		试样 1	试样 2	试样 1	试样 2	试样 1	试样 2	试样 1	实验 2
器皿（连盖）及试样总量	g								
器皿（连盖）质量	g								
试样质量 m	g								
灼烧（烘）后总量	g								
灼烧（烘）后试样量 m_1	g								
计算公式	%	$(m-m_1)/m$ $\times 100\%$		m_1/m $\times 100\%$		$(m-m_1)/m$ $\times 100\% - W^f$		$100\% - (W^f + A^f + V^f)$	
分析结果	%								
平行误差	%								
分析结果平均值	%								

六、实验报告要求

（1）实验名称、学生姓名、学号、班号和实验日期。

（2）实验目的和要求。

（3）实验仪器、设备与材料。

（4）实验原理。

（5）实验步骤。

（6）实验原始记录。

（7）实验结果分析，判断该实验结果是否合格。

（8）讨论实验指导书中提出的思考题，写出心得与体会。

七、思考与讨论

（1）为什么要用试样分析？分析试样与炉前应用煤之间差别在哪里？

（2）煤的风干水分与外在水分是一回事吗？为什么？

（3）测定灰分时，为什么不能把盛试样的灰皿一下子推入高温炉中？

（4）从干燥箱、箱形电炉中取出的试样，为什么一定冷却至室温称量？

（5）试鉴别所测煤样灰熔点的高低及其焦渣的黏结特性 W_w^y。

实验二　燃料发热量测定

一、实验目的

本实验是一门综合性实验，它涵盖了锅炉与锅炉房设计这门课程的两个知识点：燃料的应用基分析和燃料的 4 个特性之一——发热量。本实验的目的如下。

（1）掌握混煤采样、缩制、取样的方法及煤粉的采样、缩制方法。

（2）掌握煤粉中收到基水分测定方法。

（3）掌握煤发热量的测定方法。

二、实验原理

1. 煤中应用基外水分的测定原理

将规定质量的分析试样放入特定容器中摊均匀，在设定好温度的鼓风干燥箱中加热，煤失去的质量占原质量的百分比即为煤中应用基外水分。

2. 煤发热量的测定原理

将一定质量的试样置于燃烧皿中，再将燃烧皿放于氧弹充以过量的氧气，将氧弹装于已知热容量的热量计中（热量计的热容量在和实验相似的条件下用基准量热物苯甲酸来确定，热量计系统温度上升 1K 所需的热量定义为热容量），测出量热系统产生的温升，并对点火热等附加热进行校正后即可求得试样的弹筒发热量。煤发热量测定原理如图 10.2 所示。

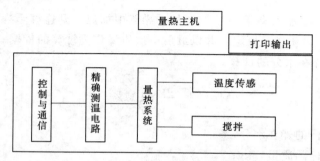

图 10.2　煤发热量测定原理图

工业天平：精度 0.1g。

XRY－1B：氧弹热量计及配套产品。

三、实验装置

干燥箱：带有温控装置和鼓风机。

分析天平：精度 0.0001g。

工业天平：精度 0.1g。

XRY-1B 氧弹热量计及配套产品。

四、实验方法及步骤

1. 煤的取样

炉前受到煤的煤样采集，应在过秤前的小车上、炉前煤堆中或皮带输送机上取样。在小车上取样，取样部位在小车上距四角 5cm 处和中心部位 5 点取样；在煤堆中取样时，一般要在煤堆四周高于地面 10cm 以上处取样，且采样点不少于 5 点；在皮带输送机上取样，时间间隔要均匀。上述方法每点或每次采样不得少于 0.5kg。

2. 煤样的缩制

要得到试样煤样必须对燃煤进行缩分。缩分时将煤倒在干净的铁板上或水泥地面上，将大块煤先用榔头砸碎至 13mm 以下，然后充分混合，用铁锨将煤铲起，每掀应少铲，自上而下撒落，且锨头方向要有规律地变化，以使煤堆周围的粒度分布尽量均匀，如此反复锥堆 3 次，然后用铁锨压锥体顶部，形成一个均匀的圆饼状，将其分成 4 个面积大致相等的扇形，将相对的两个扇形去掉，将留下部分再依同样的方法进行掺和缩分，直至缩分出的质量不小于 2kg，并分成两份，一份实验用，一份保存备查。

3. 煤粉的取样和缩制

所采集的煤粉应仔细掺混，缩分最后得到 0.5kg 左右的实验是试样，将其分成两份，一份送实验室，一份保存备查。

4. 煤中应用基外水分的测定

（1）称量粒度小于 13mm 的缩制煤样 500g，平摊于已知皮重的干燥搪瓷方盘中。

（2）将盘放入温度不高于 50℃ 的通风干燥箱中加热，到连续干燥 1h 质量变化不大于 0.1% 即认为质量已恒定，并以最后一次质量作为计算的依据。

（3）煤样的外在水分的计算。

$$M^f = \frac{m - m_1}{m} \times 100\% \qquad (10.10)$$

式中　M^f——煤样的外在水分，%；

　　　m——煤样的质量，kg；

　　　m_1——煤样干燥的最终质量，kg。

5. 煤发热量的测定

（1）仪器的安装。

1）要求摆放在水平、工整的工作台上，周围至少留有 10cm 以上的间距，以便连接线路，避免周围物体对仪器恒温系统的影响；更不能在其周围放置加热及制冷装置。

2）接线。量热主机上有搅拌电机连线，点火线和温度传感器连线，各连线的接插头采用 only - one 设计，以保证不会出现差错。

3）点火与搅拌实验。启动控制软件，用手动"控制"＋"↑"键（同时）或"控制"＋"→"键（同时），应能接通点火线路或启动搅拌电机。

（2）测量准备。

1）给外桶加满水（约 18kg），但以手动搅拌时不溢出为限；为了使测量时的温度尽快达到平衡，加入外桶的水最好预先在室内放置半天以上；水注入外桶后还应手动搅拌数十次（外桶上的红色手柄即为手动搅拌杆）。

2）称样。称取一定质量的测定样品（精确到 0.0002g），放入燃烧皿中。

注：标定时，称取片剂苯甲酸 1g（约两片），精确到 0.0002g。

3）装点火丝。将氧弹弹盖放在弹头支架上，取一根 9cm 长的点火丝，把点火丝与试样接触好，两端挂在两根开有斜缝的装点火丝杆上（其中一根杆也是燃烧皿托架），用锁紧小套管锁紧。注意，不可让点火丝接触燃烧皿或氧弹体的其他金属外壳部位，以免旁路点火电流，使点火失败，为了防止样品燃烧时直冲氧弹头上的密封件，在燃烧皿上面设有圆形挡火板。

4）充氧。在氧弹内加入 10mL 蒸馏水，拧紧氧弹盖，将充氧器接在工业氧气瓶上，把气导管接在氧弹上，打开气阀，限压在 2.5～3MPa，往氧弹内缓缓冲入氧气，压力平衡时间不得少于 30s，充好氧气的氧弹放入水中检验是否漏气，看不到冒气泡说明氧弹不漏气。

5）给内桶加水。将氧弹放在内桶的氧弹座架上，向内桶加入调好水温的蒸馏水（约 3000g，水面应在进气阀螺母的 2/3 处），每次的加水量必须相同（误差小于 1g）；使内桶水温比外桶水温低 0.2～0.5K，以便在测量结束时内桶水温高于外桶水温，温度曲线可出现明显下降。将内桶放在外桶的绝缘支座上，以保证每次位置的一致性。

6）插好点火线。将弹氧带好火冒，插好点火电极。

7）盖好外桶桶盖（将点火线卡在桶盖上留的缺口处）。

8）开启仪器右后上部的红色电源开关，这时面板上的"电源指示灯点亮"。

（3）微机控制。

1）开机后即已经启动控制软件。

2）选择"国际测量""瑞-芳测量""国标标定"或"瑞-芳标定"（在微机内部会对应不同的计算公式）。

3）输入苯甲酸或样品质量、仪器热容量和附加热量。

4）选择"开始测量"，按"确定"键，仪器即开始自动标定或者测量。必要时会有提示出现。

5）测量结束，可选择是否计算高、低位发热量（仪器标定无此项）。

6）然后询问用户是否即时打印，或以后再打印输出。注意，测量结果只保存到下次测量开始之前，只要不进行新的测量，即使关机（断电）再开机，数据依然保存着，还可以打印输出。

五、问题讨论

（1）什么是燃料的发热量？高位发热量与低位发热量有什么区别？

（2）弹筒发热量、高位发热量、低位发热量有何区别？有关锅炉的热工计算中用到的是哪种发热量？

（3）何为热量计的热容量？它是如何确定的？

（4）热量计有几种形式？分别列举几种。

（5）你认为本次实验得到的数据是否需要校正？应在什么地方进行校正？

实验三　煤的元素分析实验

一、实验目的

（1）通过实验了解煤的元素组成。

（2）掌握测定煤中碳、氢元素的方法。

二、实验原理

目前我国采用的煤中碳、氢测定国家标准为燃烧法。取一定量的煤样在氧气流中燃烧，所生成的水和二氧化碳分别用装有吸水剂和二氧化碳吸水剂的 U 形管吸收，由吸收剂增量计算煤中碳和氧的含量。燃烧法用铬酸铅和银丝卷来除去硫和氯对测定的干扰。

三、实验仪器和材料

（1）碳氢元素分析仪（TQ—1 型）。

（2）分析天平，精确到 0.0002g。

（3）下口瓶，容量 10L。

（4）鹅头洗气瓶，容量 250～500mL。

（5）气体干燥塔，容量 500mL。

（6）U 形管，带有支管和磨口塞。

（7）储气筒，容量不少于 20L。

（8）气泡计，容量约 10mL。

（9）流量计，可测量 120mL/min。

四、试剂

（1）碱石棉（二级或三级）粒度 1～2mm。

（2）无水氯化钙（HGB 3208—60），二级，粒度 2～5mm。

（3）氯化铜（HGB 3438—62），二级，粒度 1～4mm。

（4）铬酸铅（HGB 1075—77），二级，粒度 1～2mm。

（5）银丝卷，银丝直径约 0.25mm。

（6）铜丝卷，铜丝直径约 0.5mm。

（7）氧气（非电解氧）。

（8）硫酸（GB 625—77），三级，相对密度 1.84。

（9）三氧化二铬（HGB 933—76）三级，粉状。

（10）氢氧化钠（GB 629—77）或氢氧化钾（GB 3006—59），三级。

（11）粒状二氧化锰，用硫酸锰（GB 1065—77）和高锰酸钾（GB 643—77）二级，试剂制备。

（12）氧化氮指示胶。

（13）脱脂棉和凡士林。

五、实验步骤

1. 实验准备

实验所需仪器包括 3 个主要部分，即氧气净化系统、燃烧管以及水和二氧化碳的吸收系统，如图 10.3 所示。

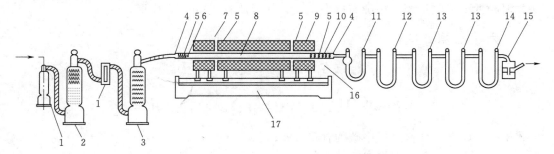

图 10.3　实验装置

1—鹅头洗气瓶；2—气体干燥塔；3—流量计；4—橡皮帽；5—铜丝卷；6—瓷舟；7—燃烧管；8—氧化铜；
9—铬酸铅；10—银丝卷；11—吸水 U 形管；12—除氮 U 形管；13—吸 CO$_2$U 形管；
14—保护用 U 形管；15—气泡计；16—保温套管；17—三节电炉

2. 空白实验

将装置按图连接好，检查整个系统的气密性，直到每一部分都不漏气后开始通电升温，并连通氧气。在升温过程中将第一节炉往返移动几次，并将新装好的吸收系统通气 20min 左右，取下吸收系统，用绒布擦净。在天平旁放置 10min 左右再称重。当第一节和第二节炉达到并保持在 800℃，第三节炉达到并保持在 600℃，开始做空白实验。此时，将第一节炉移至紧靠第二节炉，接上几经通气称重的吸收系统，在第一燃烧舟上加入氧化铬（数量和做煤样时相当）。打开橡皮帽，取出铜丝卷，将装载氯化铬的燃烧舟用镍铬丝推至第一节炉入口处，将铜丝卷放在燃烧舟后，套紧橡皮帽，接通氧气，调节氧气流速为 120mL/min。移动第一节炉，使燃烧舟位于炉子中心，通气 23min，将炉子移回原位，2min 后取下 U 形管，用绒布擦净。在天平旁放置 10min 后称重。吸收水分的 U 形管的增重即为空白值。

重复上述空白实验，直到连续两次所得空白值相差不超过 0.001g，除氮管，二氧化碳吸收管最后一次重量变化不超过 0.0005g 为止。取两次空白值作为当天计算氢的空白值。

3. 实验步骤

（1）先将第一节和第二节炉温控制在 800℃±10℃；第三节炉温控制在 600℃±10℃，并使第一节炉紧靠第二节炉。

（2）在预先灼烧过的燃烧舟中称取粒度小于 0.2mm，已经达到空气干燥状态的分析煤样 0.2g（称准至 0.0002g）并均匀铺平，在煤样上铺一层三氧化二铬，把燃烧舟暂存放入专用的磨口玻璃管中。

（3）装好已经称重的吸收系统，并以 120mL/min 的流速通入氧气。

（4）关闭靠近燃烧管出口端的 U 形管，打开橡皮帽，取出铜丝卷，迅速将燃烧舟放入燃烧管中，使其前端刚好在第一节炉口。再将铜丝卷放在燃烧舟后面，套紧橡皮帽，立即开启 U 形管，通入氧气，并保持 120mL/min 的流速。

（5）隔 1min 向净化系统移动第一节炉，使瓷舟的一半进入炉子；过 2min 使瓷舟全部进入炉子；再过 2min 使瓷舟位于炉子中心。

（6）保温 18min 后把第一节炉子移回到原来的位置。2min 后停止排水，抽气，关闭和拆下吸收系统，用绒布擦净，在天平旁放置 10min 后称重。

六、数据处理

$$C^f = \frac{0.2729 G_1}{G} \times 100\%$$

$$H^f = \frac{0.1119(G_2 - G_3)}{G} \times 100\% - 0.1119 W^f \qquad (10.11)$$

式中　　C^f——分析煤样中碳的含量，%；

H^f——分析煤样中氢的含量，%；

G——煤样重量，g；

G_1——吸收二氧化碳的 U 形管的增重，g；

G_3——水分空白值，g；

0.2729——将二氧化碳折算成碳的因数；

0.1119——将水折算成氢的因数；

W^f——分析煤样的水分，%；

G_2——吸收水分的 U 形管的增重，g。

实验四　锅炉实验台模型实验

实验四（1）　直流锅炉实验台工作原理

一、实验目的

（1）观察直流锅炉的工作情况，加深对直流锅炉的认识。

（2）测试直流锅炉的水动力特性，了解直流锅炉的水动力不稳定性。

二、实验原理

直流锅炉蒸发受热面中工质的流动不是像自然循环锅炉那样依靠密度来推动，

而是在泵的押头作用下来完成。图 10.4 所示为直流锅炉的工作原理示意图，给水在给水泵的作用下顺序一次通过加热、蒸发和过热等各个受热面，即随着水沿锅炉的汽水通道流过时，水被加热、蒸发、过热，直至被加热到所需要的温度。

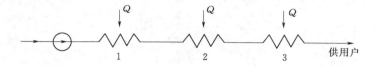

图 10.4　直流锅炉工作原理示意图
1—加热区；2—蒸发区；3—过热区

　　直流锅炉原则上可以在任何压力下工作，但压力越高水动力越高，水动力特性越稳定，压力越低，水动力特性越不稳定。即使在超临界参数下的直流锅炉，在启动时也有伸压过程，由于压力由低到高，在这一过程中水动力特性也不是稳定的。

　　水动力特性是指在一定的热负荷下，直流锅炉受热面中工质流量 G 与压降 Δp之间的关系。图 10.5 所示为简化了的水平布置直流锅炉蒸发受热面，当直流量流过时，在管圈进出口之间存在一定的压力降 Δp，这个压力降由 3 项组成，即

$$\Delta p = \Delta p_1 + \Delta p_2 + \Delta p_{1d}$$

(10.12)

式中　　Δp——管圈进、出口压
　　　　　　差，Pa；

　　　　Δp_1——重位压差，Pa；

　　　　Δp_2——加速压降，Pa。

　　对于水平管或螺旋上升管屏来

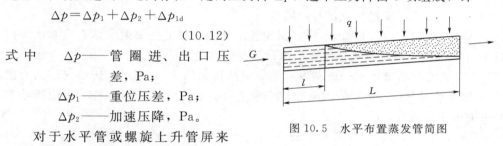

图 10.5　水平布置蒸发管简图

说，管长相对于高度要大得多，也就是说，Δp_{1d} 比 Δp_1 大得多，因此 Δp_1 可以忽略不计。根据计算，加速压降 Δp_2 的值只占总压降力的 3.5%，所以也可以略去，这样式（10.12）就可简化为

$$\Delta p = \Delta p_{1d} = \left(\lambda \frac{l}{d} + \sum \zeta_{jb} \right) \frac{G^2}{2} \overline{V} \tag{10.13}$$

式中　λ——摩擦阻力系数；

　　　d——管圈管子的内径，m；

　　　l——管圈的长度，m；

　　ζ_{jb}——局部阻力系数；

　　　G——通过管圈的工作流量；

　　　$\overline{V}$——工质的平均比容，m^3/kg。

　　对于结构一定的管圈而言，式（10.13）中，$\lambda \dfrac{l}{d} + \sum \zeta_{jb}$ 可作为常数，用 K_{s2} 表示，则有

$$\Delta p = K_{s2} \frac{G^2}{2} \overline{V} \tag{10.14}$$

　　从式（10.14）中可看出，Δp 与 G 之间的关系是二次曲线，对应于一个压差只存在一个流量，这就是直流锅炉水动力特性的单值性。这种特性只存在于管圈中

是单相流体的时候。当管中存在水和蒸汽相流体时，则水动力特性为 3 次曲线，对应于一个压差值就有可能有 3 个不同流量存在，这就是水动力特性的多值性，也就是常说的直流锅炉水动力特性的不稳定性。经理论推导，两管端的压差与流量的关系为

$$\Delta p = AG^3 - BG^2 + CG \qquad (10.15)$$

$$A = \frac{\lambda(V'' - V')\Delta i_2^2}{4f^2 dq_e Y}$$

$$B = \frac{\lambda l}{2f^2 d}\left[\frac{\Delta l_2}{R}(V'' - V') - V'\right]$$

$$C = \frac{\lambda(V'' - V')l^2 q_e}{4f^2 dr}$$

式中　V''，V'——蒸汽和水的比容，m^2/kg；

　　　Δi_2——进入管圈的水的比焓，kJ/kg；

　　　f——管子的内截面积，m^2；

　　　d——管子的内直径，m；

　　　q_e——每米管长热负荷，kW/m；

　　　r——水的汽化潜热，kJ/kg。

从式（10.15）可以看出，影响蒸发管水动力特性的主要因素是蒸汽和水的比容不同，图 10.6 即为水平蒸发管的水动力特性曲线。

对于垂直布置直流锅炉的蒸发管的流动结构如图 10.7 所示，影响其水动力图 10.6 的水平蒸发管力特性的因素除流动阻力外，还有重位压差存在，重位压差有时可能占主要部分，故

$$\Delta p = \Delta p_{1a} + \Delta p_{2a} \qquad (10.16)$$

式中　Δp——蒸发管两端的压差，Pa；

　　　Δp_{1a}——流动阻力，Pa；

　　　Δp_{2a}——重位压差，Pa。

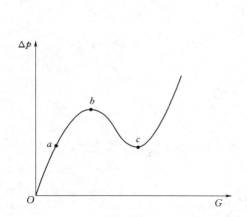

图 10.6　水平蒸发管的水动力特性曲线

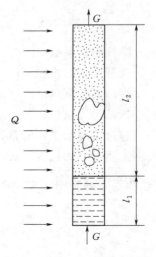

图 10.7　垂直布置直流锅炉的
蒸发管的流动结构简图

　　垂直蒸发管的水动力特性曲线如图 10.8 所示。图中曲线 1 为流动阻力，曲线 2 为重位压头，曲线 3 为曲线 1 和曲线 2 的合成，这就是一次垂直上升蒸发管的水动力特性曲线。从图 10.8（a）中可以看出，不计重位压降时的水动力特性是单值的，考虑了重位压降后的水动力特性也是单值的。从图 10.8（b）中可以看出，不计重位压降时的水动力特性是多值的，而考虑了重位压降后的水动力特性有可能消除多值性。总的来说，对于一次垂直上升直流锅炉蒸发管，重位压降对水动力特性的不稳定起到改善的作用。

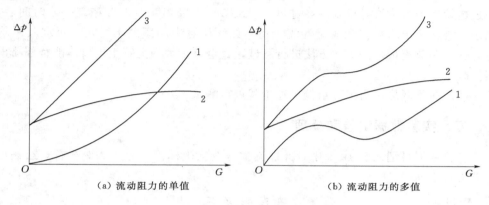

（a）流动阻力的单值　　　　　　（b）流动阻力的多值

图 10.8　一次垂直上升蒸发管的水动力特性曲线

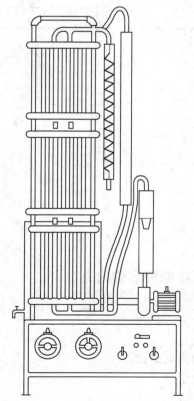

图 10.9　垂直布置的直流锅炉模型

　　由于本实验台垂直布置直流锅炉只是一组一次垂直上升的蒸发管组，因此本指导书只简单地将一次垂直上升蒸发管水动力特性的结论给出，其他形式垂直布置的蒸发管的水动力特性这里不予论述。

　　本实验台是根据实验教学需要设计制造的，由于考虑到便于观察，管组都采用玻璃管制成，所以只能在常压下工作。众所周知，常压下的直流锅炉，水动力特性是极不稳定的，所以实验台可用作原理性演示和定型测试。

三、实验装置

　　本实验台为垂直布置的直流锅炉模型（图 10.9）。水从水箱被水泵抽出，经转子流量计后进入下部的加热管组，再相继流经中部的蒸发管组和上部的过热管组，最后进入冷却器。实验台采用电阻丝加热，上、中、下 3 组电阻丝分别绕在过热管组、蒸发管组和加热管组上，由控制开关（加热上）和调压变压器（加热中和加热下）来控制各管组的加热热负荷。

四、实验步骤

　　（1）把水箱的水灌至容积的 70％左右，然后关紧进水阀。

（2）接好冷却器的冷却水回路，冷却水用自来水，下口为进水，上口为出水。凝结水经胶管回入水箱（也可以直接排出，不回水箱）。

（3）把加热（中）、加热（下）的调压器调到零位，并把加热（上）开关关上。

（4）接好电源回路，然后打开总电源、开关及水泵开关，调节流量计开关，使流量在 5t/h 左右。

（5）调节加热（中）和加热（下）的输入电压在 120V 左右，加热（上）一般在过热管组中为蒸汽时投入。在过热管组出口全部喷出蒸汽时并稳定一段时间后，测录下测压管指示数据和流量计流量值。如测压管中的压差不稳定，可取其平均值。逐次调节流量，按上述方法进行测试，直至流量大到上管组出口不能全部喷出蒸汽时为止。

（6）在不同热负荷下，重复上述步骤进行测试。

五、实验数据记录和处理

实验数据可记入表 10.5 中，并以流量 G 为横坐标，压力 p 为纵坐标，绘制出水动力特性曲线。

表 10.5 数　据　记　录　表

序号	1	2	3	4	5	6	7	8	9	10
流量/(L/h)										
压差 Δp/mmH$_2$O										

将水动力特性曲线绘于图 10.10 中。

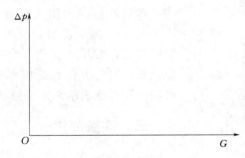

图 10.10　锅炉水动力特性曲线

实验四（2）　自然循环锅炉工作原理实验台

一、实验目的

（1）观察在自然循环条件下平行管汽液双相的流动结构。

（2）观察平行管在不同热负荷下的流动偏差现象。

（3）了解自然循环故障：停滞与倒流现象。

二、实验原理

自然循环锅炉中的循环动力，是靠上升管与下降管之间压力差来维持的。其简单回路如图 10.11 所示，它由锅筒（汽包）、下集箱、下降管和上升管组成。上升管由于受热使工质温度升高而密度变小；或在一定的受热强度及时间下，上升管会产生部分蒸汽，形成汽水混合物，从而也使上升管工质密度大为降低。这样不受热的下降管工质密度与上升管 工质密度之间存在一个差值，依靠这个密度差产生的压差，上升管工质向上流动，下降管工质向下流动进行补足，这便形成了循环回路，只要上升管的受热足以产生密度差，循环便不止。

循环回路是否正常将影响到锅炉的安全运行。如果是单循环回路（只有一根上升管和下降管），由上升管上升至汽包的工质将由下降管中完全得到补充，使上升管得到足够的冷却，因而循环是正常的。但锅炉的水冷壁并非由简单的回路各自独立组成，而是由上升管并排组成受热管组，享有共同的汽包、下降管、下集箱。如图 10.12 所示，这样组成的自然循环比单循环具有更大的复杂性，各平行管之间的循环相互影响，在受热不均匀的情况下，一些管子将出现停滞倒流现象。

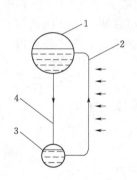
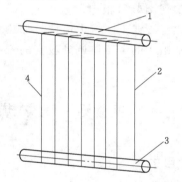

图 10.11　自然循环锅炉
　　　　单循环回路
　　1—气泡；2—上升管；
　　3—下集箱；4—下降管

图 10.12　自然循环锅炉平行管循环回路
　　1—气泡；2—下降管；
　　3—下集箱；4—上升管

循环停滞是指在受热弱的上升管中，其有效压头不足以克服下降管的阻力，使水汽混合物处于停滞状态，或流动得很慢，此时只有气泡缓慢上升，在管子弯头等部位容易产生气泡的积累使管壁得不到足够的水膜来冷却，而导致高温破坏。

循环倒流是指原来工质向上流的上升管，变成了工质自上而下流动的下降管。产生倒流的原因也是在受热弱的管子中，其有效压头不能克服下降管阻力所致。如倒流速度很大，也就是水量较多，则有足够的水来冷却管壁，管子仍能可靠地工作。如倒流速度很小，则蒸汽泡受浮力作用可能处于停滞状态，容易在弯头等处积累，使管壁受不到水的冷却而过热损坏。这两种循环故障都是锅炉运行中应该避免的。本实验主要是使学生对此两种循环故障有深刻的了解。

三、实验装置及步骤

实验装置如图 10.13 所示，每一上升管处套有电阻丝，电阻丝的电压可由调压

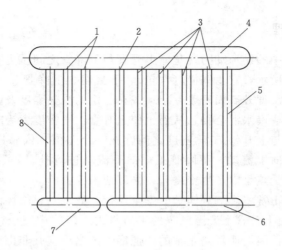

图 10.13 实验装置

1—管组 1；2—管组 2；3—管组 3；4—气泡；5、8—下降管；6、7—下集箱

器调节，从而实现调节每根电阻丝的功率。每一管组分别匹配一小调压器，实验时，充水到汽包中心线上。接上电源，加热一定时间后使管组 2 的调压器跳到较低的刻度，而使管组 3 的调压器调到较高的刻度。调到适当的位置便可以观察到停滞与倒流的现象。

实验五 锅炉热平衡实验

一、实验目的

锅炉热平衡实验是建筑环境与能源应用工程及热能与动力工程专业领域一项重要的实验。通过热平衡实验测试锅炉在稳定工况下的运行效率，可以判断锅炉燃料利用程度与热量损失情况。对新投运的锅炉进行锅炉热效率测定，是锅炉性能鉴定和验收的依据。根据测试的锅炉热效率、各项热损失及其热工参数，对锅炉的运行状况进行评价，分析影响锅炉热效率的各种因素，为改进锅炉的运行操作、实施节能技改项目提供技术依据，实现节能降耗的目的。

同时，可通过本实验加深对锅炉燃烧的理解，对锅炉热量的利用、损失有一个更为清晰的认识。增强学生对锅炉的感性认识，促进理论联系实际，培养分析和解决问题的能力。

二、实验原理

从能量平衡的观点来看，在稳定工况下输入锅炉的热量应与输出锅炉的热量相平衡，锅炉的这种热量收、支平衡关系就叫锅炉热平衡。输入锅炉的热量是指伴随燃料送入锅炉的热量；锅炉输出的热量可以分为两部分，一部分为有效利用热量，另一部分为各项热损失，如图 10.14 所示。

锅炉的工作是将燃料释放的热量最大限度地传递给汽水工质，剩余的没有被利

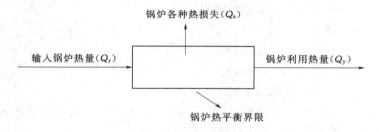

图 10.14　锅炉热平衡原理

用的热量以各种不同的方式损失掉了。在稳定工况下，其热量进出必平衡，并可表示为

输入锅炉热量＝锅炉利用热量＋各种热损失

锅炉热平衡界限对热效率测定十分重要，有了明确的热平衡界限才能建立正确的热量平衡式。锅炉热平衡是按 1kg 固体燃料或者液体燃料（对气体燃料则是 1Nm³标准）为基准的。输入锅炉的热量以 Q_r（kJ/kg）或 100% 表示。锅炉损失的热量按以下方式表示。

排烟损失的热量 Q_2（kJ/kg）或 q_2（%）。

化学未完全燃烧损失的热量 Q_3（kJ/kg）或 q_3（%）。

机械未完全燃烧损失的热量 Q_4（kJ/kg）或 q_4（%）。

散热损失的热量 Q_5（kJ/kg）或 q_5（%）。

灰渣物理热损失的热量 Q_6（kJ/kg）或 q_6（%）。

锅炉利用热量 Q_1（kJ/kg）或 q_1（%）。

则

$$Q_r = Q_1 + Q_2 + Q_3 + Q_4 + Q_5 + Q_6$$

或

$$100\% = q_1 + q_2 + q_3 + q_4 + q_5 + q_6$$

由于本实验是在小型燃气锅炉上进行，用液化石油气作为气体燃料进行热平衡的测定，在燃烧过程中不产生未燃尽固体颗粒和灰渣。因此，本实验中可认为机械不完全燃烧热损失 Q_4（kJ/Nm³）或 q_4（%）和灰渣物理热损失的热量 Q_6（kJ/Nm³）或 q_6（%）两项热损失为零。

本实验为模拟实验，以燃气热水器为模拟锅炉，以液化石油气作为气态燃料，以自来水作为给水，通过对自来水流量（m³/h）和进出口温度（℃）的测量以及对燃气流量（L/h）和烟气排烟温度（℃）以及排烟成分（%）的测量，通过锅炉正反热平衡实验，记录下相关数据并进行处理得出结论。在本实验中，根据液化气站提供资料显示，长春地区液化石油气均为松原油田炼油厂的副产品，成分相对稳定，丁烷 50%、丙烷 50%，发热量为 108199kJ/Nm³。

1. 锅炉正平衡实验

直接测量燃气带入热水器的热量与热水器有效利用热量而求得热水器热效率的一种方法，叫做正平衡法，也称直接测量法。

正热平衡效率为

$$\eta_z = G(I_{cs} - I_{js})/BQ_r \times 100\% \qquad (10.17)$$

式中　　B——每小时燃气消耗量，Nm^3/h；

　　　　G——热水器加热水量，kg/h；

　　　　I_{js}——热水器进水焓，kJ/kg；

　　　　I_{cs}——热水器出水焓，kJ/kg；

　　　　Q_r——燃气的低位发热量，kJ/m^3。

　　热水器的进、出水焓可由测定热水器的进、出水温度后，查特性表得出。

2. 锅炉反平衡实验

　　通过测定热水器的各项热损失，然后间接求出热水器热效率，叫反平衡法，也叫间接测量法或热损失法。

　　反平衡热效率为

$$\eta_f = 100 - (q_2 + q_3 + q_5) \times 100\% \tag{10.18}$$

式中　　q_2——排烟热损失，%；

　　　　q_3——气体不完全燃烧热损失，%；

　　　　q_5——散热损失，%。

　　（1）q_2 排烟热损失的计算。

$$q_2 = \frac{I_{py} - \alpha_{py} I_{lk}}{Q_r} \times 100\% \tag{10.19}$$

式中　　I_{py}——在排烟过剩空气系数 α_{py} 及排烟温度 t_{py} 下，相当于 $1Nm^3$ 燃气的排烟焓，kJ/Nm^3；

　　　　α_{py}——在排烟处的过剩空气系数，由烟气分析仪测得；

　　　　I_{lk}——在送入锅炉的空气温度下，$1Nm^3$ 燃气所需要的理论空气量所具有的焓，kJ/Nm^3。

$$I_{py} = V_{RO_2}(C\theta)_{RO_2} + V_{CO}(C\theta)_{CO} + V_{N_2}(C\theta)_{N_2} + V_{O_2}(C\theta)_{O_2} + V_{H_2O}(C\theta)_{H_2O} \quad kJ/Nm^3$$

式中　　　　　　V_{RO_2}，V_{CO}，V_{N_2}，V_{O_2}，V_{H_2O}——排烟中三原子气体、一氧化碳、氮气、氧气及水蒸气的容积，Nm^3/Nm^3，其值可由烟气分析测得；

$(C\theta)_{RO_2}$，$(C\theta)_{CO}$，$(C\theta)_{N_2}$，$(C\theta)_{O_2}$，$(C\theta)_{H_2O}$——$1Nm^3$ 的三原子气体、一氧化碳、氮气、氧气及水蒸气在排烟温度下的焓，kJ/Nm^3，各值均可查表。

$$I_{lk} = V_k^0(C\theta)_{lk} \tag{10.20}$$

式中　　V_k^0——理论空气量，由各元素含量计算，Nm^3；

　　　　$(C\theta)_{lk}$——冷空气焓，kJ/Nm^3，可查表取得。

　　（2）q_3 化学未完全燃烧热损失。当锅炉运行调整不当、风量不足、燃烧器结构设计不合理时，将引起燃气不能完全燃烧而在烟气中存在 CO、H_2、CH_4 等可燃气体时，这部分可燃气的热能随烟气排走，形成化学不完全燃烧热损失 q_3。

$$q_3 = \frac{V_{gy}}{Q_r}(126.4CO + 108H_2 + 358.2CH_4)(100 - q_4) \quad \% \tag{10.21}$$

式中　　　　　　V_{gy}——干烟气容积，Nm^3/Nm^3；

CO、H_2、CH_4——烟气分析测得烟气中一氧化碳、氢、甲烷占干烟气容积的容积百分数。

（3）q_5 散热损失。在额定负荷下，设备散热损失可查相关图表得知。本设计课题散热损失由实验中测定。

3. 烟气成分的测量

烟气成分的测量用烟气分析仪进行。通过烟气分析仪能较为精确地测出烟气成分，可作为判断燃烧过程好坏的依据。

4. 烟气流量的测量

利用烟气差压传感器测量的压差，通过流体力学知识可知，可以利用伯努利方程求得烟气的流速，再通过对截面积的计算求得烟气的流量。

由于是测量气体流速，根据伯努利方程可知烟气流速为

$$v = \psi \sqrt{2gh_{液}\left(\frac{\rho_{液}}{\rho} - 1\right)} \tag{10.22}$$

也可利用下式进行烟气流速的计算，即

$$v = \psi \sqrt{\frac{2\Delta P}{\rho_{py}}} \tag{10.23}$$

式中　ψ——流量修正系数，一般取 $\psi = 0.97$。

三、实验装置

本实验的装置简图如图 10.15 所示。

四、实验步骤

（1）熟悉锅炉热平衡实验原理。

（2）熟悉本装置原理及测量方法。

（3）确认管道连接正确。

（4）打开电源开关（电源空开），接通锅炉热平衡实验台电源；打开液化气瓶燃气阀门，接通锅炉热平衡实验台气源；将热水器的火力调节旋钮、温度调节旋钮旋转至最大位置，打开给水阀门，当给水达到一定流量时热水器自动点火（注意，在打开给水阀时要缓慢开启，避免管道迅速充水，管道压力冲击过大，使管道连接处漏水）。

（5）热水器点火成功后需进行一段时间的燃烧，使本实验的各组成部件膨胀均匀。

（6）膨胀完全后，开始做锅炉热平衡实验。建议先从小流量开始进行，做不同工况下的实验（如给水流量 0.27m³/h、0.3m³/h、0.36m³/h、0.39m³/h，燃气流量 100L/h、200L/h、300L/h、400L/h）。

（7）将燃气流量和给水流量调节到所需的实验流量，由于燃气热水器的稳定非常迅速，燃烧后即可进行烟气参数的测量。先将经空气清洗干净的烟气分析仪探头置入排烟管道中，选择好分析燃料，打开分析仪，进行数据的测量，示数显示稳定后停止分析仪工作，并将探头退出排烟管道。在进行数据的读取时注意读数的准确，一定要在示数稳定后再读取，以保证数据准确。

（8）工况稳定后使用便携式红外测温仪对准燃气炉表面中部，测量燃气炉表面的散热温度。在进行数据读取时，注意读数的准确，一定要在示数稳定后再读取，

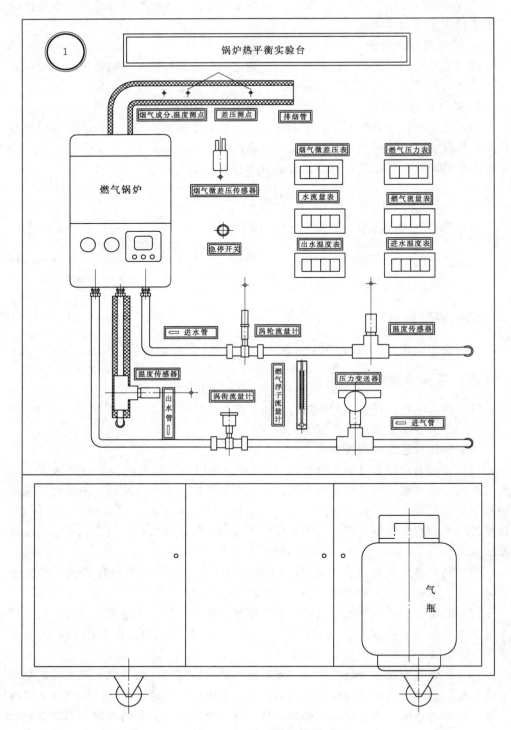

图 10.15　实验装置简图

以保证数据准确。

（9）实验结束后，先关给水阀，再关闭燃气阀门，最后切断热水器电源。

五、实验数据记录

燃气流量（L/h）：＿＿＿＿＿＿＿。

给水流量（m³/h）：＿＿＿＿＿＿＿。

给水入口温度（℃）：＿＿＿＿＿＿＿。

热水出口温度（℃）：＿＿＿＿＿＿＿。

燃气微差压（Pa）：＿＿＿＿＿＿＿。

燃气压力（Pa）：＿＿＿＿＿＿＿。

燃气炉表面温度（℃）：＿＿＿＿＿＿＿。

烟气温度（℃）：＿＿＿＿＿＿＿。

O_2 含量（%）：＿＿＿＿＿＿＿。

CO 含量（ppm）：＿＿＿＿＿＿＿。

CO_2 含量（%）：＿＿＿＿＿＿＿。

AMB 空气温度（℃）：＿＿＿＿＿＿＿。

过量空气（%）：＿＿＿＿＿＿＿。

六、实验注意事项及说明

（1）注意阀门的打开顺序；否则可能导致点火不成功。当点火不成功时，可将热水器底部的热水、冷水按钮开关一次即可重新点火。

（2）在实验中注意通风，打开各个窗户和房门，避免中毒。

（3）实验前应进行热水器漏电保护校验，以防触电。

（4）注意不能用湿手触碰电源，以防触电。

（5）注意不能踩踏管道，以免压力升高造成不必要的麻烦。

（6）注意读数准确。

（7）注意不能用手触摸热水试温，以防烫伤。

（8）注意正确使用烟气分析仪和便携式红外测温仪，以免损坏设备。

（9）注意使用液化石油气后将阀门关闭，避免泄漏。

（10）为了使实验数据尽量准确，因此部分管道敷设了保温层。

（11）实验完毕后关闭给水阀门、燃气阀门，并切断热水器电源。

七、实验数据的处理与分析

结合所给公式，通过对记录数据进行处理，将最终的计算结果填入表 10.6 中。

表 10.6　　　　　　　　　　数 据 记 录 表

项　　目		锅炉效率 η	排烟热损失 q_2	化学不完全燃烧热损失 q_3	散热损失 q_5
给水流量 0.27m³/h (4.5L/min)	燃气流量 100L/h				
	燃气流量 200L/h				
	燃气流量 300L/h				
	燃气流量 400L/h				

续表

项　　目		锅炉效率 η	排烟热损失 q_2	化学不完全燃烧热损失 q_3	散热损失 q_5
给水流量 0.3m³/h (5L/min)	燃气流量 100L/h				
	燃气流量 200L/h				
	燃气流量 300L/h				
	燃气流量 400L/h				
给水流量 0.36m³/h (6L/min)	燃气流量 100L/h				
	燃气流量 200L/h				
	燃气流量 300L/h				
	燃气流量 400L/h				
给水流量 0.39m³/h (6.5L/min)	燃气流量 100L/h				
	燃气流量 200L/h				
	燃气流量 300L/h				
	燃气流量 400L/h				

已知排烟管直径 50mm，炉体散热面积 0.1216m² 。

通过对以上数据进行处理，运用正反平衡方法求出锅炉热效率，画出锅炉给水流量、燃气流量与正反平衡效率的关系曲线图，并比较正反平衡热效率的差别，分析影响原因，并提出改进意见。

实验六　工业锅炉工作原理

一、实验目的

(1) 通过演示实验，使学生深化掌握锅炉自然水循环的基本原理。

(2) 观察在自然循环条件下平行并列管中汽液两相的流动状态。

(3) 了解自然水循环中的常见故障——停滞与倒流现象。

二、实验内容

锅炉工作的可靠性在很大程度上取决于水循环工况，对于在高温下工作的对流管束和水冷壁，为了避免管壁温度迅速升高，必须由流动的水来冷却，从而防止金属管壁的损坏破裂。自然水循环是目前小型锅炉中普遍采用的水循环方式。

自然循环锅炉中的循环动力，是靠上升管与下降管之间液柱重力差来维持的，某单循环回路（只有一根上升管和下降管）和并列管复合循环（多根上升管和下降管）回路如图 10.16、图 10.17 所示，其工作原理及可能产生的停滞与倒流现象分析见实验四（2）内容。停滞与倒流是两种循环故障，都是锅炉运行过程中应该避免的。通过本实验进一步使学生对锅炉运行情况有更深刻的了解。

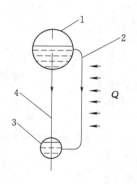

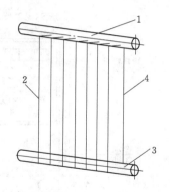

图 10.16　单循环回路
1—上锅筒；2—上升管；
3—下集箱；4—下降管

图 10.17　并列管复合循环回路
1—锅筒；2—上升管；
3—下集箱；4—下降管

　　实验装置结构示意如图 10.18 所示，这套装置是采用玻璃作换热器的壳体，管路中有透明观察窗，因此，实验过程能让同学们清晰地观察到制冷工质的蒸发、冷凝过程及流后产生的"闪发"气体面形成的两相流，使之了解蒸汽压缩式制冷循环工质状态的变化及循环全过程的基本特征。

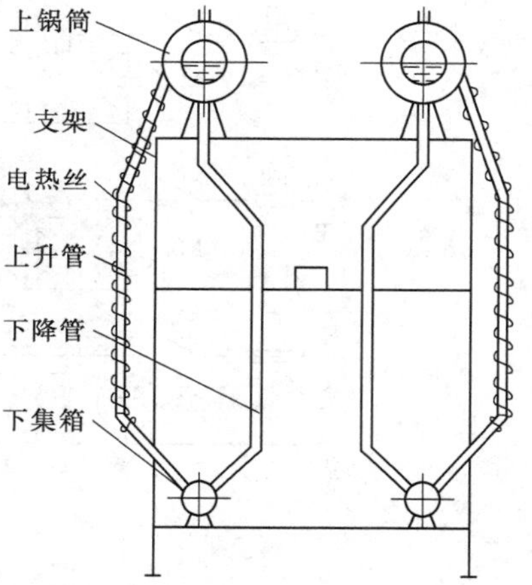

三、仪器设备

　　工业锅炉实验台，共 1 台。

四、所需耗材

　　胶管、加热电阻丝等。

图 10.18　实验装置结构示意图

五、实验原理、方法和手段

　　工业锅炉演示模型，即锅炉自然水循环实验装置的结构示意图如图 10.19 所示。装置由左右对称的两组自然水循环系统组成，每组系统各由 7 根玻璃制上升管、3 根玻璃制下降管、1 个上锅筒和 1 个下集箱所组成。两组系统都安装在同一个支架上，每根上升管都缠有额定功率为 500W 的加热电热丝。实验装置的整体结构及上升管和下降管的安排布置如图 10.19 所示，上升管加热电热丝的电路图如图 10.20 所示（电路中电热丝的编号与上升管的编号相对应）。各上升管的加热可以通过相应的调压器来调节输入电压，也可以利用加热开关来接通或断开电源，由此可以调节各上升管的加热程度（或停止加热），从而可以演示出上升管和下降管中正常的自然水循环水汽流态、柱状和弹状气泡的出现，也可以演示自然水循环中常见的故障——停滞和倒流。

　　演示时也可以通过电流检测按钮，观察和测定加热电路中的电流大小，从而可以计算出加热电功率。

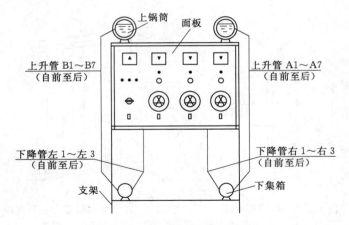

图 10.19　实验装置整体结构图

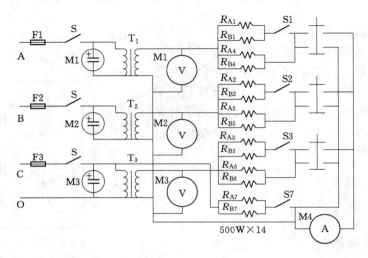

图 10.20　电路图

　　由于实验装置的电气系统为左右对称共用，使用时调整任何操作部分，将对两个水循环系统同时作用，因而可以在模型两侧的相应对称玻璃管中同时看到基本相同的现象。

　　实验装置的操作面板如图 10.21 所示。操作面板上的仪表、开关和调压器等的符号及其电路连接可参看图 10.20 所示的电路图，以便理解其具体功能和作用，有

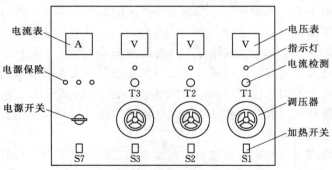

图 10.21　实验装置的操作面板图

助于操作和演示。

操作面板上：T1（1，4）、T2（2，5）、T3（3，6），分别是：上升 A1、B1 和 A4、B4；上升管 A2、B2 和 A5、B5；上升管 A3、B3 和 A6、B6 的加热调压器。

S1、S2、S3、S7，分别是上升管 A1 和 B1、A2 和 B2、A3 和 B3、A7 和 B7 的加热开关。

六、实验步骤

（1）使用前，检查上锅筒中的水位，如水位不够应适量添加。

（2）先将各调压器调至零位，检查电路和仪表无异常情况后，将各加热开关 S1、S2、S3 和 S7 置于接通位置。

（3）接通三相电源，打开总电源开关。

（4）将 3 个调压器逐步调至 220V 左右，加热 0.5h 左右，直到系统进入沸腾状态。此时可以从上升管和下降管中观察到正常的自然水循环状态，所有的上升管中的水向上流动，而下降管中的水则向下流动。在沸腾剧烈时可以看到管中产生柱状和弹状气泡的水、汽流动状态。

（5）为了能够在水循环系统中演示常见的故障——停滞和倒流现象，在上述实验工况下，可采用 3 种方案来模拟一些上升平行管的受热不均匀情况，从而可能在受热弱的上升管中产生并观察到上述故障现象。

3 种可行的方案如下，可择其可行者来实验。

1）选定任何一调压器加热电路，连通两根上升管的加热开关，再下调这个调压器电压至 30V 左右，将会有两侧相应的 4 根上升管相同地降温，从而可能导致在这些受热弱的上升管中出现故障。

2）选定任一调压器加热电路，断开两根上升管的加热开关，再下调这个调压器电压至 30V 左右，会有两根上升管相同地降温，另两根上升管断电停止加热，也可能在这些受热弱的上升管中导致故障的出现。

3）选定任一调压器加热电路，断开其两根上升管的加热开关，但不下调这个调压器的电压，就会只有相应的两根上升管断电不加热，也有可能在这两根受热弱的上升管中出现故障。

（6）实验结束后，将所有调压器调至零位，并断开总电源。

七、实验注意事项

（1）检查上锅筒中的水位，如水位不够应适量添加。
（2）实验过程中禁止触摸电阻丝和高温壁面。

八、预习与思考题

（1）锅炉自然水循环的基本原理是什么？
（2）停滞与倒流现象的发生有何条件？

九、实验报告要求

（1）简述实验原理与过程。

（2）对各种数据加以整理，分析数据是否准确和误差产生原因。

（3）通过实验总结收获及体会并提出对实验的改进意见。

实验七　燃气快速热水器的热工性能测定实验

一、实验目的

通过本次实验加深对家用燃气快速热水器热结构的了解，掌握测试家用燃气快速热水器主要性能的原理和方法。

二、实验内容

家用燃气快速热水器的热流量、热效率、热水产率及烟气中一氧化碳含量的测试；热水升温、加热时间、热水温度稳定时间、停水温升、燃烧噪声、熄火噪声等概念及相应指标的测试，并按照标准对各项指标进行判定。

三、实验设备和仪器

1. 测试系统

热水器测试系统示意图如图 10.22 所示。

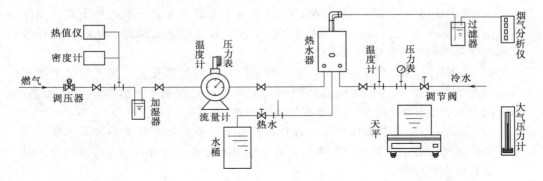

图 10.22　热水器测试系统示意图

燃气通过燃气调压器、阀门 1 进入流量计。阀门既可起开关作用，又可起调整压力作用，燃气压力在 U 形压力计上显示。燃气经过计量，进入快速热水器，与氧混合燃烧放出热量，生成烟气通过排烟系统排出。

冷水阀门既起到开启的作用，又可起到水压调节作用。冷水经过阀门调节到额定压力后进入热水器，加热后流出热水器。进出口水温由出口温度计测出。

2. 测量仪器

（1）水银温度计：0～50℃，最小刻度 0.5℃一支；0～50℃，最小刻度 0.1℃一支；0～100℃最小刻度 0.1℃一支。

（2）湿式燃气表：1 台。

（3）U 形压力计：1 个。

（4）快速燃气热水器：1 台。

（5）秒表：1 块。

（6）水桶：2 个。

（7）天平：1 架，量程 10kg，最小分度值 5g。

（8）量桶：2000mm 12 个。

（9）精密压力表：1 块，量程 0～1.0MPa，精度 0.4。

（10）燃烧效率测定仪：用于氧含量和一氧化碳含量测定。

四、实验内容及实验步骤

1. 热负荷

（1）按照说明书要求安装家用燃气快速热水器。

（2）检查燃气、水路系统，确保不漏后方可进行实验。

（3）开启供水阀门，供水压力控制在 0.1MPa。

（4）点燃热水器后将燃气阀开至最大位置，调节水温控制阀，使出水温度比进水温度高 40℃。当不能调至此温度时调至最接近的温度。

（5）运行 15min 后，测试燃气的流量（燃气流量计上的指针转动一周以上的整数，实验时间应大于 1min），按式（10.24）计算燃气折算流量，即

$$\phi = F\frac{V_2 - V_1}{\tau} H_1 \times 1000 \qquad (10.24)$$

式中 ϕ——热流量，kW；

  F——体积修正系数；

V_1、V_2——流量计的初、终读值，m³；

  τ——测试时间，s；

  H_1——燃气低热值，MJ/Nm³。

重复测试两次以上，读数误差小于 2% 时取平均值作为测试结果。

计算热负荷偏差，即

$$热负荷偏差 = \frac{|实际热负荷 - 额定热负荷|}{额定热负荷} \times 100\% \qquad (10.25)$$

标准要求：热负荷准确度应不大于 10%。

2. 热效率

实验条件与热负荷测试条件相同。

在热水器运行 15min 时，当出水温度稳定后，测定在燃气流量计上的指针转动一周以上的整数时的出水量，并读取进、出口水温（若温度不稳定，需要交替读取进出口温度后取平均值）。

按照热效率计算公式计算，即

$$\eta = \frac{mc(t_2 - t_1)}{H_1 \Delta V} \times 100\% \qquad (10.26)$$

式中 m——测试时间 τ 内的水量，kg；

c——水的比热容，$c=0.0041861MJ/(℃·kg)$；

t_1——进口冷水温度，℃；

t_2——出口热水温度，℃；

ΔV——燃气用量，m^3。

在相同条件下应至少进行两次，连续两次热效率之差应小于两测试平均值的 5% 即为实测热效率。

标准要求：热效率不小于 80%（按低热值计算）。

3. 热水产率

热水产率是指单位时间内的热水产量换算为温度 25℃ 时的流量。常用 L/min（kg/min）表示。

$$M_t=\frac{\phi\eta}{25C}\times60 \tag{10.27}$$

标准要求：实没热水产率与设计热水产率的比率，即比率$=\dfrac{实测值}{设计值}\geqslant90\%$。

4. 一氧化碳含量测定

在热效率测试的同时，利用燃烧效率仪分析烟气中一氧化碳和烟气含量，换算为过剩空气系数为 1 时的含量后，进行判定。

标准要求：自然排气方式 $CO_{u=1}<0.06\%$。

5. 热水升温

将燃气阀开至最大，调温阀调至水温最高，热水器运行稳定后的最大热水温升：热水温升＝最高热水温度－进水温度。

要求：热水温升不大于 50K。

6. 加热时间

热水器运行稳定后熄火，使水温下降，当进出口水温相等时，再次点火，热水温度升至温升调定值的 90% 所用的时间，即为加热时间。

要求：加热时间不大于 45s。

7. 热水温度稳定时间

调节温度调节装置，从温度调节范围的 2/3 处，快速调至 1/3 处，测定温度稳定时间，再反向调节，取平均值。

要求：热水温度稳定时间不大于 90s。

8. 停水温升

热水器运行稳定后，停止进水，小火燃烧器继续燃烧，1min 后再次使热水器运行，测出热水的最高温度：

$$停水温升＝最高温度－设定温度$$

要求：停水温升不大于 18K。

五、数据处理结果判定

将测试结果填入表 10.7，并进行计算，按照标准规定对各项指标进行判定。

表 10.7 数 据 判 定 表

	热水器名称			
	燃气种类			
	燃气压力/Pa			
	大气压力/Pa			
	体积折算系数	$F=$		
	进水压力/MPa			

测试项目	测试数据	第一次	第二次	平均值	判定结论及依据
热负荷	测试时间 τ/s				
	流量计初读值 V_1/m^3				
	流量计终读值 V_2/m^3				
	热负荷 ϕ/kW				
热效率	热水重量 G/kg				
	平均温升 $\Delta t/℃$				
	燃气用量 $\Delta V/m^3$				
	热效率 $\eta/\%$				
热水产率	热水产率 $g/(L/min)$				
一氧化碳	烟气中氧含量/%				
	烟气中一氧化碳含量/%				
	$CO_{u=1}/\%$				
热水温升					
加热时间					
热水稳定时间					
停水温升					

实 验 八 燃 气 灶 具 性 能 实 验

一、实验目的及要求

热流量（热负荷）、热效率及烟气中一氧化碳含量是评价家用燃气灶具性能的重要指标。热流量反映了灶具的加热能力，热效率反映了热量的有效利用率，烟气中一氧化碳含量可反映不完全燃烧程度，同时也反映了烟气对人体的危害程度。通过本实验测定家用燃具的热流量、热效率及烟气中一氧化碳含量，并根据国家标准对各项性能是否合格予以判定。

要求掌握燃气灶具主要性能测定方法，了解国家标准对各项性能的要求。

二、基本原理

1. 热流量（热负荷）

单位时间内，进入燃气设备的燃气燃烧所出的热量称为热流量（热负荷）。

热流量等于燃气消耗量与燃气低位热量的乘积。由于实际燃气消耗量受压力、温度、密度及大气条件的影响，必须进行折算。测定方法如下。

在燃灶具点燃 15min 后，测定湿实验气的消耗量 q_v，测定时间应大于 1min，重复测定两次以上，读数误差小于 2％时按下式计算燃气折算消耗量，即

$$q_{vs} = \sqrt{\frac{(p_{amb} + p_g) - \left(1 - \frac{0.644}{d_{mg}}\right) \cdot p_v}{101.3} \times \frac{273}{273 + t} \times \frac{101.3 + p_g}{101.3} \times \frac{d_{mg}}{d_{sg}}} \quad (10.28)$$

式中　q_{vs}——在标准大气条件下，燃具前燃气压力为 p_g，实验气相对密度为 d_{mg}，折算相对密度为 d_{sg} 的干设计气的燃气消耗量，m^3/h（101.3kPa，0℃）；

q_v——实验时湿实验气的消耗量，m^3/h（$p_{amb} + p_g$，t℃）；

p_{amb}——实验时的大气压力，kPa；

t——实验时通入燃气流量计的实验气温度，℃；

p_v——在温度为 t℃时饱和水蒸气的压力，kPa；

d_{mg}——标准条件下干实验气的相对密度；

d_{sg}——标准条件下干设计气的相对密度；

0.644——标准条件下水蒸气的相对密度。

在求得燃气折算消耗量后，按式（10.29）计算热流量，即

$$\Phi = q_{vs} Q_{is} \quad (10.29)$$

式中　Φ——在标准大气条件下，灶前压力为 p_g时的折算热流量，MJ/h；

Q_{is}——设计时采用的基准干燃气的低位热值，MJ/Nm^3。

按式（10.30）计算燃具的热流量偏差，即

$$热流量偏差 = \frac{折算实验热流量 - 标准额定热流量}{标准额定热流量} \times 100\% \quad (10.30)$$

国家标准《家用燃气灶具》（GB 16410—2007）中对热流量的性能要求如下。

（1）总额定热流量精度：$< \pm 10\%$。

（2）每个燃烧器额定热流量精度：$< \pm 10\%$。

（3）总热流量与每个燃烧器热流量总和之比：在 85％以上。

2. 热效率

热效率是指有效利用热量占供给热量的百分比。它表示热量的有效利用率。反映了燃烧与传热的综合效果。家用燃气灶具有效率的测定方法如下。

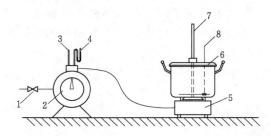

图 10.23　热效率实验装置

1—阀门；2—湿式气体流量计；3—温度计；
4—U 形压力计；5—家用燃气灶；6—铝锅；
7—精密温度计；8—搅拌器

首先将实验家用燃气灶按图 10.23 所示方法连接，用日用铝锅中的高锅称取一定量的水（锅的直径和加水量按表 10.8 选择）。将燃烧器点燃，并将燃气压力调整到额定压力。燃烧稳定后将锅放在燃烧器上，水初温应取室温加 5℃，水终温应取水初温加 50℃，初温和终温前 5℃均应开始搅拌。测定过程中用湿式气体流量计计量，燃气用量热效率计算公式为

$$\eta = \frac{mc(t_2 - t_1)}{Q_{is}\Delta V} \times 100\%$$ (10.31)

式中　η——热效率，%；

c——水的比热容，0.0042MJ/(kg·℃) [或 1kcal/(kg·℃)]；

t_1，t_2——初始、终了水温，℃；

m——加热水量，kg；

Q_{is}——燃气低热值，MJ/m³（或 kcal/ m³）；

ΔV——燃气耗量，m³（干燃气，0℃，101.3kPa）。

同样条件的热效率实验应进行两次，取其平均值。当大值与小值的差与平均值之比大于 0.05 时，应重复实验直到合格为止。

国家标准《家用燃气灶具》（GB 16410—2007）中对热效率的性能要求：燃气灶具及其组合灶具的燃气灶眼的热效率：（台式灶）≥55%。

表 10.8　　　　　　　　　　　实验用锅和加水量的选择

额定热负荷 K_w/(kcal/h)	铝锅直径/cm	加热水量/kg
1.10（950）	16	1.5
1.40（1200）	18	2
1.72（1480）	20	3
2.08（1790）	22	4
2.48（2130）	24	5
2.91（2500）	26	6
3.36（2890）	28	8
3.86（3320）	30	10
4.40（3780）	32	12
4.95（4260）	34	14
5.56（4786）	36	16

3. 烟气中一氧化碳含量

用相应的取样器抽取烟气，利用气体分析仪测定烟气中一氧化碳含量。由于抽取样气时会有空气混入烟气中，因此造成所测得的一氧化碳值低于实际烟气中一氧化碳值。为了排除这一影响，需要将测得的一氧化碳值换算为过剩空气系数 $\alpha = 1$ 时，烟气中一氧化碳含量。因此，在测定烟气样中的一氧化碳含量的同时，还应测定其氧含量（在抽取的烟气样中，氧含量不得超过 14%）。测定烟气样中一氧化碳含量和氧含量后，按下式计算过剩空气系数 $\alpha = 1$ 时，烟气中一氧化碳含量，即

$$CO_{\alpha=1} = \frac{CO' - CO''\left(\dfrac{O_2}{20.9}\right)}{1 - \dfrac{O_2}{20.9}}$$ (10.32)

式中　$CO_{\alpha=1}$——过剩空气系数 $\alpha = 1$ 时，干烟气中一氧化碳含量，%；

CO'——干烟气样中一氧化碳含量，%；

CO''——室内空气中一氧化碳含量，%；

O_2——干烟气中氧含量，%。

国家标准《家用燃气灶具》（GB 16410—2007）中规定，家用燃气灶具排放的烟气中一氧化碳含量应小于 0.05%（理论空气系数 $\alpha=1$）。

三、测量仪器

（1）精密水银温度计两支：0～50℃；50～100℃，最小刻度 0.1℃。

（2）湿式气体流量计 1 台。

（3）家用燃气灶具 1 台。

（4）铝锅 1 套。

（5）秒表 1 块。

（6）U 形压力计 1 支。

（7）红外线一氧化碳分析仪 1 台。

（8）天平 1 架，最大量程 10kg，最小分度值 5g。

（9）取样杯、搅拌器各 1 套。

（10）燃烧效率测定仪：用于氧含量和一氧化碳含量测定。

四、实验步骤

1. 实验室条件要求

（1）温度：20℃±15℃，允许实验室温度波动±5℃。

（2）大气压力：60～106.7kPa。

（3）一氧化碳含量：小于 0.002%。

（4）二氧化碳含量：小于 0.2%。

2. 测试方法

（1）点燃灶具，调整灶前压力到额定压力。

（2）测定、计算热负荷的大概值，按表 10.8 选择铝锅，并称取相应的水。

（3）安装取样杯，取样杯与锅底净距一般为 2cm。

（4）把装有水、温度计及搅拌器的铝锅放在点燃的灶具上，要求中心对准燃烧器头部中心，不要偏。烟气取样环要摆平。

（5）启动氧及一氧化碳分析仪，调整好仪器并接通取样环取样分析。

（6）观察铝锅上的 0～50℃温度计，当水温等于室温时开始搅拌，至室温加 4℃时开始每 0.1℃间隔报数，计时及读表的同学开始准备，当水温升至室温加 5℃时，记下燃气表上初读值 V_1，并同时启动秒表计时。

（7）观察氧分析仪，一氧化碳分析仪示值稳定时记录烟气中氧含量 O_2 和一氧化碳含量 CO。

（8）当水温升至开始温度加 45℃时开始搅拌；升至开始温度加 49℃时，开始每 0.1℃间隔报数，升至开始温度加 50℃时，记下燃气表中读值 V_2 并同时停止秒表计时，记下测试时间 τ。

（9）重复上述过程，进行第二次实验。

五、数据记录及计算

（1）计算体积折算系数。

$$F=\sqrt{\frac{(p_{\mathrm{amb}}+p_{\mathrm{g}})-\left(1-\dfrac{0.644}{d_{\mathrm{mg}}}\right)\cdot p_{\mathrm{v}}}{101.3}\times\frac{273}{273+t}\times\frac{101.3+p_{\mathrm{g}}}{101.3}\times\frac{d_{\mathrm{mg}}}{d_{\mathrm{sg}}}}$$

式中　F——燃气体积修正系数；

其余符号含义同前。

（2）将上述测试数据填入表 10.9 中，并进行计算判定。

表 10.9　　　　　　　　　**数 据 制 定 表**

姓名：　　　　　　　　　实验日期：

燃气种类			燃气热值		
燃气压力			燃气温度		
室内气压			室内温度		
修正系数	$F=$		流量计系数	$f=$	

	项　　目	第一次值	第二次值	平均值	判定结论及依据
热负荷测定	测试时间/s				
	流量计初读值 V_1/L				
	流量计终读值 V_2/L				
	热负荷/kW				
热效率测定	锅直径/cm				
	水重/kg				
	水初温 t_1/℃				
	水终温 t_2/℃				
	热效率/%				
一氧化碳	烟气中 O_2 含量/%				
	烟气中 CO 含量/%				
	$CO_{u=1}$/%				

（3）测试过程误差判定。

1）热负荷。当读数误差大于 2% 时，应重新进行测定。

2）热效率。当大值与小值的差与平均值之比大于 0.05 时，应再重复实验。

六、思考题

（1）分析影响热负荷、热效率及一氧化碳含量测定因素，试提出改进办法。

（2）你所测试的灶具有什么优、缺点？试提出改进办法。

实验九　锅炉内胆水温检测

一、实验目的

（1）掌握锅炉内胆水温的检测方法。

（2）验证温度测量的线性关系。

二、实验设备

(1) THJ-2 型高级过程控制系统实验装置。

(2) 万用电表 1 只。

三、实验内容与步骤

(1) 按以下接线方式连接好实验线路。

强电：三相电源输出 u、v、w 接到三相调压模块的输入 u、v、w。

调压模块输出 u_0、v_0、w_0 接到三相电加热管输入 u_0、v_0、w_0。

单相 I 的 L、N 端接到智能调节仪电源的 L、N 端。

弱电：温度传感器 TT1 的 1a、1b、1c 端对应接到智能调节仪的 2、3、4 输入端。

调节仪输出 7、5 端对应接到三相调压模块控制输入+、-端。

注意，完成接线后需经专业教师确认正确后方可通电。

(2) 检查锅炉内胆水位是否超过红色警戒线。

(3) 接通总电源和相关的仪表电源，打开 24V 电源（传感器供电）和 FT1 信号开关。

(4) 设定仪表参数 $S_n=21$、$d_{iH}=100$、$d_{iL}=0$。

(5) 接通加热管电源，手动操作仪表的输出，使用加热管给锅炉内胆加热。

(6) 手动操作仪表的输出，设定输出值依次为 0、20、40、60，并分别记录下仪表实际测得的温度值。

(7) 把由实验测量所得的结果填入表 10.10 中。

表 10.10   数 据 记 录 表

仪表输出值测量值 Q	加热管加热程度值			
	0	20	40	60
正向测量				
负向测量				
平均值				

(8) 绘出仪表测量值与输出值之间的对应曲线，验证其线性关系。

第 11 章

空调工程

实验一 空调过程及空气热湿处理测定

一、实验目的

（1）演示空调系统中直流式系统的空气处理过程。

（2）掌握测试仪器的使用及计算训练。

二、实验装置

实验装置如图 11.1 所示。

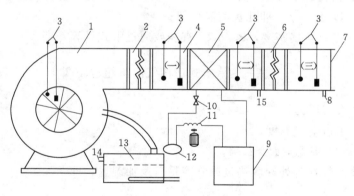

图 11.1 实验装置

1—风机；2——次加热器；3—干湿球温度计；4—风管；5—蒸发器；6—二次加热器；
7—孔板；8—静压测孔；9—压缩机；10—膨胀阀；11—冷凝器；12—储液器；
13—加湿器；14—加水口；15—凝结水出口

三、实验内容

（1）熟悉干湿球温度的测定方法。

（2）掌握微压计测定空气流量的方法。

（3）利用空气 $I\text{-}S$ 图计算制冷量和加热量。

（4）进行空调系统热、湿平衡的计算与分析。

本实验是在空调过程实验台上进行的一种带有表面式冷却器的空调系统，空气热、湿处理的实验可分为冬夏两季进行的空调过程测定，其流程如下。

夏季流程：进口空气 W→冷却（减湿）L→再热（二次加热器）O→送出至室内状态 N。

冬季流程：进口空气 W′→加湿器加湿 L′→预热器（一次加热）加热 O′₁→再热（二次加热）。

O′₂→送出至室内状态 N′。

四、操作步骤

（1）通电启动风机，选择流程，注意不同流程所用的热、湿及冷却设备。

（2）打开某一流程所用设备开关。

（3）待系统进行稳定后进行测定。

（4）测定并记录各测点段的干湿球温度、加热器加热功率及孔板压力。

（5）测定完毕后关闭空调系统。

五、数据处理

（1）空调系统风量为

$$G = 0.028 \sqrt{\Delta p \rho} \tag{11.1}$$

式中　Δp——孔板流量计压力差，mmH_2O，因为本实验孔板后直接进入大气，所以 $\Delta p = p$，即孔板前静压值；

　　　ρ——出口空气密度，kg/m^3，查表或通过下式计算，即

$$\rho = \frac{p_a}{R(273 + t_a)} \text{（本式适用气温不超过 40℃）}$$

式中　p_a——大气压力；

　　　t_a——出口空气温度；

　　　R——空气常数，$R = 29.4$。

（2）计算空气在各处理段热量或制冷量以及加湿量，即

$$Q = G \cdot (\Delta i) \quad kW \tag{11.2}$$

含湿量为

$$d = G \cdot (\Delta d)$$

式中　Δi——空气在各处理段前后的焓差，kJ/kg；

　　　Δd——入口和（一）段的焓湿差。

（3）热平衡误差计算，并分析产生误差原因，即

$$\Delta = \frac{N - Q}{N} \times 100\% \tag{11.3}$$

式中　N——加热功率，kW。

（4）画出 $i - d$ 图分冬夏两种状态。

将所测量数据填入表 11.1 中。

表 11.1　　　　　　　　数 据 记 录 表

次数项目	入口段		（一）		（二）		（三）		一次加热功率	二次加热功率	孔板前静压值
	干	湿	干	湿	干	湿	干	湿			
1											
2											
3											
平均值											

实验二　风管内风压、风速、风量的测定

一、实验目的

（1）学会使用各种实验仪器。

（2）掌握用毕托管和微压计联合测量风管中风压、风速、风量的方法。

二、实验内容

测量风管中风压、风速、风量。

三、实验仪器、设备及材料

实验装置如图 11.2 所示。

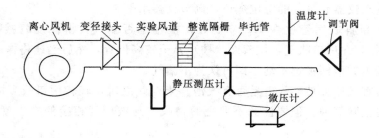

图 11.2　实验装置示意图

（1）毕托管（L 形）。

（2）微压计。

（3）手持式数值压力表。

（4）QDF－3 型热球风速仪。

（5）8386 多参数通风表。

（6）U 形管。

（7）温度计（0~50℃）。

（8）空盒气压表。

（9）2 号、5 号电池。

四、实验原理

1. 概述

空气在风管中流动时，管内空气与管外空气存在压力差，这个压力直接由风管管壁承受，称为静压。由于空气在风管内流动，形成一定的动压 p_d，即为气流的动能，也即

$$p_d = \frac{\rho v^2}{2} \tag{11.4}$$

动压的方向为空气流动的方向。静压与动压之和为全压 p，即

$$p = p_d + p_j$$

毕托管有测量全压、静压的测孔；与微压计配合使用，可测出流体的静压、全压、动压。与管头小孔相通的管接头测出的是全压 p，与侧面数个小孔相通的管接头测出的是静压 p_j，两个管接头同时测出的压力差为动压 p_d。静压和全压有正负之分，动压只能为正。

在测定风压时，毕托管与微压计的连接方法应视测定位置而定。当测点在风机的吸入端时，其全压和静压均为负值，其连接管应与微压计"－"的一端相连。当测点在风机的压出端时，其全压为正值，而静压视情况而定，在一般情况下为正值。对于动压，永远为正。

使用时必须使管头与气流方向平行，全压管的开口端一定要迎向气流，保持毕托管在风管内平稳地推进或拉出。

2. 倾斜式微压计

倾斜式微压计是一般通风工程中最常用来测定压力的仪器，其使用方法如下。

（1）旋动仪器底盘上的定位螺钉，调节仪器水平。

（2）把倾斜玻璃管放在 $K = 0.8$ 处，检查是否漏气：将橡皮管接在多向阀"＋"接头处，并用口吹气，使液面（柱）升至较高位置，然后迅速将橡皮管封住，在一段时间内如液面稳定不动，即可认为不漏气。

（3）检查微压计玻璃管内是否有气泡。当有气泡时，轻轻用口吸多向阀"－"接头，即可消除气泡。但要注意不要把酒精吸入与玻璃管相接的橡皮管内（或吹"＋"接头）。

（4）初估测压范围，把倾斜玻璃管固定于弧形支架的某一适当位置，并记下所在位置的仪器常数 K。

（5）把工作液面调到"0"刻度处。方法：将多向阀柄拨向"校准"，旋动零位调整螺钉，将测量管内的液面调整到零点或某一整数刻度值，并记下初始读数值 l_0。

（6）（计算出测点距管壁的距离，逐个标在毕托管柄上）连接测压管进行测量：把多向阀柄拨向"测压"处，测正压时将毕托管的橡皮管接多向阀的"＋"接头；测负压时将毕托管的橡皮管接多向阀的"－"接头。如测压强差，则将测压管中压强高的（全压管）接多向阀的"＋"接头，将测压管中压强低的（静压管）接多向阀的"－"接头。

（7）记下测压管的读数 l，按式（11.5）计算出实际压强 p，即

$$p = (l - l_0)gK \tag{11.5}$$

式中 p——测点动压，Pa；

    l——倾斜式微压计读数值，mm；

    l_0——倾斜式微压计初始读数值，mm；

    g——重力加速度，9.81m/s²；

    K——仪器常数，有 0.2、0.3、0.4、0.6、0.8。

3. 原理

（1）风速。将风道截面 $A—A$ 分成若干等面积的圆环（图 11.3），本实验台风道内径 $d=0.21$m，风速测点的位置分别为：$r_1=52.5$mm，$r_2=90.9$mm。

测点至管壁的距离：$X_1=14.1$mm，$X_2=52.5$mm，$X_3=157.5$mm，$X_4=195.9$mm。

用毕托管及手持式数字压力表或微压计测定各点的动压值，计算出风速。

$$v=\sqrt{\frac{2p_d}{\rho}} \tag{11.6}$$

式中 p_d——测点动压，Pa；

    ρ——管道内空气密度。

断面 $A—A$ 上的动压平均值 p_{dcm} 为

$$p_{dcm}=\left(\frac{\sqrt{p_{d1}}+\sqrt{p_{d2}}+\cdots+\sqrt{p_{dn}}}{n}\right)^2 \tag{11.7}$$

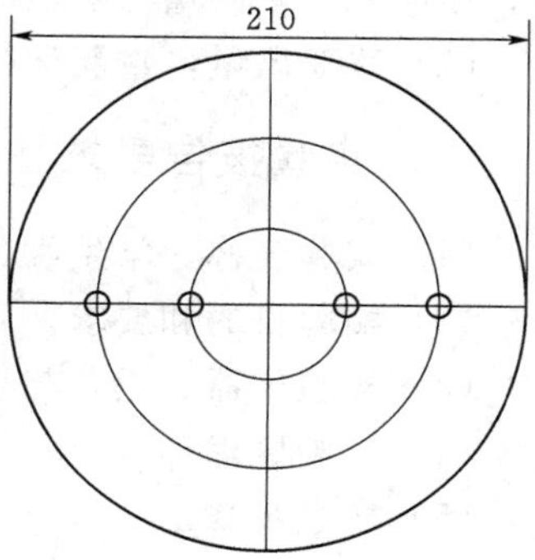

图 11.3 风管断面等面积分环图

式中 n——测点数。

断面平均风速为

$$\bar{v}=\sqrt{\frac{2p_{dcm}}{\rho}}$$

或用 QDF-3 型热球风速仪、386 多参数通风表直接测量风管里的风速，再计算出平均风速 $\bar{v}$，即

$$\bar{v}=\frac{v_1+v_2+\cdots+v_n}{n} \tag{11.8}$$

平均动压 p_{dcm} 为

$$p_{dcm}=\frac{\rho\bar{v}^2}{2} \tag{11.9}$$

（2）风量 Q。

$$Q=\bar{V}A \tag{11.10}$$

（3）风压 p。

$$p=p_j+1.15p_d \tag{11.11}$$

式中 p——风机风压，又称风机全压，Pa；

    p_j——静压，Pa；

    p_d——平均动压，Pa。

考虑到从风机出口至静压测点存在着压力损失，所以用 $0.15p_d$ 加以修正。此值很小，一般也可忽略不计。

五、实验步骤

（1）记录各项实验参数，计算出空气密度。

（2）在毕托管上按测点位置 X_1、X_2、X_3、X_4 标出插入风道的位置。

（3）用橡皮管把毕托管和压力计连接起来。

（4）调节好有关测量仪器。

（5）启动风机，调节阀门至某一风量。

（6）分别测定不同 X 处的动压、静压值，或用 QDF-3 型热球风速仪、386 多参数通风表直接测量风管里的风速，再计算出平均风速 $\bar{v}$。

（7）改变风量，重新进行若干次测定。

六、实验报告要求

（1）实验名称、学生姓名、学号、班号和实验日期。

（2）实验目的和要求。

（3）实验仪器、设备与材料。

（4）实验原理。

（5）实验步骤。

（6）实验原始记录。

（7）实验数据计算结果。

（8）实验结果分析，讨论实验指导书中提出的思考题，写出心得与体会。

七、实验注意事项

（1）在一次风量测试过程中，不可改变调节阀门的开度。

（2）微压计液面上下波动时应取波动的平均值。

（3）在改变阀门开度或将毕托管插入风道时，密切注意微压计的量程，以防止酒精冲出微压计。

八、思考题

（1）用倾斜式微压计测量气流，压力差的精度与哪些因素有关？

（2）毕托管如果没有正对气流，会产生怎样的影响？

实验原始记录及数据计算结果填入表 11.2 中。

表 11.2　　　　　　　　数 据 记 录 表

风机型号：_____；大气压 $B=$_____；风管内温度 $t=$_____；
空气密度 $\rho=$_____；风管管径 $D=$_____；断面面积 $A=$_____。

工况	测量仪器	测量点	动压值			静压值		平均流速 $\bar{v}$/(m/s)	风量 Q/(m³/s)
			动压 p_d/Pa	流速 v/(m/s)	平均动压 p_{dcm}/Pa	静压 p_j/Pa	平均静压 /Pa		
1		1							
		2							
		3							
		4							

续表

工况	测量 仪器	测量点	动压值			静压值		平均流速 $\overline{v}$/(m/s)	风量 Q /(m³/s)
			动压 p_d/Pa	流速 v /(m/s)	平均动压 p_{dcm}/Pa	静压 p_j/Pa	平均静压 /Pa		
2		1							
		2							
		3							
		4							
3		1							
		2							
		3							
		4							
4		1							
		2							
		3							
		4							
5		1							
		2							
		3							
		4							

实验三　循环式空调过程实验装置

一、实验设备

1. 设备说明

本实验台为循环式空调系统，由制冷压缩机、风冷冷凝器、蒸发器、风机、加湿器、一次电加热和循环风管等组成，整体固定在机架上，装有脚轮，移动方便，可达到加热、冷却、加湿和干燥等空气处理过程的操作和测量，其装置如图 11.4 所示。

2. 设备安装

(1) 接总电源 380V、7kW，三相五线供电，设备外壳必须接地。

(2) 超声波加湿器运行前注意观察水位并加满水，并随时观察水位计的水位高低及水沸腾的情况。

(3) 本实验台制冷系统中出厂时已充好制冷剂 R22，充灌量约 2kg，接水接电后即可使用。

(4) 数字显示温度器自动手动巡回检测显示 A、B、C、D、E 实验端的干湿温度。

3. 使用方法

(1) 检查运转部位有无障碍。

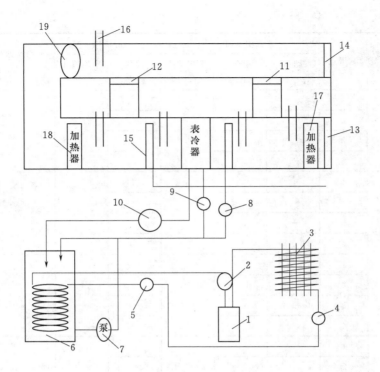

图 11.4　实验设备结构

1—压缩机；2—换向阀；3—冷凝器；4—储液阀；5—节流阀；6—蒸发器；7—水泵；
8—喷淋加湿阀；9—表冷器流量调节阀；10—流量计；11——次回风口；
12—两次回风口；13—新风进口；14—出风口；15—超声波加湿器；
16—温度测点；17—加热器1；18—加热器2；19—风机

（2）接通三相电源，因本装置是三相四线制，机身必须牢靠接地。

（3）拉出电位器手柄，改变电位器的旋转角度，风机的速度随之改变，旋转角度越大风机转速越高。

（4）打开制冷系统全部阀（除加液阀之外），使制冷系统的管路保持畅通状态。

（5）合上压缩机开关，指示灯亮，接启动按钮，压缩机启动，冷凝器风扇运转，排气压力表读数上升，吸气压力同时下降，开始制冷。

（6）观察制冷系统的各测温点的温度变化情况，逐个进行观察。

（7）观察冷媒水箱温度运行一段时间后，水温降至 5～10℃。

（8）开启水泵，让冷媒水经水泵→换热器→流量计→水箱。

（9）管道内空气在风机的作用下形成风流，风流在各个流场的温度也有所不同。

（10）观察换热器前后的温度变化情况，换热器前的温度高于换热器后的温度。

（11）温度的温差就是换热器所吸收的温度。

（12）换热器吸收热量的能力大小取决于流量计的流量，所以根据实验要求随时可以调节。

（13）加热器的开启视温度范围调节旋钮改变的电流功率。

（14）调节风机转速改变风量大小，新风、回风、出风、风门均为电机控制，可进行风量调节。

（15）本系统停机，先停压缩机和加热器 15min，待管道热量散尽后停风机、停水泵，最后切断总电源。

4. 关于系统的风量测定

回风门、新风门、出风门各点均没有风速测量孔，可用风速仪等（客户自备）进行测量调节。

5. 注意事项

（1）长期不用时将压缩机的吸、排气阀及储液罐出液口关闭，以防止意外泄漏。

（2）实验完毕，应让水泵和风机单独运转一段时间，以免蒸发器水箱长期过冷而损伤，最后切断总电源。

（3）本装置 A、B、C、D、E 等温度传感器的水杯必须加满水。

6. 关于系统的风量测定

风管的截面积是 $33cm \times 21cm$，风速的测定通过 $p_d = \dfrac{1}{2} p v^2$ 式。

7. 设备的维修保养

（1）注意压缩机制冷系统各零部件因抖动而引发的松动现象，观察各部件接头边缘是否有冒油现象，若有应及时处理。

（2）时间长，发现制冷能力下降时，可适当补充制冷剂 R22。补充多少视具体情况而定。

（3）加氟法。

1）打高压阀，用高压氮气充气，使制冷管道内压力至 1.5MPa 左右，观察有无漏气，最好 24h 压力表的读数无跌落现象，说明管道无漏气。

2）在无漏气情况下，让管道高压气体从低压充气口放出，随后抽真空，待制冷系统所有管路内的气体全部抽尽之后，才具备充氟条件，此时管道系统呈负压状态。

3）开始充氟时，接上加液管至压缩机进气口，旋紧氟利昂钢瓶一头的接头，另通至压缩机通气口的那一头松开，打开氟利昂的阀，让氟利昂的气体冲出赶走加液管内的空气，一瞬间之后，马上旋紧压缩机气阀的接头，这时正式开始充氟，全开钢瓶的阀，让氟利昂气体被正处于负压状态的制冷系统吸进去，也可以直接运行压缩机，边运行边观察。

4）当高压压力读数升至 1～1.2MPa，低压处于 0.3～0.4MPa，同时排气温度50℃左右视环境而定；另外，节流效果、蒸发效果也达到要求，此时说明加氟已达到预期效果，停止加氟工作。

5）本装置加氟量约 2kg，工质是 R22。

二、实验目的

（1）演示循环式系统的空气处理过程。
（2）进行热工测量及计算的训练。

三、操作步骤

（1）熟悉实验装置及使用仪表的工作原理和性能。

（2）按使用说明书开启空调系统。

（3）工况调节。

1）制冷状况。

a. 改变压缩机制冷量（可调节膨胀阀的开度，即改变蒸发器压力来实现），将所测数据填入表 11.3 中。

b. 改变换热器进水量（可调节流量计，即改变换热器吸收热量的能力来实现）。

表 11.3　　　　　数 据 记 录 表

水流量 300L/h；高压 1.15MPa；低压 0.4MPa。

A		B		C		D		E	
干	湿	干	湿	干	湿	干	湿	干	湿
冷凝	蒸发	吸口	出水	进水	水箱	—			

2）制热工况。合上加热器 1100W 约 15min，在通风情况下测得进风、出风数据见表 11.4 和表 11.5。

a. 进风口、出风口全闭下的测量。

表 11.4　　　　　数 据 记 录 表

A		B		C		D		E	
干	湿	干	湿	干	湿	干	湿	干	湿

b. 进风口、出风口全开下的测量。

表 11.5　　　　　数 据 记 录 表

A		B		C		D		E	
干	湿	干	湿	干	湿	干	湿	干	湿

四、数据处理

（1）计算空气各处理过程热量。

$$Q = G(\Delta) \tag{11.12}$$

式中　Δ——空气处理前后焓值，kJ/kg；

G——单位小时吸热和放热物体的质量，kg/h。

（2）为进行热平衡计算，可增加电热器电流、电压，其加热功率为

$$N = IV \times 10^{-3} \tag{11.13}$$

式中　I——加热器电流值，A；

V——加热器电压值，V。

（3）热平衡误差计算，并分析产生误差的范围。

$$\Delta = \frac{N - Q}{N} \times 100\%$$

（4）在 $i-d$ 图上表示各空气处理过程。

实验四　综合中央空调实验装置综合分析实验

一、实验目的

（1）掌握中央空调系统的组成与工作原理。

（2）掌握中央空调系统的运行操作步骤。

（3）学会测量空调系统不同部位的温、湿度与空气处理设备的冷量、风量等参数，并对测量结果进行分析。

二、实验内容

（1）根据设备上采集点进行采集数据。在送、回风及新风管道中均装有感温探头，设备操作控制屏均显示设备运行参数等。

（2）通过制冷主机压力表 p_K、p_0 可测出冷凝压力、蒸发压力，操作控制屏读出冷冻水进出水温度。

（3）风量测定利用热球风速仪在风口处和风管中测定平均风速，可计算出风量、制冷量。

三、实验装置

（1）实验装置如图 11.5 所示，两段空气处理调节箱，配备有空气热湿处理设备及制冷系统，可做集中式空调系统中的直流式系统、封闭式系统、一次回风式系统、制冷系统及运行调节等实验研究。主机为双模块风冷冷水机组，如图 11.6 所示。该系统制冷工质为 F22，最大制冷量 60kW，制热量 65kW，空调箱制冷量 36kW，处理风量 6000m³/h。

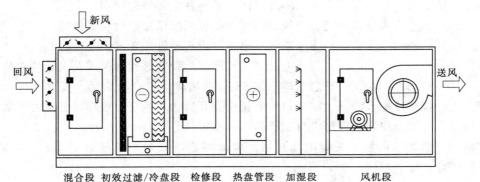

图 11.5　组合空气处理机组

（2）该装置可实现下列空气处理过程。

1）减焓减湿。使空气通过表冷器，调节冷冻水水量调节阀开度，控制冷冻水流量，水温控制在 7℃。

2）等焓增湿。采用湿膜加湿器，利用水的自然蒸发对空气进行加湿，吸收空气中的热量，从而使空气中的湿度增加。

3）等湿增温。通过电加热器实现，可对新风预加热。电加热器均分为 3 档，每组 4kW，可以灵活调节。

4）等温降湿。用表冷器将空气处理至露点温度以上。

以上处理还可任意组合，以保证将空气处理到一定的温、湿度状态下。

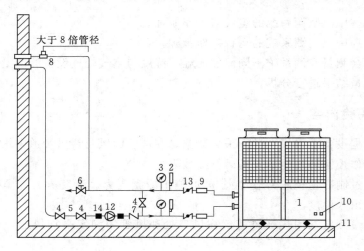

图 11.6 风冷冷（热）水模块机组水管系统配置

1—冷水机组（主视图）；2—温度计；3—压力表；4—截止阀；5—Y 形过滤器；6—排水阀；
7—止回阀；8—水流开关；9—避震软管；10—电源接线孔；11—基础；
12—循环水泵；13—蝶阀；14—橡胶接头

四、操作步骤

（1）实验开始之前，熟悉实验装置各个部分，测试仪表装置及要调节的部件，做好其他准备工作。仔细研读实验装置图，了解各个部件的作用。

（2）熟悉中央空调系统、送风、回风、新风系统以及空调箱原理等。

（3）熟悉制冷主机及冷冻水系统、末端（风机盘管）系统。

（4）合上总电源电闸，接通电源，在控制屏上设定好运行模式及设定各参数。

（5）启动冷冻水泵、开启末端系统 5min 后制冷主机自行启动。观察冷冻水系统水压，调节冷冻水流量。如开启空调箱应先开启送风系统，根据需要再对风量进行调节。待系统稳定后即可进行实验测试调整记录。

（6）测试结束后先关闭电加热器、电加湿器，最大送风量运行 10min 左右，关断电源，拉下总闸。

五、数据记录及有关计算说明

空气流量、制冷量校核计算式为

$$Q_0 = G(I_{w_1} - I_{w_2}) \tag{11.14}$$

式中　Q_0——制冷量；

I_{w_1}——蒸发器进风湿球温度焓，kJ/kg；

I_{w_2}——蒸发器出风湿球温度焓，kJ/kg；

G——风量，kg/h。

$$G = rL$$

式中　r——空气容重；

L——风量，m³/h。

六、实验内容与要求

（1）用实验装置分别对空气进行加热过程、加湿过程及冷却过程的实验。对实验参数进行测试，记录于数据记录表中（表 11.6、表 11.7）。

（2）计算空气在各处理过程中的得失热量、湿量，并根据热湿平衡原理计算误差，分析产生误差的主要原因，自己设计计算表。

（3）画实验装置草图，在 $h-d$ 草图上表示各个空气处理过程。

表 11.6　　　　　　　　　数 据 记 录 表 (1)

序号	风速 $\bar{v}=$____ m/s	v_1 m/s	v_2 m/s	v_3 m/s	风口面积 $a\times b/m^2$	风量 $G=$____ kg/h	风量 $L=$____ m³/h	备注
1								
2								
3								

表 11.7　　　　　　　　　数 据 记 录 表 (2)

序号	蒸 发 器 进风管（口） $T_{01}/℃$	$Tw_1/℃$	出风管（口） $T_{02}/℃$	$Tw_2/℃$	空气焓值 I_{w_1} kJ/kg	I_{w_2} kJ/kg	制冷量 Q_0 kW	备注
1								
2								
3								

实验五　室内空气品质的测定

一、实验目的

（1）了解室内空气主要污染物的组成及相应的检测方法。

（2）了解室内 TEST0315-2 型一氧化碳测试仪和 TEST0535 型二氧化碳测试仪的测试原理，并掌握用其分别测试 CO 和 CO_2 的方法。

（3）了解六合一室内空气质量分光光度检测仪的原理，并掌握用其对室内污染气体（甲醛、苯、氨、甲苯、二甲苯、TVOC）进行现场检测的方法。

（4）学会根据测试结果对室内空气品质进行分析与评价。

二、实验内容

本实验为设计性实验，学生可根据本实验的目的要求自行设计实验方案与内容并加以实现。为了了解室内空气主要污染物的组成及相应的检测方法，可上网或去图书馆查阅关于室内空气品质方面的各种法规和规范等，特别是要熟悉《民用建筑工程室内环境污染物浓度限量》（GB 50325—2001）和《室内空气质量标准》（GB/T 18883—2002）。对室内空气品质的测定，学生可分组对不同用途房间的室内空气进行测定与评价。根据实际情况，通常可选择校内的图书馆、教室、实习工厂或专业实验室（含人工环境小室）、食堂的厨房等场所进行实验，测试不同房间内 CO、CO_2 和甲醛、苯、氨、甲苯、二甲苯、TVOC 的含量，最后根据测试结果对所测房间的空气品质进行评价。

三、实验仪器、设备及材料

（1）TEST0315 - 2 型一氧化碳测试仪。
（2）TEST0535 型二氧化碳测试仪。
（3）六合一室内空气质量分光光度检测仪（含相应的试剂）。
（4）室内空气采样器。

四、实验原理

1. CO 和 CO_2 的测试原理

本次实验利用 TEST0315 - 2 型 CO 测试仪和 TEST0535 型 CO_2 测试仪分别对 CO 和 CO_2 的浓度进行测试，其测试原理都是红外吸收原理。根据红外理论，许多化合物分子在红外波段都具有一定的吸收带。分子运动功能包括分子的振动动能和转动动能，两者分别对应于分子的振动频率和转动频率，当分子本身固有的振动频率和转动频率同红外辐射中某一波段的频率相同时，分子便吸收这一波段的红外辐射能量，使红外辐射能量转化为分子振动和转动动能。CO 分子（或 CO_2 分子）在红外某一波段有吸收，含有不同浓度 CO 气体（或 CO_2 气体）的混合气体在该波段的吸收各不相同，根据这一原理制成的 TEST0315 - 2 型 CO 测试仪和 TEST0535 型 CO_2 测试仪可以较为方便地实现对 CO 浓度（或 CO_2 浓度）的现场实时检测。

2. 甲醛、苯、氨、甲苯、二甲苯、TVOC 的测试原理

本次实验可利用六合一室内空气质量分光光度检测仪对室内污染气体甲醛、苯、氨、甲苯、二甲苯、TVOC 进行检测。其测试原理是基于被测样品中甲醛（或苯、氨、甲苯、二甲苯、TVOC）与显色剂反应生成蓝色（或其他颜色）化合物对可见光有选择性吸收而建立的比色分析法。分光光度模块由硅光源、比色槽、集成光电传感器和微处理器构成，可直接在液晶屏上显示出被测样品中有害气体的含量。

五、实验步骤

1. CO_2 的测试步骤

（1）根据房间的大小选择测点，将测点进行编号。

（2）按 TEST0535 测试仪的 I/O 键，仪器开机。

（3）仪器等待 30s，开机自检。

（4）将 CO_2 气体检测探头放置于需要检测的测点，仪器探头向上，至少等待 1min 适应环境。若想缩短时间，可将探头轻微地前后摆动，确保测量的精确度和灵敏度，消除数据的滞止性。

（5）可直接读出各测点 CO_2 浓度的读数，并记录下来。

说明：CO 的测试步骤与 CO_2 的测试步骤相同，只是在仪器的操作上稍有区别，详见 TEST0315－2 型 CO 测试仪使用说明书。

2. 甲醛的测试步骤

方法一：六合一室内空气质量分光光度检测仪与大气采样器配合使用，用比色法检测空气中甲醛的含量。

（1）熟悉六合一室内空气质量分光光度检测仪的操作面板（图 11.7）、大气采样器以及六合一室内空气质量分光光度检测仪与大气采样器的配合使用方法（连接方法如图 11.8 所示；具体操作方法参照大气采样器自带《大气采样器使用说明书》）。

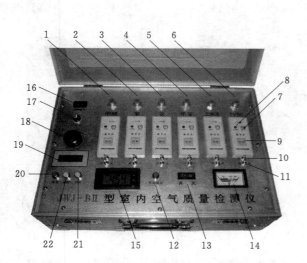

图 11.7　六合一室内空气质量分光光度检测仪
1—气体通道口（甲醛）；2—气体通道口（苯）；3—气体通道口（氨）；4—气体通道口（甲苯）；5—气体通道口（二甲苯）；6—气体通道口（TVOC）；7—复位键，每检测一次按一次，检测重新开始；8—工作指示灯，红灯亮，表示电源接通，绿灯亮，表示此项正在工作；9—时间控制器，范围为 0～99min，按＋、－键调节时间的个位、十位值；10—流量大小调节开关；11—单项空气检测开关；12—电源指示灯；13—总电源开关；14—电压表；15—时间/温度显示；16—220V 输入；17—保险丝；18—比色槽；19—分光光度显示屏；20—分光光度开关；21—浓度；22—调零

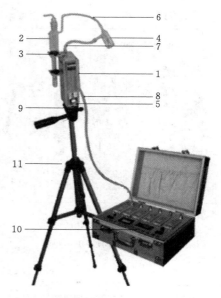

图 11.8　六合一室内空气质量分光光度检测仪与大气采样器的连接
1—大气采样器；2—气泡吸收管；3—吸收管挂架；4—安全瓶；5—流量计调节旋钮；6—空气流通管 1；7—空气流通管 2；8—空气流通管 3；9—云台；10—空气质量检测仪（BⅡ）；11—三脚架

（2）用砂片稍用力将检测管两端各划一圈割印。

（3）用硅胶管套套住检测管一端，沿切割印掰断，用同样的方法掰断另一端。

（4）用硅胶管套套住检测管上的箭头所指一端（防止漏气），插入所要检测标注的气体通道口上（稍用力插紧）。注意方向性，箭头方向代表气体流过方向。

（5）将所需检测的若干项的检测管，按以上方法均插好之后接通电源，打开总电源开关，总电源指示灯亮，查看电压表是否正常。

（6）调节所需检测气体对应的时间控制器，使其符合技术指标。打开所要检测项的开关，对应指示灯亮，所对应的检测项即开始检测。

（7）检测结束，切断电源，一手轻按气体通道口上的蓝色套圈，另一手拔出检测管。

（8）手持检测管箭头朝下，并垂直于地面放在与目光基本水平的位置，观察管上颜色变化所指刻度，记为被检测气体的浓度。

方法二：空气中甲醛的快速测定法。

测试前先准备好甲醛检测所需试剂：甲醛检测试剂一（液体）、甲醛检测试剂二（固体）、甲醛检测试剂三（液体）。然后按表 11.8 的步骤与图示进行测试。

表 11.8　　　　　　　　空气中甲醛的快速测定法图示

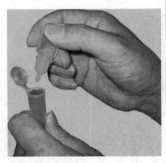		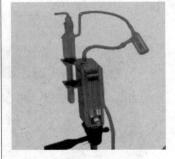
1. 测试前关闭门窗 12h 开始检测。把试剂一倒入试剂二中，并充分摇匀	2. 把混合后的试剂全部倒入气泡吸收管	3. 按上图连接气泡吸收管—安全瓶—采样器。打开仪器电源开始工作。在温度为 20℃ 左右，流量应为 0.5L/min，如不是，调节旋钮调流量至 0.5L/min
	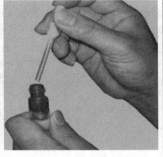	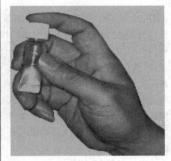
4. 采样结束后把气泡吸收管内经采样收集甲醛气体的试剂倒入比色瓶内	5. 将试剂三全部挤入比色瓶中	6. 旋紧比色瓶盖，充分摇动 30s 左右，使试剂完全混合溶解

续表

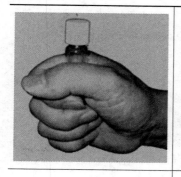 

7. 用体温加热 5～7min	8. 把比色瓶上端套上避光盖，按"开关"键、再按"调零"键，将比色瓶插入分光光度计的分光槽中，按"浓度"键，即可读出被测房间（或家具）中的甲醛浓度值。

说明：（1）其他几种有害气体，如苯、氨、甲苯、二甲苯、TVOC 的测试步骤与甲醛的测试步骤相同。学生可自己测试。

（2）甲醛显色温度与显色时间和稳定时间的关系见表 11.9。

（3）检测管变色表见表 11.10。

表 11.9 甲醛显色温度与显色时间和稳定时间的关系

甲醛浓度（0.00～0.30mg/L）							
显色温度/℃	5	10	15	20	25	30	35	40
显色时间/min	45	30	15	15	15	5	5	5
稳定时间/min	70	70	70	40	35	20	10	5

表 11.10 检 测 管 变 色 表

检测管类型	国家标准	检测前颜色	检测后颜色
甲醛	$0.10mg/m^3$	白色	蓝色
苯	$0.11mg/m^3$	白色	茶色
甲苯	$0.20\ mg/m^3$	白色	茶色
二甲苯	$0.20\ mg/m^3$	白色	茶色
氨	$0.20\ mg/m^3$	黄色	蓝色
TVOC	$0.60\ mg/m^3$	黄色	蓝色

六、实验报告要求

实验报告应认真填写，内容应包括以下几项。

（1）实验目的、实验原理、实验方法及过程。

（2）实验数据整理及分析，分析和评价室内空气品质。

（3）给出实验结论、实验存在的问题及实验改进的合理化建议。

七、实验注意事项

（1）CO 和 CO_2 测试时应注意以下几点。

1）测点的数量根据监测室内面积大小和现场情况确定，以期能正确反映室内空气污染物的水平。

2）仪器应防尘、防潮、防震、防过冷过热、防电磁场、防刺激性气体。

3）探头禁止水浸。

（2）检测空气中甲醛的含量时应注意以下几点。

1）切割检测管时尽量使切口直径大一些，但要注意不要让试剂漏出。

2）时间控制器上的"复位"键的作用是使用时间重新返回设定值。

3）比色瓶插入比色槽之前必须用比色瓶清洗布或软纸擦洗比色瓶。

4）测试仪器需要保存在通风良好、空气干燥的室温条件下，注意防水、防晒、防潮、防腐蚀性气体的侵扰。

5）接通电源时要注意安全。

6）检测管用完后要谨慎处理，防止扎伤，管里的粉末请勿使用。

7）为保证检测的准确性，本检测仪必须使用专用的检测管或检测试剂。

八、思考题

（1）室内空气中常见的污染物有哪些？

（2）CO、CO_2 以及甲醛、苯、氨、甲苯、二甲苯、TVOC 的检测方法有哪些？其原理分别是什么？

（3）不同建筑室内 CO、CO_2 以及甲醛、苯、氨、甲苯、二甲苯、TVOC 的浓度上限分别是多少？如何提高室内的空气品质？

实验六 热管换热器性能实验

一、实验目的

（1）熟悉热管换热器实验台的工作原理。

（2）熟练掌握热管换热器实验台的使用方法。

（3）掌握热管换热器换热量 Q 和传热系数 K 的测试和计算方法。

二、实验内容

利用风道中的热电偶对冷热段的进出口温度进行测量，并利用热球风速仪对冷热段的出口风速进行测量，从而可以计算出热管换热器的换热量 Q 和传热系数 K。

三、实验仪器、设备及材料

热管换热器的结构如图 11.9 所示。电加热器：Ⅰ为 1000W、Ⅱ为 100W）。

实验台参数如下。

（1）冷段出口面积 $F_L = 0.785 \times 0.08^2 = 0.005 (m^2)$。

（2）热段出口面积 $F_r = 0.785 \times 0.08^2 = 0.005 (m^2)$。

（3）冷段传热面积 $f_L = 0.09 m^2$。

（4）热段传热面积 $f_r = 0.132 m^2$。

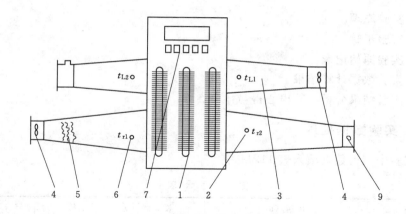

图 11.9　热管换热器实验台结构

1—翅片热管；2—热段风道；3—冷段风道；4—风机；5—电加热器；6—热电偶；
7—测温切换琴键开关；8—热球风速仪（图中未画出）；9—风速测孔

四、工作原理

热段中的电加热器使空气加热，热风经热段风道时通过翅片热管进行换热和传递，从而使冷段风道的空气温度升高（图 11.10）。利用风道中的热电偶对冷热段的进出口温度进行测量，并利用热球风速仪对冷热段的出口风速进行测量，从而可以计算出热管换热器的换热量 Q 和传热系数 K。

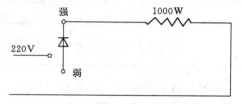

图 11.10　加热原理图

五、实验步骤

（1）连接电位差计和冷段热电偶（如无冰，可不接冷段热电偶，而将冷段热电偶的接线柱短路，这样测出的温度应该加上室温）。

（2）接通电源。

（3）将工况开关置于"工况 Ⅰ"位置（低热），此时电加热器和风机开始工作。

（4）用热球风速仪在冷、热段出口的测孔中测量风速（为了使测量工作在风道温度不超过 40℃ 的情况下进行，必须在开机后立即测量）。

（5）待工况稳定后（约 20min 后），按下琴键开关，切换测温点，触点测量冷、热段进出口温度 t_{L1}、t_{L2}、t_{r1}、t_{r2}（参看实验台结构图）。

（6）将"工况开关"置于"工况 Ⅱ"（强热挡）位置，重复上述步骤，测量工况 Ⅱ 的冷热段进出口温度。

（7）实验结束，切断所有电源。

六、实验报告要求

（1）实验名称、学生姓名、学号、班号和实验日期。

（2）实验目的和要求。

（3）实验仪器、设备与材料。

（4）实验原理。

（5）实验步骤。

（6）实验原始记录。

（7）实验数据计算结果。

（8）实验结果分析，写出心得与体会。

七、实验数据处理

将实验中测得数据填入表 11.11 中。

表 11.11　　　　　　　　　　数 据 记 录 表

工况	序号	风速/(m/s)		冷、热段进出口热电势				备注
		冷段 v_L	热段 v_r	t_{L1}	t_{L2}	t_{r1}	t_{r2}	
I	1							
	2							
	3							
	平均							
II	1							
	2							
	3							
	平均							

［附］将实验所用仪器名称、规格、编号及实验日期、室温等填入表 11.11 的备注中计算换热量、传热系数及热平衡误差。

1. 工况 1（弱热）

冷段换热量为

$$Q_L = 0.24(3600\overline{v}_L F_L \rho_L)(t_{L2} - t_{L1})$$

热段换热量为

$$Q_t = 0.24(3600\overline{v}_r F_r \rho_r)(t_{r1} - t_{r2}) \qquad (11.15)$$

热平衡误差为

$$\delta = (Q_r - Q_L)/Q_r$$

传热系数为

$$K = Q_L / f_L \Delta t$$

式中　　　$\overline{v}_L$，$\overline{v}_r$——冷、热段出口平均风速，m/s；

　　　　　F_L，F_r——冷、热段出口面积，m²；

　　　　　ρ_L，ρ_r——冷、热段出口空气密度，kg/m³；

t_{L1}，t_{r1}，t_{L2}，t_{r2}——冷、热段出口空气温度；

　　　　　f_L——冷段传热面积。

$$\Delta t = \frac{t_{r1} + t_{L2}}{2} - \frac{t_{r2} + t_{L1}}{2}$$

2. 工况 2（强热）

计算方法如上。

将上面数据整理所得的两种工况的实验结果填入表 11.12 中，并进行比较分析。

表 11.12　　　　　　　　　　　**数 据 记 录 表**

工况	冷段换热量 $Q_L/(kcal/h)$	热段换热量 $Q_t/(kcal/h)$	热平衡误差 $\delta/\%$	传热系数 $K/[kcal/(m^2 \cdot h \cdot ℃)]$
I				
II				

实验七　空气气象参数的测定实验

一、实验目的

通常把影响人的冷热感觉和舒适感的 4 个因素（室内空气温度、空气相对湿度、空气流动速度、人体周围围护结构内表面）及其他物体的表面温度和空气清洁度等称为气象条件，而空气的气象条件是可以用各种仪表加以测量的。本实验的目的就是要学会掌握这些仪表的基本特性和空气参数的测定方法，以便对某一气象条件作出正确的评价。

二、实验内容、方法与仪器

用于测温的仪表种类很多，通常分为接触式和非接触式两大类，前者感温元件（传感器）与被测介质直接接触；而后者感温元件不与被测介质接触，空调制冷中主要使用接触式测温仪表。

接触式测温仪表有膨胀式温度计、压力表式温度计、热电阻温度计及以晶体管作为敏感元件的测温仪表等。本实验主要采用液体膨胀式温度计中的玻璃式水银温度计和玻璃管式酒精温度计，固体膨胀温度计中的双金属温度计进行测量，热电阻温度计和热电偶温度计都要通过二次测量仪表才能反映出被测温度，由热工仪表和空调自动化课程进行实验。

液体膨胀式温度计由装有工作液体的玻璃温包、毛细管、膨胀器和刻度标尺四部分组成。按其结构不同，可分为棒式和内标式两种，它们是利用工作液体体积随温度变化作近似线性变化的性质进行测温的，其测量范围，对水银温度计为 $-30 \sim 700℃$，对酒精温度计为 $-100 \sim 75℃$。每一温度计所测范围，只是其中一部分，空调常用 $0 \sim 50℃$ 温度计，普通温度计分度值有 $1℃$、$0.5℃$、$0.2℃$、$0.1℃$ 等 4 种。此外，还有 $0.05℃$、$0.02℃$、$0.01℃$ 的温度计，用于校正普通温度计和做高精度测量。

室内空气温度的测量通常应在离外墙 0.5m 以上，离地面 1.5m 处进行，并将温度记录下来。

（一）使用玻璃液体温度计时应注意的问题

（1）应按测量范围和精度选用相应分度值的温度计，并事先进行刻度校验。

（2）测量温度时人体要稍许离开温度计，不要对着它急促吹气。

（3）温度计放在测温地点，需待液柱稳定后（一般需 3～5min）方能进行读数，读数时应尽量快，先读小数，后读整数，以防人体近时温度上升产生读数误差。

（4）读数时，人眼、刻度线、液面应处于同一水平面上，若眼偏高，则读数将偏低；反之，则偏高。

（5）温度计不应放在受强烈辐射的地点时进行测度。若出于必要如测定加热器前后空气温度变化时，则需在温度计外罩上锡箔罩。

（6）当发现水银柱中间断开时，应用加热（温水）或冷却（冰水）或冲击法消除断柱，并进行校准后再作用。此外，冲击法是指手握拳，用大拇指夹住温度计的温包上部，用手掌下部在桌面上进行有节奏地冲击，使断柱消除（注意温包部分不可受力）。

（二）空气温度的测定

测量空气相对温度的方法有多种，方法不同则测量仪表也不同。常见的测量仪表有普通干湿球温度计、手摇干湿球温度计、通风干湿球温度计、毛发湿度计和氯化锂露点温度计。本实验采用手摇式干湿球温度计、毛发湿度计进行测定。

1. 普通干湿球温度计

普通干湿球温度计由两支完全相同的玻璃液体温度计组成。一支温包上什么也不包，另一支温包上有潮湿的纱布，纱布下端浸在盛蒸馏水的小瓶里，叫湿球温度计。

空气的相对湿度是干球温度、湿球温度、空气流速和大气压力的函数，用公式表示为

$$\phi = \frac{p'_{qb} - A(t - t_b)B}{p_{qb}} \times 100\% \qquad (11.16)$$

其中
$$A = 0.00001 \times (65 + 6.75/v)$$

式中　p'_{qb}——在湿球温度下空气的饱和水蒸气分压力；

　　　p_{qb}——在干球温度下空气的饱和水蒸气分压力。

根据普通干湿球温度计测得的干球温度和湿球温度读数，利用面板上的数字表或专用的相对湿度计算表（该表是针对一定的空气流速，如 $v > 0.5m/s$ 编制的）查出相对湿度值。这种仪器结构简单，价格便宜，使用方便，但测量精度很差。

2. 手摇式干、湿球温度计

它由两支完全相同的水银温度计组成，固定在薄铅板上，其上部分有一个手摇柄，可将两支温度计同时旋转。其中一支伸出较长者为湿球温度计，在温包上包以脱脂纱布，这种仪器是用旋转的方法在湿球周围形成一定的气流速度。

使用前先用温水器内的蒸馏水将湿球温包外面的纱布温润浸透，然后握住手柄，经约 50r/min 的速度将仪器水平旋转，旋转 2min 后将干湿球温度计垂直地放到与眼睛大致等高的位置上迅速读数，第一次读数后继续旋转约 1min，然后重新读数，若两次读数相同，即将数据记下；否则应重新摇转和读数，直到湿球温度保持稳定为止。读数时先读小数后整数。根据随仪器带来的附表修正温度读数后，即可查得相对湿度。

3. 毛发湿度计

它是利用脱脂毛发在相对湿度变大时伸长、变小时缩短的特点来反映空气中干

湿的程度。

本实验所用的 DJH－1 型毛发自记湿度计，测量范围为 30％～100％分度值 1％，工作条件－35～145℃，是由毛发束、调节灯、手接锤、记录笔、自记钟等组成，其外形与 DWJ－1 自记温度计相似，毛发束固定在金属上，当其伸长时，由于平衡锤作用使毛发束始终处于紧张状态，从而带动记录笔在记录筒上画出一天或一周的相对湿度变化曲线。

毛发湿度计性能不稳定，使用时需经常校正，同时惰性很大，故不宜用于测定相对湿度变化较大的场合，毛发易断，切勿用手触摸，使用时避免震动，长期不用时应经常用蒸馏水湿润，以保持其特性，其他注意事项同 DWJ－1 型自记温度计。

（三）空气速度的测定

常见的测量空气流速的仪表有叶轮风速仪、转杯式风向风速仪、卡他温度计和热球（线）式电风速仪等，前两种仪表主要用来测定风速在 0.5m/s 以上的气流，后两种主要用来测微小风速。

叶轮风速仪是由翼轮（用若干轻的铝翼旋转片制成）和计数机构组成。当把风速仪放在气流中时（翼轮旋转面与气流垂直），气体压力作用于翼片上使翼轮转动，通过齿轮、蜗杆等机械传动机构带动计数机构的指针随着转动，记录出气流速度。其计数机构有一种是本身带计时装置的，这种风速仪的工作原理与叶轮风速仪基本相似，只是将风速感应元件的翼轮换成了 3 个半球形的转杯（风杯），因结构牢固，能承受较大的气流压力，所以能够测量较大的风速，一般为 1～20m/s。

在空气调节房间内，空气的流动速度较小，其方向又不易确定，因此不宜用叶轮或转杯风速仪来测定，通常用卡他温度计或热球式电风速仪来测量。

热球式电风速仪是一种电子型的测量风速仪表，其优点是使用方便、反应快，对微小风速灵敏度高，最小可测 0.05m/s 的风速，这种仪表是由热球式测头和测量仪表两部分组成。测头内有一直径约 0.8mm 的玻璃球，球内绕有加热玻璃球用的电热线圈和两个电偶的热端，冷端连接在磷铜质的支柱上，直接暴露在空气中。

当电热线圈流过一定大小的电流时，其温度升高，加热了玻璃球（由于玻璃球体积很小，球体的温度可认为是电热线圈的温度）。玻璃球温度升高的程度与气流速度有关，气流速度大时球体散热就快，温度升高值就小，产生的热电势也小；反之，气流速度小则产生的热电势大。故经过校正后，就可找出玻璃球温度升高随气流速度大小而变化的规律，通过 IC2 温热电阻仪表盘上直接标出气流速度值。

QDF 型热球式电风速仪有 3 种规格，其中 2A 型的测量范围是 0.05～10m/s，2B 型的测量范围是 0.05～5m/s，3 型的测量范围是 0.05～30m/s。每台仪器经过校正后都由制造厂家提供一张风速曲线图，根据仪器指标的风速即查出实际风速，从校正曲线能看出，热球式电风速仪的灵敏度在低风速范围内较高，随着风速的增大而降低。因此，这种仪器适用于低风速（小于 2m/s）的测量。

使用方法（QDF－2B、2A 型）如下。

（1）使用前观察电表的指针是否指于零点，如有偏移可轻轻调整电表上的机械调零螺钉，使指针回到零点。

（2）"校正开关"置于"零位"的位置上，将与测杆相连的插头按标记插入面板的插座内，必须插紧，测杆垂直向上放置，螺塞压紧，使探头密封。这样可保证测头在零风速下进行仪表的校准工作。

（3）"校正开关"从"断"位置旋转到"满度"位置，慢慢调整"满度"旋钮，使指示表针指在满刻度的位置，即刻度盘上的刻度线上。

（4）将"校正开关"置于"零位"的位置上，相继调节标有"粗调""细调"字样的两个旋钮，使表针处于零点位置。

（5）经过以上步骤后，轻轻拉动螺塞，使测杆探头露出即可以进行测定。测定时测头上的电热丝和热电偶平面应对准风向，即用测头上的小红点对准方向，表针就可指出风速大小，根据仪表指示风速查厂方供给的风速校正曲线就可得到实际风速。

（6）每次测量 5～10min 后，要将测杆螺塞压紧，探头密封，重复第（3）、（4）步骤一次，以保证测量的精确性。

（7）测量完毕，将螺塞压紧，将"校正开关"旋转到"断"的位置拔下插头，整理装箱。

使用注意事项如下。

（1）测定风速时，无论测杆如何放置，探头上的小红点一边必须面对风向，在进行"满度""零位"调整时［即使用方法中的第（3）、（4）步骤］测杆必须垂直向上放置。

（2）仪器内装有一组三节串联电池和一节电池。在调节"满度"旋钮时，若表针不能达到满刻度，说明单节电池已用完，应予更换。在调整"零位"旋钮时，若表针不能回到零点，说明三节串联电池已用完，应予更换。

（3）应特别注意保护测头，严禁用手触摸，防止与其他器物碰撞。

（四）大气压力的测定

用来测量大气压力的仪器称为气压计，本实验使用两种气压计，即 DYM3 型空盒气压表和动槽水银气压表。

1. 空盒气压表

空盒气压表利用一组真空膜盒随着大气压力变化而产生纵向形变的原理制成的，结构上由压力感应元件（一组真空膜盒）、传动机构（连接拉杆、中间轴、扇形齿轮及轴、游丝）、指示部分（指针、度盘、附温表）及调节部分（调整器和调节螺钉等组成）。测量范围为 600～800mmHg，使用温度范围为 -10～40℃。经全部订正后，大气压力测量误差不大于 1.5mmHg，度盘最小分度值为 0.5mmHg，温度表最小分度值为 1℃。

使用注意事项如下。

（1）仪器工作时必须水平放置，防止由于任意方向倾斜而造成读数误差。

（2）读数时要轻敲仪器外壳或玻璃，以消除传动机构中的摩擦。

（3）读数时观测者视线必须与度盘平面垂直。

（4）气压读数必须精确到小数第一位，温度读数与此相同。

（5）必须对气压读数进行刻度温度补充订正，订正值用下式计算，即

$$p = \Delta p t \tag{11.17}$$

式中　p——温度订正值；

　　Δp——温度变化 1℃时的气压订正值；

t——在温度表上读得的温度数值。

2. 动槽水银气压表

动槽水银气压表是借助一端封闭、另一端插入水银槽内的玻璃管中水银柱高度来测量大气压力的仪器，它由感应系统（包括玻璃水银柱管和水银杯）、基准面调节机构（包括调节螺杆长托和象牙针等）、读数部分（包括齿轮条、外管、游标调节手柄和游标尺等）、附属温度表和保护部分组成。

使用步骤与注意事项如下。

（1）观测附属温度表的温度值，准确到 0.1℃。先读小数，后读整数。

（2）旋转水银杯底部调节手柄，使象牙针尖与其在水银中的倒影尖部刚好接触为止。

（3）转动游标尺调节机构手柄，先使用游标尺基面向上或向下滑动到稍许高出水银柱面，然后再缓慢地把游标尺基面与水银柱弯月面刚好相切。

（4）读出靠近游标零线以下的整数刻度值，再从游标尺上找出正好与标尺某一刻度相吻合的刻度线的数值。

（5）观测完后转动水银杯底的调节手柄，使水银杯水银面离开象牙针尖 2～3mm。

（6）进行气压示值的修正。

1）重力修正，包括纬度和高度修正。纬度修正是将气压读数值修正到相当于纬度 45°的气压值，并按式（11.18）计算，即

$$\Delta B_\psi = -0.0026 B_\psi \cos 2\psi \tag{11.18}$$

式中 ΔB_ψ——气压计读数，mmbar；

ψ——观测地点的纬度。

高度修正是将气压读数值修正到相当于海平面的气压值，并按式（11.19）计算，即

$$\Delta B_h = -1.98 B_h \times h \times 10^{-1} \tag{11.19}$$

式中 ΔB_h——气压计读数，mmbar；

h——观察地点的海拔高度。

重力修正值为

$$\Delta B_g = \Delta B_\psi + \Delta B_h$$

2）温度修正，即将气压计读数修正到相当于 0℃ 时的气压值，并按式（11.20）计算，即

$$\Delta B_t = -B_t \frac{0.0001}{1+0.0001} \tag{11.20}$$

式中 ΔB_t——气压计读数，mm；

t——气压计的温度值，℃。

三、实验结果的记录和整理

把各实验结果进行整理和计算，并对气象条件作出评论。在讨论空气的温度、相对湿度和空气流动速度时，建议以水银温度计、通风干湿球温度计（或氯化锂露点湿度计）和热球式电风速仪的实测结果为准。

实验数据整理格式见实验报告表 11.13～表 11.16。

气象条件的测定实验报告

姓名：＿＿＿＿＿＿＿＿；班级：＿＿＿＿＿＿＿＿；实验日期：＿＿＿＿＿＿＿＿

实验数据记录表格。

1. 空气温度 t

表 11.13　　　　　　　　数 据 记 录 表

次数	1	2	3
酒精温度计			
水银温度计			

2. 空气相对湿度 ϕ

表 11.14　　　　　　　　数 据 记 录 表

次数	普通干湿球温度计（水银的）				屋形干湿球温度计			
1	t	t_s	Δt	ϕ	t	t_s	Δt	ϕ
2								
3								

表中：t—空气干球温度，℃；t_s—空气湿球温度，℃；Δt—干湿球温度差，℃。

3. 空气流速 v

表 11.15　　　　　　　　数 据 记 录 表

次数	1	2	3
$v/(\text{m/s})$			

4. 大气压力 B

表 11.16　　　　　　　　数 据 记 录 表

测定值	空气温度 t	气压计示值 B	气压示值订正			订正后的大气压力 B /mmbar
			纬度 ΔB_ψ	高度 ΔB_h	纬度 ΔB_t	
1						
2						

平均大气压力值：＿＿＿＿＿ mmbar，该值相对于＿＿＿＿＿ m。

实验八　空调系统运行工况实验

一、实验目的

本实验是综合性实验，涵盖了暖通空调课程中的 3 个知识点，即直流式空调系统、回风式空调系统及再循环式空调系统的特点。本门综合性实验课的目的，是通过模拟空气调节系统的操作情况，使学生掌握暖通空调的基本理论知识，为学生提供直观的教学条件，学生可对其空气调节方面所遇到的各种热湿效应，模拟各种形式的空调系统进行观测和研究。

二、实验内容

1. 直流式空调

图 11.11 所示为直流式空调示意图，图 11.11（a）所示为空气流动过程，图 11.11（b）所示为空调机房空气处理过程。

（1）利用实验装置可模拟直流式空调夏季空气处理过程，如图 11.11（b）中虚线框内，可模拟夏季空气。

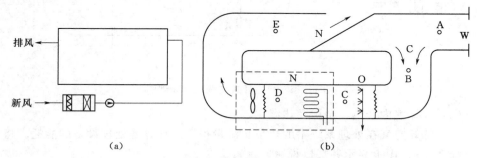

图 11.11　直流式空调示意图

（2）各选择一夏季、冬季空气处理方案，把室外空气处理到某送风状态，调节一定风量进行运行测定。

（3）计算空气在空调处理系统中的热量、湿量得失，测定计算各处理设备的能耗。

（4）将夏季、冬季空气处理过程分别在 $i-d$ 图上表示，并加以说明。

（5）提出直流式空气调节系统的优、缺点。

2. 回风式空调

（1）模拟冬季室内环境，选择空气处理方案（图 11.12），拟定室内空气状态参数。调节系统风量及新风百分比进行运行测定。

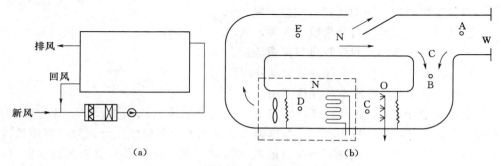

图 11.12　回风式空调工作原理图

（2）计算室内余热、余湿及热湿比。

（3）计算空气在处理系统中的热量、湿量得失，测定计算各处理设备的能耗。将处理过程在 $h-d$ 图上表示并加以说明。

（4）据实验装置试提出冬季空气处理方案，并用草图及在 $i-d$ 图上表示并加以说明。

3. 再循环式空调

（1）模拟夏季室内环境见图 11.13（b）中虚线框内。选择空气处理方案，拟定室内空气状态参数，调节一定风量进行运行测定。

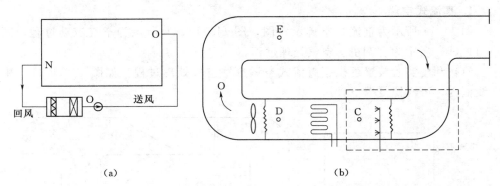

（a）　　　　　　　　　　（b）

图 11.13　再循环式空调工作原理图

（2）计算室内余热、余湿及热湿比。

（3）计算空气在处理系统中的热量、湿量得失，计算各处理设备的能耗。将处理过程在 $h-d$ 图上表示并加以说明。

（4）根据实验装置试提出冬季空气处理方案，并用草图及在 $i-d$ 图上表示并加以说明。

（5）提出再循环式空调系统的优、缺点。

三、实验装置

空气调节模拟实验台为"空气调节"课程的教学实验装置。模拟空气调节系统的操作情况，可实现对空气加热、加湿、冷却降温和除湿的处理过程，并能对空气温度、湿度进行测量显示及控制调节。为暖通空调专业学生提供直观的教学条件，学生可对其空气调节方面所遇到的各种加湿效应，模拟空调系统进行观测与研究。

本实验台可模拟大部分工况下空调系统的变化过程，根据不同的参数人为组合、调节实验者最终期望达到的理想工况。

空气调节模拟实验台分为以下 3 种形式。

A 型：设置表冷器对空气进行降温除湿。

B 型：设置喷水室对空气进行加湿处理。

C 型：表冷器及喷水室可互换使用。

全系统设计 16 个温度测点，用铂电阻测量其温度。风道中设 A、B、C、D、E 这 5 个测温点，分别量测其干、湿球温度。其余 6 个测温度点分别为：制冷机冷凝、蒸发、吸气温度，表冷器及喷淋的进水温度（和一个测点）及喷淋回水温度，表冷器回水温度。

主要性能如下。

（1）有风调节阀门控制的回流空气导管。

（2）设置空气预热器、再热器（均为电加热），可对空气进行加热升温；设置有喷水室，可对空气进行降温、加湿及除湿。冷水由制冷系统制得。

（3）可示范两种气流的混合状态。

（4）所有测温装置都用电子温度数字显示。

（5）电加热器的电输入值都可分别直接测量，各数值可以和被处理的空气热焓变化进行比较。

（6）综合性的各种仪表及控制装置，如图 11.14 所示。

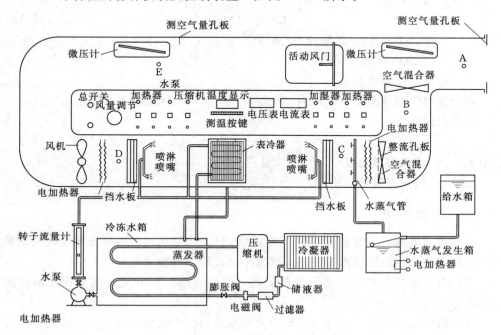

图 11.14　实验装置整体系统图

四、实验装置性能参数、使用操作及计算说明

1. 主要性能参数

（1）空气流量。

$$L_{\max} = 3000 \text{m}^3/\text{h}$$

（2）预热器（电加热器）。

（3）再热器（电加热器）。

（4）喷水室最大喷水量。有

$$G_{\max} = 4000 \text{kg/h}$$

（5）冷却（冷却水）系统。

冷冻水温可由制冷系统及仪表控制在 5℃ 左右。冷冻水温可调节。制冷系统制冷量 $Q_{\max} = 1.7 \text{kW}$ 左右。

（6）使用电源：工作电压 380V。

2. 有关计算说明

（1）空气流量（孔板）计算公式。

送风量为

$$G_{\text{A}} = \sqrt{\Delta l \rho} \qquad (11.21)$$

总送风量为

$$G_E = \sqrt{\Delta l \rho} \tag{11.22}$$

式中 Δl——稳压计读书变化值，mm；

ρ——空气密度，kg/m³。

（2）风道散热量。

$$Q = 8.5 l \Delta t \tag{11.23}$$

式中 l——风道内两测点之间的中心长度，m；

Δt——风道内外的空气温差。

（3）空气湿球温度修正。

在测定空气湿球温度时，需满足风速 $v \geqslant 3.5 \text{m/s}$；否则应进行修正。

实际湿球温度为

$$t_s' = t_s - \Delta t_s \tag{11.24}$$

式中 t_s——测得湿球温度，℃；

Δt_s——湿球温度修正值，℃。

五、实验步骤

（1）启动电源。实验操作之前，调整微压计为水平状态。用蒸馏水加入湿球温度计下的水杯内。蒸发器水箱、水蒸气发生器及给水箱加水至满。

（2）合上电器总开关，接通电源，此时风机运转，调节风量调节阀控制所需风量。

（3）启动电加热器、制冷压缩机及冷却水泵，待系统稳定后进行实验测定。对空气进行绝热加湿冷却处理时只需启动水泵。如对空气进行冷却除湿处理时，则应先启动制冷压缩机，待冷却水降到所需温度后再启动水泵。

（4）测定结束后，先关闭电加热器、制冷压缩机及水泵，调节风门至最大排风量。运行 5min 左右再关闭电器总开关，切断电源。

六、实验数据整理

把测定得到的各种数据整理后将夏季、冬季空气处理过程分别在 $i-d$ 图上表示出来。

七、思考题

（1）提出 3 种空气调节系统的优、缺点。

（2）哪种空调方式使室内空气品质好？

第 12 章

制冷技术

实验一　制冷压缩机性能实验

一、实验目的

（1）了解制冷循环系统的组成。

（2）掌握制冷机组的制冷量和轴功率测定方法。

二、实验原理

根据卡诺循环原理，制冷剂经压缩机压缩后，高压高温的制冷剂进入冷凝器，放出热量后经节流阀减压（降压）后变成低温低压的制冷剂蒸汽进入蒸发器，吸收被冷却物质的热量后，低温低压制冷剂汽液吸入压缩机继续压缩，再进入冷凝器，形成整个制冷循环过程。通过沉淀制冷剂和载冷剂的温度、压力及流量的变化，求出冷量和放热量等。

三、设备及仪器

压缩机组的性能测定实验台一套，其包括压缩机、冷凝器、蒸发器、节流阀、冷热水箱、水泵、电机、压力表、测温仪等。

四、实验内容及操作步骤

1. 内容

（1）制冷机组冷量测定包括蒸发器冷量、冷凝器放热量。

（2）压缩机组轴功率测定。

（3）压缩系数。

2. 步骤

（1）了解制冷压缩机组的操作规程及调节方法，掌握各部分机构的作用及测定内容要求的仪器作用。

（2）打开电源，首先启动气热水泵，调节流量计使水箱内的水正常循环后，调整流量至某一刻度。最佳值为 40～60L/h。

（3）启动压缩机，然后调整节流阀。观察各测点温度。当温度达到稳定后记录各测点数据，读取 3 次值，取其平均值进行计算。每 10min 记录一次。

（4）调整电机力臂砝码，使电机两端力臂平衡。测定力矩长度及砝码质量并记录。

五、数据记录及处理计算

记录内容如下。

制冷剂部分：蒸发器压力（吸气）p_{2F}，冷凝器压力（排气）p_{Ln}，蒸发温度（吸气）t_x，冷凝器制冷温度 t_p，过冷温度（节流阀）t_g。

再冷剂部分：蒸发器（冷水），冷凝器（热水），进出水温 $t-t_c$ 及冷热水流量 G_Z、G_{ln}。

电机部分：砝码距离力矩长度 L_1、L_2（左、右），砝码质量 P 值，滑动砝码质量 P'_g 以刻度记。

计算公式如下。

1. 压缩机制冷量 Q

$$Q = Q_{ZF}(i_x/i_g)\frac{V_1}{V_2} \cdot \frac{n_1}{n_2} \tag{12.1}$$

式中　Q_{ZF}——蒸发器制冷量；

$\quad\quad i_x$——蒸发器制冷剂对应温度，压力的焓值；

$\quad\quad i_g$——过冷温度对应的制冷剂焓值，查表；

$\quad\quad \dfrac{V_1}{V_2}$——蒸发器（吸气）温度、压力与过冷温度对应制冷剂的比容；

$\quad\quad \dfrac{n_1}{n_2}$——压缩机转速比（空与载），取 98%。

蒸发器吸热量为

$$Q_{ZF} = G_Z(t_j - t_c) \cdot c \tag{12.2}$$

式中　G_Z——冷水流量；

$\quad\quad c$——进温比热容。

冷凝器放热量为

$$Q_{ln} = G_{ln}(t_c - t_j) \cdot c \tag{12.3}$$

式中　G_{ln}——热水流量；

$\quad\quad c$——出温比热容。

2. 压缩机轴功率 N

$$N = \frac{PL + P'(L_2 - L_1)}{974} \cdot n\eta \tag{12.4}$$

式中　P——砝码质量；

$\quad\quad P'$——滑动砝码质量；

$\quad\quad L$——砝码距转轴中心距离；

L_2，L_1——滑动砝码、固定砝码距中心距离；

$\quad\quad n$——电机转速，取 1200r/min；

$\quad\quad \eta$——皮带传动系数，98%。

3. 压缩系数 ε

$$\varepsilon = \frac{Q}{N} \tag{12.5}$$

六、结果分析及讨论

包括注意事项等，此处从略。

实验二 制冷系统循环及热力计算

一、实验目的

（1）通过实验了解制冷循环的组成及热力性质。
（2）通过实验了解制冷剂状态参数的变化。
（3）掌握制冷循环的有关热力计算方法。
（4）加深对课堂所讲的制冷循环原理的理解。

二、实验内容

（1）测定冷冻水流量、冷却水流量及其各自的进出口水温，计算冷凝器、蒸发器的换热量。
（2）掌握制冷工质状态参数的变化。

三、实验设备

整个实验装置由冷凝器、压缩机、蒸发器、毛细管、冷却塔、冷冻水泵、冷却水泵及其测量仪器组成。

四、实验原理

1. 制冷循环系统原理

制冷循环系统原理如图 12.1 所示。

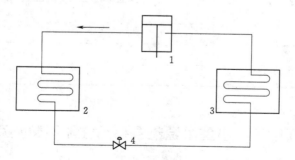

图 12.1 制冷循环系统原理图
1—压缩机；2—冷凝器；3—蒸发器；4—膨胀阀

2. 制冷系统热力计算

蒸发器盘管吸热量、蒸发器制冷量为

$$Q_0 = m_e c_p (t_1 - t_2) \tag{12.6}$$

冷凝器盘管排热量、冷凝器放热量为

$$Q_k = m_c c_p (t_3 - t_4) \tag{12.7}$$

式中　m_e，m_c——冷冻水及冷却水流量，kg/s；

　　　　t_1，t_2——冷冻水进口、出口温度，℃；

　　　　t_4，t_3——冷却水进口、出口温度，℃；

　　　　c_p——水的定压比热容，$c_p = 4.18$ kJ/(kg·℃)。

五、实验步骤

（1）接通控制台电源，查看微机控制台信息是否正常，观察有无绿灯闪亮，然后将选择按钮选定"制冷"处，系统将延时 8min 启动。

（2）开启冷冻水泵、冷却水泵，调节冷冻、冷却水调节阀，使其各流量适宜，观察进、出口水温。

（3）要求选择设定按钮设定蒸发温度，观察冷凝压力、蒸发压力表示值。

（4）待系统稳定后（约 30min）记录各项参数并填入表 12.1 中。

（5）如实验效果不明显，可调节水流量及制冷剂供液量。

六、实验报告

（1）简述实验原理及过程。

（2）各种数据原始记录见表 12.1。

（3）了解实验中水循环对制冷系统运行的影响。

（4）简述实验收获及实验改进意见。

表 12.1　　　　　　　　　　实验数据记录及计算表

项目	冷凝器冷却水流量 m_c/(kg/s)	蒸发器冷冻水流量 m_e/(kg/s)	冷冻水进口水温 t_1/℃	冷冻水出口水温 t_2/℃	冷却水进口水温 t_4/℃	冷却水出口水温 t_3/℃	蒸发压力 p_0/MPa	冷凝压力 p_k/MPa	制冷量 Q_0/kW
1									
2									
3									
4									
5									

实验三　小型水源热泵机组性能系数测定

一、实验目的

水源热泵装置是当前暖通领域正在推广使用的冷热源装置，设置该实验的目的是让学生了解水源热泵的装置和组成及其工作原理。本实验为设计型实验，故要求学生根据提供的设备和仪器自行设计测试方案。通过制定实验测试方案，利用所学的制冷循环热力计算和传热学的知识来求得装置的制冷量和性能系数，并掌握相关测试仪器的使用方法。

二、实验内容

通过测定压缩机的高低压、循环水的流量及其进出口温度，计算热泵的制冷量和性能系数，为水源热泵的运行和研究提供实验数据。

三、实验仪器设备

HS-AB 型中央空调微机控制实验设备，小型水源热泵机组，水泵，流量计，水银温度计，钳形功率表，管道，量杯，秒表，环境测试仪。

四、实验原理

小型水源热泵机组由压缩机、冷凝器、蒸发器、节流装置、四通换向阀和水系统组成，见图 12.2。

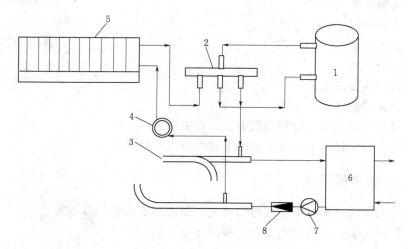

图 12.2　小型水源热泵系统原理

1—涡旋式压缩机；2—四通换向阀；3—套管换热器；4—毛细管；5—空气换热器；
6—HS-AB 型中央空调；7—循环水泵；8—流量计

微机控制实验设备的沉浸式蒸发器利用 HS-AB 型中央空调微机控制实验设备的蒸发器制取所需温度的循环水，将低温的循环水作为小型水源热泵机组的套管换热器 3 的冷却介质，用来冷却热泵机组高温的制冷剂，制冷剂被循环水冷却后经毛细管或热力膨胀阀节流，流入空气换热器 5，与房间中空气进行热量交换，再经四通换向阀被压缩机吸入，从而实现制冷（制热）。

五、实验步骤

（1）根据设计方案，先接好循环水管道，将流量计接在循环水环路上，用于测量循环水流量。

（2）启动 HS-AB 型中央空调微机控制实验设备，将该装置中冷冻水（作为水源热泵装置的循环水）温度降为设计温度 18～20℃（如果是冬季做该实验，则可以直接用自来水作为循环水）。

（3）开启小型水源热泵机组，观察压缩机高低压力表，记录从机组开启到机组稳定运行之间压力表读数。

（4）利用温度计测试机组循环水进出口温度，并读取水流量数据。

（5）利用功率表测试压缩机输入电压和电流，用于计算压缩机的输入功率。

（6）利用环境测试仪测试热泵空气换热器进出空气温度和风速，温度和风速的测试根据进、出风口的面积布置测试点，求取平均值。

（7）改变循环水流量，重复上述步骤（3）～（6）。

（8）实验结束后，先停热泵机组，再停 HS－AB 型中央空调微机控制实验设备。

六、实验报告要求

（1）实验名称、学生姓名、学号、班号和实验日期。

（2）实验目的和要求。

（3）实验仪器、设备与材料。

（4）实验测试方案。

（5）实验步骤。

（6）实验原始记录。

（7）实验数据处理。

（8）实验结果分析，判断测试方案的合理性。

（9）讨论实验指导书中提出的思考题，写出心得与体会。

七、实验注意事项

（1）注意测试进出口风速和进出口空气温度测点位置的点阵布置。

（2）测试热泵压缩机的电流和电压时注意安全。

八、思考题

（1）如何提高测试数据的准确性？

（2）如果测试时间为冬季（夏季），如何测试热泵机组的性能系数？

（3）如何完善该装置使得测试方案简单合理？

实验四　单级蒸汽压缩式制冷机性能实验

一、实验目的

（1）了解单级蒸汽压缩制冷机实验系统和制冷机的运行操作。

（2）掌握小型单级制冷压缩机主要性能参数的测试方法和使用仪表。

（3）了解中华人民共和国国家标准《容积式制冷剂压缩机性能试验方法》（GB 5773—2016）。

（4）掌握制冷压缩机的工况分析及数据整理方法，绘制性能曲线。

（5）初步掌握实验工况的有关规定。

二、实验原理

制冷压缩机的性能随蒸发温度和冷凝温度的变化而变化，因此需要在国家标准规定的工况下进行制冷压缩机的性能测试。

压缩机的性能由其工作工况的性能系数 COP 来衡量，即

$$COP = \frac{Q_0}{W} \tag{12.8}$$

式中　Q_0——压缩机的制冷量；

　　　W——压缩机的输入功率。

在一个确定的工况下，蒸发温度、冷凝温度、吸气温度以及过冷度都是已知的，这样对于单级蒸汽压缩式制冷机来说，其循环 p-h 图如图 12.3 所示。

图中，1 点为压缩机吸气状态；4—5 为过冷段。

在特定工况下，压缩机的单位质量制冷量是确定的，即 $q_0 = h_1 - h_5$。因此只要测得流经压缩机的制冷剂质量流量 G_m，即可计算出压缩机的制冷量，即

$$Q_0 = G_m q_0 = G_m (h_1 - h_5) \quad (12.9)$$

压缩机的输入功率：开启式压缩机为输入压缩机的轴功率，封闭式（包括半封闭式和全封闭式）压缩机为电动机输入功率。

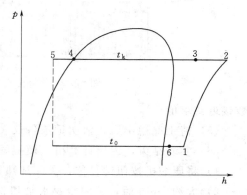

图 12.3　单级蒸汽压缩式制冷循环 p-h 图

三、实验设备

本实验台采用图 12.4 所示系统。制冷压缩机性能实验系统由压缩机、冷凝器、蒸发器、电子膨胀阀、恒温器电参数仪等设备组成。压缩机吸气压力、排气压力、吸气温度均控制在国家标准规定的状态下。吸气温度电子膨胀阀门的开度由 T_4 控制，吸气压力由恒温器 2 调节蒸发器冷媒水进口温度 T_9 控制；排气压力由恒温器 1 调节冷凝器冷却水进口温度 T_7 控制。通过测量蒸发器的冷媒水进出口温度和流量得到压缩机的实际制冷量，通过测量冷凝器的冷却水进出口温度及流量得到冷凝换热量。由此得到压缩机的主辅侧质量流量，进而计算出标准工况下的主辅侧制冷量。压缩机的输入功率由电参数仪测得。在制冷系统内部安装多个温度和压力测点，可以方便地确定系统内部状态。

四、实验步骤

（1）做好实验的准备工作，接通电源和冷却水。

（2）打开冷媒水泵，启动压缩机。

（3）观察计算机上模拟图，通过调节电子膨胀阀门的开度和恒温器的加热量，使系统工况趋于稳定。

（4）将吸、排气压力控制器打成自动，通过微调电子膨胀阀的开度使系统各参

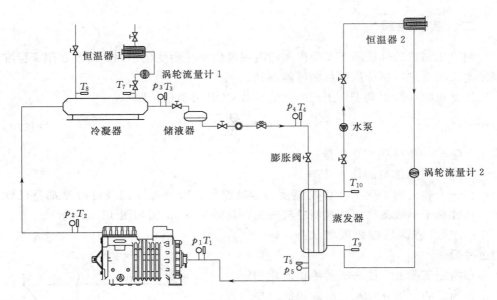

图 12.4　单级蒸汽压缩式制冷机示意图

数接近要求值。

（5）待工况稳定后，依次记录各仪表上的读数。

（6）实验结束，退出计算机上模拟图界面。

1）将压缩机按钮键复位，关闭加热器。

2）大约 1min 后，关闭冷媒水泵和总电源开关。

3）关闭冷却水阀门。

五、实验方法

为了确保实验系统运行在一个特定的工况下，实验中通过控制使吸气压力、排气压力和吸气温度 3 个量稳定在设定值附近，这 3 个参数允许的偏差范围遵循表 12.2 的规定。

表 12.2　实验参数的偏差范围

实验参数	每一个测量值与规定值间的 最大允许偏差（±）	实验参数	每一个测量值与规定值间的 最大允许偏差（±）
吸气压力	1.0%	吸气温度	3.0℃
排气压力	1.0%		

实验中，排气压力由冷却水进口温度 T_7 通过恒温器 1 控制，吸气压力用载冷剂进口温度 T_9 通过恒温器 2 控制，吸气温度由电子膨胀阀控制。

1. 制冷量的计算

本实验制冷量的计算是从制冷系统的一个主要热交换器——蒸发器着手考虑的，根据蒸发器两侧流体的热平衡来计算制冷剂制冷流量。

蒸发器制冷量可先由载冷剂的热量变化来计算，即

$$Q_2' = c_{p_2} G_2 \rho_2 (T_9 - T_{10}) \tag{12.10}$$

式中 Q_2'——蒸发器制冷量，kW；

c_{p_2}——载冷剂比热容，kJ/(kg·K)；

G_2——由涡轮流量计 2 测得的载冷剂流量，m³/s；

ρ_2——载冷剂密度，kg/m³；

T_9——载冷剂进口温度，℃；

T_{10}——载冷剂出口温度，℃。

其中计算某一温度 t 时载冷剂（质量浓度为 20％的乙二醇溶液）比热容 c_{p_2} 和密度 ρ_2 的公式为

$$c_{p_2} = 4.094095 + 0.0005267857(T_9 + T_{10}) \tag{12.11}$$

$$\rho_2 = 1001.167334 - 0.19452 \frac{T_9 + T_{10}}{2} - 0.00243 \frac{(T_9 + T_{10})^2}{4}$$

在不考虑蒸发器"跑冷"损失的情况下，则有蒸发器热平衡关系计算出制冷剂流量 G_{m_2}，即

$$G_{m_2} = \frac{Q_2'}{h_5 - h_4} \tag{12.12}$$

式中 h_4，h_5——取测试工况下节流阀前和蒸发器出口对应点的焓值。

再对比标准工况下吸气口制冷剂比容差异，可得到压缩机标准工况下的制冷量为

$$Q_2 = G_{m_2} \cdot q_0 \cdot \frac{v_1}{v_1^*} \tag{12.13}$$

式中 v_1——测试工况下的压缩机吸气口制冷剂比容；

v_1^*——标准工况下的压缩机吸气口制冷剂比容；

q_0——标准工况下单位质量制冷量，即 $q_0 = h_{1*} - h_{4*}$。

2. 制冷机性能系数 COP 的计算

公式为

$$\text{COP} = \frac{Q_2}{W} \tag{12.14}$$

式中 Q_2——压缩机标准工况下的制冷量；

W——压缩机的输入功率，由软件读取。

六、实验报告要求

(1) 绘制制冷循环 p-h 图。

(2) 实验记录和计算结果。

(3) 制冷压缩机在某一冷凝温度下的性能曲线。

(4) 进行理论计算和实际测试结果比较，分析产生误差的原因。

七、思考题

(1) 何谓干压缩？为什么在蒸汽压缩式制冷循环中严禁产生湿压缩？

(2) 为什么称压缩机吸气管内的过热为有害过热？

(3) 制冷剂 R12、R22、R134 各为什么化学物质？它们对大气臭氧层有无破坏作用？

实验五　单级压缩无回热制冷循环实验

一、实验目的

通过本实验，学生可以了解热力学第一定律和热力学第二定律的具体体现和运用，熟悉和掌握有关热力学状态参数。

二、实验的基本理论基础

本制冷循环实验遵循热力学第一定律和热力学第二定律。在实验过程中消耗的机械能（由电能转换）转换成一定量的热能，并实现热量的转移，达到制冷的目的。本实验还涉及工质的压力、温度、比容、焓等热力学状态参数。因此，参与实验的人员应具有以上相应的基本知识。

三、实验装置的原理及操作

1. 实验装置

图 12.5 所示为本实验的装置原理图。

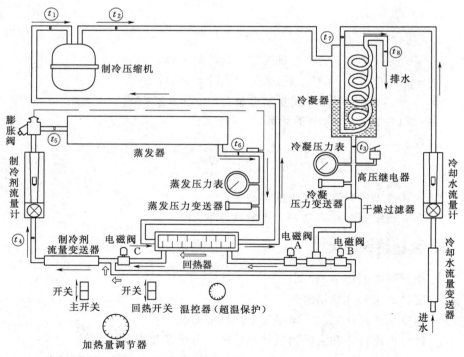

图 12.5　制冷热力循环实验装置原理图

图 12.5 中各温度测量名称如下。

（1）压缩机吸气温度。

（2）压缩机排气温度。

（3）冷凝温度（冷凝器出口制冷剂液体温度）。

（4）节流前制冷剂温度。

（5）节流后制冷剂温度（蒸发温度）。

（6）蒸发器出口制冷剂蒸发温度。

（7）冷却水进口温度。

（8）冷却水出口温度。

装置面板上除有上述 8 个温度数显仪表外，还有制冷压缩机输入功率数显表、蒸发器电加热功率数显表、制冷剂流量数显表、冷却水流量数显表、冷凝压力（排气压力）和蒸发压力（吸气压力）数显表。

2. 装置制冷循环过程

装置系统中以 R134a 为工质（制冷剂），本实验制冷剂按图 12.5 所示箭头方向循环，低于环境温度的制冷剂蒸发经压缩机压缩后温度和压力均提高，进入冷凝器与冷却水进行热量交换，放出凝结潜热成为高于环境温度的液体，液体经电磁阀 B 和视液镜，最后通过节流阀，压力下降，温度降低（大大低于环境温度），进入蒸发器吸收气化热量（热量由电加热器提供），成为低温低压的制冷剂蒸汽，蒸汽通过回热器（此时回热器不起回热交换作用，只作为通路使用）后，再被制冷压缩机吸入，完成制冷循环。

3. 实验操作步骤

参与实验人员应严格按操作步骤操作，以避免事故的发生。

（1）将"开关机"按钮置于"关机"处后插上电源。

（2）按顺时针方向将冷却水流量计下方手动调节阀调至零位（旋不动为止），接通冷却水，按逆时针方向调节手动调节阀，使流量计浮子处于中间位置。

（3）将循环种类切换按钮按至"无回热"位置。

（4）将电加热旋钮按逆时针方向旋至零位（旋不动为止）。

（5）按动开机按钮启动压缩机。

（6）观察吸气压力表，调节电加热旋钮，使吸气压力控制在 0.2～0.3MPa 范围内（绝对）。

同时观察排气压力表调节冷却水手动调节阀，使排气压力控制在 0.8～1MPa 范围内（绝对）。

实验结束后，将"开关机"按钮按至"关机"位，即停止运行，然后将电加热及冷却水调节钮旋至零位，最后切断水源。

四、数据记录

在运行稳定 10～20min 后记录数据，将其填入表 12.3 中。

表 12.3　　　　　　　　　　数 据 记 录 表

序号	名　称	单位	符号	数值
1	吸气温度	℃	t_1	
2	排气温度	℃	t_2	
3	冷凝器出口温度	℃	t_3	

续表

序号	名　　称	单位	符号	数值
4	节流前温度	℃	t_4	
5	节流后温度	℃	t_5	
6	蒸发器出口温度	℃	t_6	
7	冷却水进口温度	℃	t_7	
8	冷却水出口温度	℃	t_8	
9	冷凝压力	MPa	P_k	
10	蒸发压力	MPa	P_0	
11	加热功率	W	N_j	
12	压缩机功率	W	N_p	
13	冷却水流量	kg/h	G	
14	制冷剂流量	kg/h	m	

五、循环制冷剂的压-焓（$p-h$）图计及数据处理

1. R134a 的压-焓图

在压焓图上已知某状态的压力和温度均可查得该点的其他状态参数，如比容、焓、熵等。

2. 循环在压-焓图上的表示

图 12.6 所示为循环在压焓图上的表示。

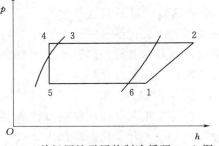

图 12.6　单级压缩无回热制冷循环 $p-h$ 图
1—吸气状态点；2—排气状态点；
3—冷凝器出口状态点；4—节流前状态点；
5—节流后状态点；6—蒸发器出口状态点

3. 由 R134a 的压-焓图查各状态点的焓值（表 12.4）

表 12.4　　　　　　数 据 记 录 表

点号	符号	单位	数值	备注
1	h_1	kJ/kg		
2	h_2	kJ/kg		
3	h_3	kJ/kg		
4	h_4	kJ/kg		
5	h_5	kJ/kg		
6	h_6	kJ/kg		

4. 数据处理（表 12.5）

表 12.5　　　　　　数 据 记 录 表

序号	名　　称	计　算　式	单位	数值	备注
1	制冷量	$Q_0 = m(h_6 - h_5) \times 1000/3600$	W		
2	压缩机功率消耗	$N = m(h_2 - h_1) \times 1000/3600$	W		

序号	名　　称	计　算　式	单位	数值	备注
3	循环制冷系数	$\xi = Q_0/N = (h_6 - h_5)/(h_2 - h_1)$			
4	冷却水带走热量	$Q_G = Gc_p(t_8 - t_1) \times 1000/3600$	W		
5	冷凝器中制冷剂放出热量	$Q_K = m(h_2 - h_3) \times 1000/3600$	W		

注　水的比热容取 $c_p = 4.18\text{kJ/kg}$。

5. 误差分析

（1）在循环稳定运行情况下，理论上蒸发器中制冷剂吸收的气化热量即制冷量 Q_0 应来自外界的电加热量 N_j，即应有

$$Q_0 = N_j \tag{12.15}$$

但由于传热过程的热损失，因此 Q_0 与 Q_j 之间存在一定的误差，其误差为

$$\Delta_1 = \frac{N_j - Q_0}{Q_0} \times 100\% \tag{12.16}$$

（2）理论上冷却水带走的热量，即 Q_G，应来自制冷剂放出的凝结热量，即 Q_K，应有

$$Q_K = Q_G \tag{12.17}$$

但由于传热过程的热损失，Q_K 与 Q_G 之间存在一定的误差，其误差为

$$\Delta_2 = \frac{Q_K - Q_G}{Q_G} \times 100\% \tag{12.18}$$

（3）根据热力学第一定律系统能量守恒，带进系统的能量应等于系统带出能量，即应有

$$N_j + N_p = Q_G \tag{12.19}$$

但由于向空气中散发的热量，故存在一定的误差，其误差为

$$\Delta_3 = \frac{N_j + Q_p - Q_G}{Q_G} \times 100\% \tag{12.20}$$

附：R134a 的温度-饱和压力对应关系表（表 12.6）。

表 12.6　　　　　　R134a 的温度-饱和压力对应关系表

序号	温度/℃	饱和压力/MPa	序号	温度/℃	饱和压力/MPa
1	−10	0.20073	12	30	0.77006
2	−8	0.21704	13	32	0.81528
3	−6	0.23436	14	34	0.86247
4	−4	0.25273	15	36	0.91168
5	−2	0.27221	16	38	0.96298
6	0	0.29282	17	40	1.0164
7	2	0.31462	18	42	1.072
8	4	0.33765	19	44	1.1299
9	6	0.36195	20	46	1.1901
10	8	0.38756	21	48	1.2526
11	10	0.41455	22	50	1.3176

实验六 单级压缩有回热与无回热制冷循环对比实验

一、实验目的

通过本实验了解单级压缩有回热与无回热制冷压缩机两种不同的热力循环的经济效果，了解换热器（回热器）的使用对提高热力循环经济性的重要作用，此外还可以了解掌握、熟悉工质的相关热力参数测量、显示、采集及处理的基本方法。

二、理论基础

本实验是建立在热力学第一定律和热力学第二定律以及工程传热学基本理论和蒸汽压缩式制冷循环的理论基础之上的，参与实验的人员具有上述相应的基本知识。

三、实验装置及操作

1. 实验装置

本实验的装置原理图如图 12.5 所示。

图 12.5 中各温度测量名称如下。

(1) 压缩机吸气温度。

(2) 压缩机排气温度。

(3) 冷凝温度（冷凝器出口制冷剂液体温度）。

(4) 节流前制冷剂温度。

(5) 节流后制冷剂温度（蒸发温度）。

(6) 蒸发器出口制冷剂蒸发温度。

(7) 冷却水进口温度。

(8) 冷却水出口温度。

装置面板上除有上述 8 个温度数显仪表外，还有制冷压缩机输入功率数显表、蒸发器电加热功率数显表、制冷剂流量数显表、冷却水流量数显表、冷凝压力（排气压力）和蒸发压力（吸气压力）数显表。

2. 实验操作步骤

参与实验人员应严格按操作步骤操作，以避免事故的发生。

(1) 无回热循环操作。先进行无回热循环操作的实验。

1) 检查"开关机"按钮，使之处于"关机"状态后插上电源插头。

2) 将冷却水流量计下方手动调节阀调至零位（顺时针方向旋不动为止）。

3) 接通冷却水，调节冷却水调节阀，使流量计浮子处于中间某一位置。

4) 将循环种类切换按钮换至"无回热"位置。

5) 将电加热旋钮按逆时针方向旋至零位（旋不动为止）。

6) 按动开机按钮，启动制冷压缩机。

7) 观察吸气压力表，调节电加热旋钮，使吸气压力控制在 0.2～0.1MPa 范围内（绝对），同时观察排气压力表调节冷却水手动调节阀，使排气压力控制在 0.8～

1MPa 范围内（绝对）。

（2）有回热循环操作。无回热循环实验结束后，再进行有回热循环实验。

1）在运行状态下，按下循环切换按钮，使之处于有回热位置。

2）重复上述（1）的操作，使吸气压力和排气压力与无回热循环实验记录相同，待稳定后记录数据。

四、关机操作

按下"开关机"按钮，使之处于"关机"状态即可停止运行，将电加热旋钮及冷却水调节旋钮处于零位，然后断开水源。

五、数据记录

对无回热循环和有回热循环，分别按表 12.7 记录各自相应的数据。

表 12.7　　　　　　　　　　数 据 记 录 表

序号	名　　　称	单位	符号	数值
1	吸气温度	℃	t_1	
2	排气温度	℃	t_2	
3	冷凝器出口温度	℃	t_3	
4	节流前温度	℃	t_4	
5	节流后温度	℃	t_5	
6	蒸发器出口温度	℃	t_6	
7	冷却水进口温度	℃	t_7	
8	冷却水出口温度	℃	t_8	
9	冷凝压力	MPa	p_K	
10	蒸发压力	MPa	p_0	
11	加热功率	W	N_j	
12	压缩机功率	W	N_p	
13	冷却水流量	kg/h	G	
14	制冷剂流量	kg/h	m	

六、循环的压-焓图及焓值的查取

1. p-h 图

图 12.7 所示为循环在 p-h 图上的表示。无回热循环与有回热循环各异同点见表 12.8。

表 12.8　　　　　　　无回热循环与有回热循环各异同点

点号	无 回 热	有 回 热
1	压缩机吸气状态	压缩机吸气、回热器蒸汽出口状态
2	压缩机排气状态	压缩机排气状态
3	冷凝器出口状态	冷凝器出口状态，回热器进口液体状态

续表

点号	无 回 热	有 回 热
4	节流前状态	节流前、回热器液体出口状态
5	节流后、蒸发器进口状态	节流后、蒸发器进口状态
6	蒸发器出口状态	蒸发器出口、回热器蒸汽进口状态

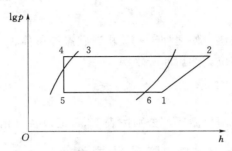

图 12.7 单级压缩有回热与无回热制冷循环 $p-h$ 图

1—吸气状态点（回热器出口蒸汽状态）；2—排气状态点（冷凝器出口蒸汽状态）；

3—冷凝器出口状态点（回热器进口液体状态）；4—节流前状态点（回热器出口

液体状态）；5—节流后状态点（蒸发器进口状态）；

6—蒸发器出口状态点（回热器进口蒸汽状态）

2. 焓值查取

分别按无回热循环与有回热循环，利用 R134a 的压-焓图查取各自循环的各点状态焓值，并填入表 12.9 中。

表 12.9   数 据 记 录 表

点号	符号	单位	数值	备注
1	h_1	kJ/kg		
2	h_2	kJ/kg		
3	h_3	kJ/kg		
4	h_4	kJ/kg		
5	h_5	kJ/kg		
6	h_6	kJ/kg		

对回热循环，应存在如下关系：$h_1 - h_6 = h_3 - h_4$。

注：可能有一定误差，这是由于测量数据之差及焓值查取引起的累计误差。

七、数据处理（表 12.10）

表 12.10   数 据 记 录 表

序号	名 称	计算式	单位	无回热结果	有回热结果
1	制冷量	$Q_0 = m(h_6 - h_5)1000/3600$			
2	压缩机功率消耗	$N = m(h_2 - h_1)1000/3600$			
3	制冷系数	$\xi = Q_0/N = (h_6 - h_5)/(h_2 - h_1)$			

八、分析

根据制冷剂 R134a 的热力性质特点，在冷凝压力、蒸发压力相同的情况下，回热循环的制冷系数应大于无回热循环时的制冷系数。

实验七   热力系统循环过程中的能量平衡实验

（1）全系统能量平衡。

（2）冷凝器能量平衡。

（3）回热器能量平衡。

（4）蒸发器能量平衡。

一、实验目的

通过本实验，使学生了解热力学第一定律与热力学第二定律的具体体现和应用，熟悉和掌握有关热力学状态参数的测量、数据的采集、显示、查取的基本方法。了解压缩式制冷循环系统的基本构成，了解和掌握热力系统能量平衡前需具备的基本条件。

二、实验的基本理论基础

本实验以压缩式制冷循环系统为实体硬件模型，该系统建立在热力学第一定律、热力学第二定律以及工程传热学基本理论基础上，同时涉及压缩机制冷循环的基本理论。在实验过程中需测量、读取或查取系统循环工质的压力、温度、比容、比焓等热力学状态参数，因此参与实验人员需要具备上述相关的基本理论知识。

三、实验装置的原理及操作

1. 实验装置

本实验的装置原理图如图 12.5 所示。

图 12.5 中各温度测量名称如下。

（1）压缩机吸气温度。

（2）压缩机排气温度。

（3）冷凝温度（冷凝器出口制冷剂液体温度）。

（4）节流前制冷剂温度。

（5）节流后制冷剂温度

（6）蒸发器出口制冷剂蒸发温度。

（7）冷却水进口温度。

（8）冷却水出口温度。

装置面板上除有上述 8 个温度数显仪表外，还有制冷压缩机输入功率数显表、蒸发器电加热功率数显表、制冷剂流量数显表、冷却水流量数显表、冷凝压力（排气压力）和蒸发压力（吸气压力）数显表。

2. 装置制冷循环过程

该循环以 R134a 为工质（制冷剂），在运行过程中，制冷剂按图 12.5 所示箭头方向进行这个循环。制冷剂蒸汽经压缩机耗功压缩后，温度压力均提高。制冷剂蒸汽进入冷凝器后与外界提供的冷却水进行热量交换，则制冷剂凝结为液体。在冷凝器中制冷剂放出的热量应与冷却水吸收的热量平衡。自冷凝器中排出的液体进入回热器，继续放出热量被从蒸发器排出的制冷剂蒸汽吸收。在回热器中制冷剂液体放出的热量与制冷剂蒸汽吸收的热量平衡。从回热器出来的制冷剂液体经节流阀节流降温降压后进入蒸发器，在蒸发器中制冷剂吸收外界提供的电加热量，蒸发成蒸汽，该制冷剂蒸汽而后进入回热器与从冷凝器出来的液体进行热交换，温度继续提高后自回热器中排出被压缩机吸入，完成一个循环。在蒸发器中，制冷剂吸收的气化热量应与电加热量平衡。分析系统循环全过程，压缩机消耗的能量与电加热器提供的能量之和应与冷却水带走的能量相平衡。

3. 实验操作步骤

（1）将"开关机"按钮置于"关机"处后，插上电源插头。

（2）按顺时针方向将冷却水流量计下方手动调节阀调至零位（旋不动为止），接通冷却水，按逆时针方向调节手动调节阀，使流量计浮子处于中间位置。

（3）将循环种类切换按钮按至"有回热"位置。

（4）将电加热旋钮按逆时针方向旋至零位（旋不动为止）。

（5）按动"开关机"按钮启动压缩机。

（6）观察吸气压力表，调节电加热旋钮，使吸气压力控制在 0.1～0.2MPa 范围内（绝对）。

同时观察排气压力表调节冷却水手动调节阀，使排气压力控制在 0.8～1MPa 范围（绝对）。

实验结束后，将"开关机"按钮按至"关机"位置，即停止运行，然后将电加热及冷却水调节钮旋至零位，最后切断水源。

四、数据记录

在运行稳定 15～20min 后记录数据填入表 12.11 中。

表 12.11　　　　　　　　　　数 据 记 录 表

序号	名　　称	单位	符号	数值
1	吸气温度	℃	t_1	
2	排气温度	℃	t_2	
3	冷凝器出口温度	℃	t_3	
4	节流前温度	℃	t_4	
5	节流后温度	℃	t_5	
6	蒸发器出口温度	℃	t_6	
7	冷却水进口温度	℃	t_7	
8	冷却水出口温度	℃	t_8	
9	冷凝压力	MPa	p_K	

续表

序号	名　称	单位	符号	数值
10	蒸发压力	MPa	p_0	
11	加热功率	W	N_j	
12	压缩机功率	W	N_p	
13	冷却水流量	kg/h	G	
14	制冷剂流量	kg/h	m	

五、循环制冷剂的压-焓（p-h）图及数据处理

1. 实验制冷循环的压-焓（p-h）图（同图 12.7）

2. 由 R134a 的压-焓图查各状态点的焓值（表 12.12）

表 12.12　　　　　　　　　　数　据　记　录　表

点号	符号	单位	数值	备注
1	h_1	kJ/kg		
2	h_2	kJ/kg		
3	h_3	kJ/kg		
4	h_4	kJ/kg		
5	h_5	kJ/kg		
6	h_6	kJ/kg		

注　$h_4 = h_5$，$h_1 - h_6 = h_3 - h_4$。

六、能量平衡计算

1. 全系统能量平衡

由热力学第一定律的稳定流动能量方程，对整个实验系统有

$$N_p + N_j = Q_G \tag{12.21}$$

式中　N_p——压缩机功率；

　　　N_j——电加热功率；

　　　Q_G——冷却水带走热量。

其中　　　　　　　　$$Q_G = \frac{G c_p (t_8 - t_7) \times 1000}{3600}$$

水的比热容取 $c_p = 4.18$ kJ。

由于数据读取及计算误差，有

$$\Delta_1 = \frac{N_j + N_p - Q_G}{Q_G} \times 100\%$$

2. 冷凝器能量平衡

以冷凝器作为局部分析系统，制冷剂放出热量 Q_K 为冷却水吸收（带走）的热

量 Q_G。

其中

$$Q_K = \frac{m(h_2 - h_3) \times 1000}{3600}$$

$$Q_G = \frac{Gc_p(t_8 - t_7) \times 1000}{3600}$$

由于数据读取，比焓查取及计算引起的误差有

$$\Delta_2 = \frac{Q_K - Q_G}{Q_G} \times 100\%$$

3. 回热器能量平衡

以回热器作为局部分析系统，制冷剂液体放出的热量 Q_L 为制冷剂蒸汽吸收的热量 Q_V。

其中

$$Q_L = \frac{m(h_3 - h_4) \times 1000}{3600}$$

$$Q_K = \frac{m(h_1 - h_6) \times 1000}{3600}$$

因传热原因引起的热量损失产生一定误差。

$$\Delta_3 = \frac{Q_L - Q_V}{Q_V} \times 100\%$$

4. 蒸发器能量平衡

以蒸发器作为局部分析系统，制冷剂吸收的热量 Q_0 为外界接收的电加热量 N_j。

其中

$$Q_0 = \frac{m(h_6 - h_5) \times 1000}{3600}$$

因各种原因引起一定误差，即

$$\Delta_4 = \frac{N_j - Q_0}{Q_0} \times 100\%$$

实验八　制冷（热泵）循环演示装置实验

一、实验目的

（1）演示制冷、制热循环系统工作原理，观察制冷工质的蒸发、冷凝过程和现象。

（2）熟悉制冷、制热循环系统的操作、调节方法。

（3）进行制冷、制热循环系统粗略的热力计算。

二、实验装置

演示装置由全封闭压缩机、热交换器 1、热交换器 2、浮子节流阀、手动换向阀及管路等组成制冷、制热循环系统。由转子流量计及换热器内盘管等组成水

换热系统，还设有温度、压力、电流、电压等测量仪表。制冷工质采用低压工质 R11。

　　装置的原理如图 12.8～图 12.11 所示。当系统作制冷（制热）循环时，换热器 1 为蒸发器（冷凝器），换热器 2 为冷凝器（蒸发器）。面板示意图如图 12.11 所示。

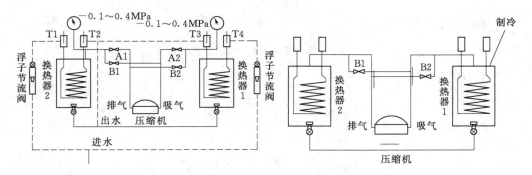

图 12.8　制冷（制热）循环演示装置原理示意图　　　　图 12.9　制冷循环演示装置原理示意图

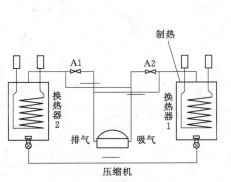

图 12.10　制热循环演示装置原理示意图

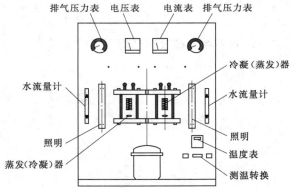

图 12.11　制冷（热泵）循环演示装置控制面板示意图

三、操作步骤

1. 制冷循环演示

（1）将手动换向阀调至 A1、A2 全开，B1、B2 全关位置。

（2）打开连接演示装置的供水阀门，利用转子流量计阀门适当调节蒸发器、冷凝器水流量。

（3）开启压缩机，观察工质的冷凝、蒸发过程及现象。

（4）待系统运行稳定后，即可记录压缩机输入电流、电压、冷凝器压力，冷凝器和蒸发器进、出口水温参数。

2. 热泵循环演示

（1）将手动换向阀调至 B1、B2 全开，A1、A2 全关位置。

（2）类似上述（2）、（3）、（4）操作步骤并记录全部参数。

四、制冷（热泵）循环的热力计算

1. 当系统为制冷循环时

换热器 1 的制冷量为

$$Q_1 = G_1 c_p (t_1 - t_2)$$

换热器 2 的换热量为

$$Q_2 = G_2 c_p (t_3 - t_4)$$

压缩机功率为

$$N = UI$$

热平衡误差为

$$\Delta_1 = \frac{Q_1 - (Q_2 - N)}{Q_1} \times 100\%$$

制冷系数为

$$\varepsilon_1 = \frac{Q_1}{N}$$

2. 当系统为热泵循环时

换热器 1 的制热量为

$$Q_1' = G_1' c_p (t_2 - t_1)$$

换热器 2 的换热量为

$$Q_2' = G_2' c_p (t_4 - t_3)$$

压缩机功率为

$$N = UI$$

热平衡误差为

$$\Delta_2 = \frac{Q_1' - (Q_2' + N)}{Q_1'} \times 100\%$$

制热系数为

$$\varepsilon_2 = \frac{Q_1'}{N}$$

以上各式中 G_1、G_1' 和 G_2、G_2' 为换热器 1 和换热器 2 的水流量（kg/s）。

实验九　制冷（热泵）故障实验

一、实验装置简介

该实验设备主要由遥控分体式空调和电冰箱两大部分构成，每部分均由实物和实验演示两部分组成。实物部分由压缩机、冷凝器、节流装置、蒸发器、温度控制器、遥控接收微处理器以及电路启动部分组成。同时，设备还配有高压表、低压表、电流表、视液镜等器件。设备均为透明敞开式，系统完整，结构合理。演示利用手动与遥控操作。空调机的制冷、制热等不同状态下的制冷剂流动状态，以及冰箱的制冷剂的流动状态均可通过视液镜直接观察到。

　　故障模拟部分由电子闪光灯全程模拟空调器、电冰箱的工作状态。通过模拟演示，可以使学生直观地看到空调器和电冰箱各部件如何工作以及制冷剂的流动状态。通过实物模拟能够使学生快速掌握空调、冰箱等的制冷、制热设备的相关知识和技术。

　　另外，本实验设备将制冷、制热电路部分的故障演示集中在一起，每个故障均设置有故障代码和故障指示，做起实验来更加方便、安全。

二、实验设备主要技术参数（表 12.13）

表 12.13　　　　　　　　　　　　技　术　参　数

项目　　　　　　　系统	空调系统	冰箱系统
电源类型	交流 220V/50Hz	交流 220V/50Hz
额定功率	制冷 600W 制热 700W	70W
压缩机功率	735W	73.5W
工作电流	2.0～2.8A	0.6～1.09A
制冷剂类型	R22	R12

三、空调器实验设备工作原理图

空调器实验设备工作原理如图 12.12 所示。

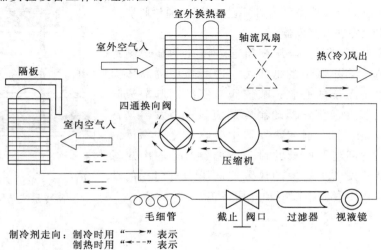

图 12.12　空调器实验设备工作原理图

实验十　分体式空调故障及排除方法实验

一、实验目的

熟悉空调工作过程，加深对单级压缩蒸汽制冷循环的理解，能够正确排除分体式空调运行过程中常见的故障。

二、实验要求

(1) 根据实验室条件自行设计实验方案。

(2) 了解分体式空气调节器的构成。

(3) 掌握单级蒸汽压缩制冷循环的原理和过程。

(4) 写出实验方案和实验报告。实验报告内容：①实验原理及仪器结构原理；②独立设置 3~5 个空调故障，观察并记录各种故障出现的现象；③采用正确的方法排除各种故障；④你对实验作何评价，简述你的改进方法或意见。

三、实验内容

利用单级蒸汽压缩制冷、制热装置，设置空调制冷、制热时基本的故障，观察故障产生的现象，并分析其原因，采取正确的方式对故障进行排除。

四、实验原理

单级蒸汽压缩式制冷系统由压缩机、冷凝器、膨胀阀和蒸发器组成（图 12.13）。其工作过程如下：制冷剂在低于被冷却物体或流体的温度下在蒸发器中沸腾。压缩机不断地抽吸蒸发器中产生的蒸汽，并将它压缩到冷凝压力，然后送往冷凝器，在一定压力下等压冷却和冷凝成液体，制冷剂冷却和冷凝时放出的热量传给冷却介质（通常是水或空气），冷凝后的液体通过膨胀阀或其他节流元件进入蒸发器。

在整个循环过程中，压缩机起着压缩和输送制冷剂蒸汽并造成蒸发器中的低压力，冷凝器中的高压力的作用是整个系统的心脏；节流阀对制冷剂起节流降压作用并调节进入蒸发器的制冷剂流量；蒸发器是输出冷量的设备，制冷剂在蒸发器中吸收被冷却物体的热量，从而达到制取冷量的目的；冷凝器是输出热量的设备，从蒸发器中吸取的热量连同压缩机消耗的功转化的热量在冷凝器中被冷却介质带走。

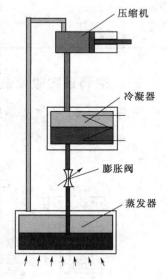

图 12.13　单级蒸汽压缩式
制冷系统结构图

参 考 文 献

［1］ 王智伟，杨振耀. 建筑环境与设备工程实验及测试技术［M］. 北京：科学出版社，2004.
［2］ 方修睦. 建筑环境测试技术［M］. 北京：中国建筑工业出版社，2004.
［3］ 李维安，刘光军. 建筑环境与设备工程实训指导［M］. 北京：科学出版社，2003.
［4］ 周恒智，张哲皇. 大学物理实验［M］. 西安：西安电子科技大学出版社，2015.
［5］ 蔡增基，龙天渝. 流体力学泵与风机［M］. 5版. 北京：中国建筑工业出版社，2009.
［6］ 杨世铭，陶文铨. 传热学［M］. 北京：高等教育出版社，2006.
［7］ 廉乐明. 工程热力学［M］. 北京：中国建筑工业出版社，2007.
［8］ 孙一坚，沈恒根. 工业通风［M］. 北京：中国建筑工业出版社，2010.
［9］ 田玉卓. 供热工程［M］. 北京：机械工业出版社，2008.
［10］ 吴味隆. 锅炉及锅炉房设备［M］. 北京：中国建筑工业出版社，2006.
［11］ 黄翔，王天富. 空调工程［M］. 北京：机械工业出版社，2010.
［12］ 金文. 制冷技术［M］. 北京：机械工业出版社，2009.